Kritisches Repertorium der Forstwirthschaft und ihrer Hülfswissenschaften.

Von

Dr. W. Pfeil,

Ober-Forstrath und Direktor der Königl. Preuß. höhern Forst-Lehranstalt, Ritter des rothen Adler-Ordens zweiter Klasse mit Eichenlaub, des Kaiserl. Russ. St. Annen-Ordens zweiter Klasse, so wie Kommandeur des Königl. Sardinischen Mauritius- und Lazarus-Ordens.

Zweite bis zum Jahre 1854 vervollständigte Auflage.

Berlin.

Verlag von Veit u. Comp.

1855.

Neue vollständige Anleitung

zur

Behandlung, Benutzung und Schätzung der Forsten.

Ein Handbuch

für Forstbesitzer und Forstbeamte.

Von

Dr. W. Pfeil,

Ober-Forstrath und Direktor der Königl. Preuß. höhern Forst-Lehranstalt, Ritter des rothen Adler-Ordens zweiter Klasse mit Eichenlaub, des Kaiserl. Russ. St. Annen-Ordens zweiter Klasse, so wie Kommandeur des Königl. Sardinischen Mauritius- und Lazarus-Ordens.

Zweite Auflage.

Erste Abtheilung:

Literatur-Nachweisung.

Berlin.

Verlag von Veit u. Comp.

1855.

Vorwort.

Es ist sehr übel von einer Arbeit selbst gleich von Hause aus einräumen zu müssen, daß sie lückenhaft ist und besser sein möchte, und sie dennoch dem Publikum vorzulegen. Dies gilt von der gegenwärtigen Literatur-Nachweisung, welche der Verf. selbst nur für einen noch sehr zu verbessernden Versuch angesehen haben will. — Allein es mußte dem Handbuche, wovon sie die erste Abtheilung bildet, eine solche beigegeben werden, und wenn sie nur einigermaßen sich von den gewöhnlichen Büchertitel-Verzeichnissen in vielen bekannten Forstschriften unterscheiden sollte, so wurde sie für den Text viel zu weitläuftig. Deshalb, und um sie dem Forstmann, der vielleicht nicht das ganze Werk zu kaufen gesonnen war, zugänglicher zu machen, beschloß sie der Verf. mit erläuternden Beiworten besonders drucken zu lassen, wozu ihn die Gewohnheit, seit länger als 20 Jahren jede ihm für den Forstmann interessant scheinende Stelle zu notiren, wenn er etwas las, mehr Hülfsmittel bot, als er ohnedies gehabt haben würde.

Eine Entschuldigung deshalb glaubt er darin zu finden: daß es sehr leicht ist, dies Repertorium zu vervollständigen, wenn der Anfang davon einmal da ist, sehr schwer diesen selbst zu machen, was aber doch einmal geschehen mußte. Zu dieser Vervollständigung räth er die kleine Schrift mit weißem Papier durchschießen zu lassen, und stets bei dem Lesen das, was beachtungswerth scheint, nachzutragen. (Collectaneen zu sammeln.)

Zur richtigen Ansicht dieser Nachweisung wird noch Folgendes bemerkt werden müssen.

Es war durchaus nicht die Idee des Verf. alle forstlichen Schriften aufzunehmen; für die ältern haben wir schon das sehr gute Mosersche Repertorium, die kleinern von Weber und Enslin gar nicht gerechnet. Für die neuern hat Herr Oberforstrath Laurop eine Vervollständigung des Moserschen Rep. schon längere Zeit angekündigt, welche der Verf. vergeblich erwartete, um sie benutzen zu konnen, da sich vermuthen läßt, daß dieser Literat gewiß etwas Vollständiges liefern wird. Es wurde bei der Anfertigung der Schriften vielmehr von der Ansicht ausgegangen:

1) daß nachgewiesen werden sollte, wo ein Gegenstand in einer beachtungswerthen Weise behandelt worden ist, vorzüglich um Gelegenheit zu geben, dabei das Dafür und Dagegen hinsichts abweichender Meinungen zu vergleichen —

2) Einzelne Thatsachen, Erfahrungen zu sammeln und auf sie hinzuweisen, die an Orten standen, wo man sie nicht vermuthete und leicht auffinden konnte.

3) Gleichsam eine historische Uebersicht der verschiedenen Moden im Forstwesen zu geben, indem die Schriften zusammengestellt wurden, welche sie berührten.

Nach dieser Ansicht sind viele bekannte Lehrbücher gar nicht erwähnt, weil sie nur eine Zusammenstellung des damals Bekannten enthalten, folglich gar keinen literarischen Werth mehr haben, da die einzelnen Gegenstände an audern Orten sich viel vollständiger behandelt finden. Aber auch die bessern und unentbehrlichen sind nur einmal aufgeführt, nicht bei den einzelnen Gegenständen wiederholt citirt, weil das nur diese Nachweisung ohne Noth sehr voluminös gemacht haben würde, da ein jeder, der sie besitzt, diese selbst wird darin aufsuchen können. Viele werthlosen neuern und ältern Schriften hat der Verf. aber ganz mit Stillschweigen übergangen, da es für sie, ihre Verfasser und die Studirenden am besten ist, daß man ihrer gar nicht gedenke. Dagegen widmete der Verf. aber seine Aufmerksamkeit vorzüglich der Journalistik und den ältern Memoiren der Akademieen der Wissenschaften und gelehrten Gesellschaften, wobei er zugleich zur Erläuterung bemerkt, daß diese und selbst die landwirthschaftlichen Vereine sich in der neuern Zeit von dem Forstlichen ganz losgesagt zu haben scheinen, und im Naturwissenschaftlichen vor lauter Gelehrsamkeit von dem gewöhnlichen Forstmann kaum mehr zu benutzen sind. Daher die Dürftigkeit der Citate aus den neuern und neuesten Gesellschaftsschriften.

Die Journalistik ist offenbar von weit größerem wissenschaftlichen Interesse als die ältern Lehrbücher, weil in ihr viel einzelne Thatsachen, Monographien, Streitschriften ꝛc. niedergelegt sind, welche weit beachtungswerther sind, als die theils als unrichtig, theils als mangelhaft erkannten Lehrsätze jener. Ein Hauptzweck dieser Schrift ist deshalb auch, auf sie mehr aufmerksam zu machen, die Studirenden zu veranlassen, eher nach Stahls Forstmagazin und Beckmanns ökonomischer Bibliothek bei dem Antiquar zu fragen, als nach Jungs, Trunks Lehrbüchern, oder gar Kupfers, Busch's ꝛc. Schriften. Der Verf. glaubt aber auch dem Literator einen Dienst erwiesen zu haben, indem er ihm durch diese Nachweisung das mühsame Nachsuchen erspart.

Es kann nicht die Idee sein, auch nur im Entferntesten die Anforderung aufstellen zu wollen, daß ein Forstmann alle die angeführten Bücher zu besitzen suchen müsse — das wäre noch mehr als die Wittwersche Forstbibliothek. Der Verf. der sie bei weitem zur großen Mehrzahl, und eine noch größere Menge anderer, denen das Beiwort „Forst“ leider keinen Werth giebt, besitzt, weiß zu gut, wie viel Zeit, Mühe und Geld dazu gehört, sie zu sammeln. Viele wiederholen sich sogar nur z. B. bei Angabe der Eigenschaften der Hölzer, wobei immer einer dem andern nachschreibt, der Insekten, bei dem Sandbau, den nordamerikanischen Hölzern, wo oft wenige genügen, um alles Werthvolle zu besitzen. Aber folgende

Gründe bewogen den Verf. deshalb die Nachweisung nicht zu beschränken, sie auch auf größere Werke, welche der Forstmann in der Regel nicht besitzt, auszudehnen.

Ein einzelnes bestimmtes Buch ist häufig schwer oder nur neu durch den Buchhandel zu bekommen, während der Zufall ein anderes, welches von demselben Gegenstande handelt, leicht erlangen läßt.

Wenn auch ein Forstmann nicht selbst alle Bücher besitzen kann, so vermag er doch häufig große Bibliotheken, wie z. B. die der Universitäten zu benutzen.

Es soll dadurch die Aufmerksamkeit auf ältere noch immer werthvolle Sachen erregt werden, um sie bei Gelegenheit von Auctionen dem Käsehändler &c. zu entreißen.

Um aber auch das Wichtigere von dem Unwichtigeren zu scheiden, gleichsam den Entwurf zu einer guten, hinreichend vollständigen Forstbibliothek zu geben, sind die wichtigsten und dabei nach ihrem Preise für den Forstmann zugänglichen Schriften mit einem † gezeichnet. Der Verfasser war dabei in großer Verlegenheit, ob er seine eignen Schriften mit bezeichnen sollte oder nicht da es allerdings aumaßend scheinen könnte, wenn er es that. Es geschahe zuletzt nur nach der Ansicht: daß diese Bezeichnung nur andeuten soll, daß darin eine abweichende Ansicht aufgestellt ist. Nach dieser konnte diese Bezeichnung nicht umgangen werden, und der Unbefangene wird finden, daß mehrere Schriften des Verf. in dieser Nachweisung gar nicht stehen, alle nur sehr sparsam citirt sind.

Sollte es vielleicht auffallen, daß bei sehr wichtigen

Gegenständen, z. B. des Waldbaues, der Taxation, nur sehr wenige Nachweisungen gegeben sind, während bei andern, wie den Hülfswissenschaften diese sehr zahlreich sind, so muß dazu bemerkt werden, daß jenes sich in den bessern Lehrbüchern vollständig vorfindet, da jeder, welcher ein solches schrieb, sich immer bemühte, die anerkannten Fortschritte des Waldbaues, in der Taxation rc. denselben einzuverleiben, daß dagegen Gegenstände, wie die Wirkung des Frostes auf die Pflanzen u. dgl. weit weniger darin berücksichtigt wurden. Diese Ungleichheit ist daher mehr Absicht als Zufall; oder gar Nachlässigkeit.

Sehr leicht wäre es gewesen, eine große Menge Schriften aus fremden Sprachen aufzuführen, und dem Buche ein sehr gelehrtes Ansehen zu geben. Moser führt die ältern auf, in Herrn von Ferüssacs Bülletin stehen die neuern französischen, englischen, italienischen, holländischen auf das Forstwesen Bezug habenden Schriften ziemlich vollständig; Nieman in seinen Waldberichten giebt ein Verzeichniß der dänischen Forstliteratur. Es lag eine solche Nachweisung aber nicht im Plane des Verf. Er begnügte sich die beachtungswerthesten Stellen aus der ältern französischen Memoiren-Literatur nachzuweisen, da viele Forstmänner dieser Sprache mächtig genug sind, weil die Franzosen seit Dühamel du Monceau keine beachtungswerthen Forstschriftsteller haben. Nur einige Hauptwerke und Abhandlungen, wie z. B. Lamberts Pinus-Arten, konnte er nicht vermeiden anzuführen.

Die Grenzen der Schrift sind so gesteckt, daß sie

in der Regel nichts berührt, was außerhalb der gewöhnlichen Vorträge bei den forstlichen Unterrichtsanstalten liegt, oder sie begnügt sich ihre Nachweisung für den Revierverwalter zu berechnen, und läßt absichtlich eben so wie das Handbuch, wovon sie eine Abtheilung ist, Staatswirthschaft, Rechtswissenschaft ꝛc. im Einzelnen unberührt. Es würde sonst gar keine bestimmte Grenze zu ziehen gewesen sein.

Vorwort zur zweiten Auflage.

Das kritische Repertorium war schon seit längerer Zeit vergriffen. Die Verlagshandlung forderte schon seit mehreren Jahren eine neue Auflage, zu der jedoch der Verfasser keine Zeit gewinnen konnte.

Er hat nun die schon früher gesammelten Collectaneen zusammengestellt und übergiebt die neue Auflage dem Publiko bis zur Mitte des Jahres 1854 vervollständigt. Bei der Ausdehnung, welche die Journalistik, einschließlich der zahlreichen Vereinsschriften, in der neuern Zeit erlangt hat, war es nicht möglich die Notizen daraus so vollständig zu geben, als sie in Bezug auf die ältern Zeitschriften in der ersten Auflage geschehen ist. Das Buch würde dann eine Ausdehnung erhalten haben, welche seine Brauchbarkeit eher vermindert als vermehrt hätte. Der Verf. hofft jedoch, daß ihm nichts, was irgend von Wichtigkeit ist, entgangen sei, er glaubt sogar, daß manche Abhandlungen und Schriften ohne Nachtheil hätten unerwähnt bleiben können, die aber schon der Namen ihrer Verfasser wegen aufgeführt werden mußten.

Diejenigen, welche sich für die forstliche Literatur interessiren, werden das Buch leicht selbst nach ihrer Ansicht vervollständigen und auch die neuern Schriften nachweisend erhalten können, wenn sie ein Exemplar mit Schreibpapier durchschießen lassen, um darauf die ihnen nöthig scheinenden Ergänzungen oder die Nachträge durch den neu erscheinenden Schriften einzuschalten.

Auf die Verhandlungen der Akademie der Wissenschaften, die landwirthschaftlichen und naturwissenschaftlichen Zeitschriften und Bücher konnte nicht mehr so viel Rücksicht genommen werden wie früher, weil sich die eigentliche forstliche Literatur in der neuern Zeit so ausgedehnt hat, daß man ihr den verwendbaren Raum allein zugestehen mußte. Eine gewisse Beschränkung mußte hierbei stattfinden, denn wäre das Buch zu voluminös geworden, so würde es nicht blos theurer, sondern auch unbrauchbarer sein.

Inhalts-Verzeichniß.

*

Einleitende und allgemeine Gegenstände.

Repertoria,

die verschiedenen Schriften nachweisend, welche von forstlichen Gegenständen handeln.

Schon vielfach ist das Bedürfniß erkannt worden, Literatur-Nachweisungen zu geben, und auch für Forstmänner sind solche vorhanden. Sie verlieren zwar an Werth desto mehr, je älter sie werden, weil sie die später erschienenen Schriften nicht enthalten, werden aber deshalb nicht werthlos, denn sie dienen mehr oder weniger immer den neuern Arbeiten dieser Art zur Grundlage. Alle die ältern haben jedoch die doppelten Fehler: daß sie dem Forstmanne oft unentbehrliche Bücher nicht nachweisen, wenn sie nicht gerade, besonders für ihn geschrieben, mit dem Worte „Forst" bezeichnet sind, und dagegen wieder ohne Auswahl und Kritik alle aufführen, die in dieser Hinsicht das Prädikat „Forst" haben. In der Vorrede ist umständlich Rechenschaft abgelegt, daß das durch diese Schrift dem Publiko vorgelegte Repertorium nach einer ganz andern Ansicht entworfen wurde, als die frühern, diese ihm daher auch nicht einmal zur Grundlage dienen konnten, oft kaum eine Benutzung anders gestatteten, als auf ein Buch zur Durchsicht aufmerksam zu werden.

Unter allen zeichnet sich das Moser'sche, bis zum Jahre 1796 gehend, durch seine Vollständigkeit, da es alle europäische Sprachen umfaßt und systematisch geordnet ist, sehr vortheilhaft aus. Es kann dem Liebhaber älterer Bücher mit Recht empfohlen werden. Auch *Reuss* Repertorium Commentationum ist beinahe unentbehrlich, da man ohne dasselbe nicht im Stande ist, manche interessante Arbeit in Dissertationen und Gesellschaftsschriften versteckt, kennen zu lernen. Beckmanns physikalisch-ökonomische Bibliothek ist, da sie zugleich das Wesentliche der angeführten Schriften auszugsweise enthält, nicht ohne Werth. Die übrigen sind weniger beachtungswerth, allenfalls als Preis-Verzeichniß.

Bibliotheca scriptorum venaticorum etc. a Kreyssig. Altenburg 1750.

Entwurf eines Verzeichnisses der zur Forstwissenschaft gehörigen Schriften, in Beckmanns Beiträgen zur Verbesserung der Forstwissenschaft. Chemnitz 1763. S. 171—193.

Woellners ökonomische Bibliothek. 2 Theile. Berlin 1765. Forstschriften. S. 540 u. f.

Verzeichniß der vom Forstwesen handelnden Schriften in: Grotens Entwurf der Forstwissenschaft. Chemnitz 1765.

Beckmann ökonomische Bibliothek. Göttingen 1770 — 1805. 23 Bände.

Mosers Forstarchiv, 18ter, 19ter Band, oder 1ster und 2ter Bd. des neuen Forstarchivs. Ulm 1796 (wird besonders verkauft).

Weber Handbuch der forstlichen Literatur. Berlin 1803.

Reuss Repertorium Commentationum. Oeconomia. Gottingae (Dietrich), 1806.

Enslin Bibliothek der Forst- und Jagdwissenschaft. Berlin 1823.

Nachweisung der Literatur der Hülfswissenschaften in: Späth Handbuch der Forstwissenschaft.

Laurop Handbuch der Forst- und Jagdliteratur bis zum Jahre 1828. Gotha bei Henning, 1830.

Nachtrag dazu bis zum Jahre 1843. Frankfurt a. M., Sauerlaender. (Es ist dies zwar eine sehr vollständige Literaturnachweisung, jedoch ohne alle Kritik und Schriften aufführend, welche die Forstwissenschaft gar nicht berühren, das ganz Werthlose nicht ausscheidend.)

Kritische Uebersichten geben die Kritischen Blätter Bd. 6., 9., 16., 33. — Die jährlich erscheinenden Schriften zeigen an das Tharanter Jahrbuch, Schneiders Forstkalender für Preußen, wie mehrere andere Zeitschriften.

Journalistik.

Wir glauben, die forstliche Journalistik folgen lassen zu müssen, weil sie alles, was dem Forstmann irgend angehört, in ihren Kreis ziehet und daher nicht als einem besondern Theile des forstlichen Wissens angehörend angesehen werden kann. Sogar die ältere hat einen entschiedenen höhern wissenschaftlichen Werth als die älteren Lehrbücher, und verdient daher aufgeführt zu werden, selbst wenn man diese mit Stillschweigen übergehet. Einmal läßt sich der Gang der Ausbildung der Forstwissenschaft in ihr am deutlichsten erkennen und verfolgen, da in der Regel in den Zeitschriften das Neue zuerst besprochen wurde. Dann sind in ihnen aber auch oft eine Menge einzelner Thatsachen und Mittheilungen niedergelegt, die nicht immer in die Lehrbücher aufgenommen wurden, und von denen die auf practischen Erfahrungen beruhenden einen unveränderlichen Werth haben. Die Natur bleibt ewig dieselbe, während Speculation und Raisonnement immer nur den Werth der Bildungsstufe der Zeit haben, folglich sehr gelehrte Männer ihrer Zeit oft sehr sonderbare Dinge für die aufgeklärtere Zukunft aufstellen können. So verschwinden die Systeme, während die einzelnen Thatsachen bestehen bleiben, die Lehrbücher, die sie darstellen, werden werthlos, die Journale, als das Depot vieler Bemerkungen der Practiker, behalten ihren Werth Wir betrachten deshalb nicht bloß die neuere Journalistik als eins der werthvollsten Bildungsmittel, sondern empfehlen auch allen, die überhaupt sich mit der ältern Literatur zu beschäftigen Beruf oder Neigung haben, die Journalistik vorzüglich, zumal da sie im Anfange einen größern relativen Werth hatte, als die der neuern Zeit.

Die mit einem † bezeichneten Zeitschriften erscheinen noch gegenwärtig.

Allgemeines ökonomisches Forstmagazin von Stahl. Frankfurt und Leipzig 1763—1796. 12 Bde. (Schätzbar.)

Neues Forstmagazin von Franzmahdes. Erfurt 1776—1779. 3 Bde.

Pfingsten Journal für Forst-, Berg- &c. Sachen. Hannover 1786—1790. 3 Bde.

Forstarchiv von Gottfr. v. Moser. Ulm 1788—1804. 29 Bde. Einschließlich der Fortsetzung von Gatterer. (Noch jetzt sehr benutzbar.)

Forst- und Jagdbibliothek. Stuttgart 1788—1789. 3 Hefte.

Journal für das Forst- und Jagdwesen, von Reitter. Leipzig 1790—1793. 3 Bde.

Leonhardi Magazin für Forst- und Jagdwesen. Leipzig 1796—1805. 14 Hefte.

Leonhardi Forst- und Jagdkalender. Leipzig 1794—1803. 10 Jahrgänge.

Journal für das Forst- und Jagdwesen. Leipzig 1790—1799. 5 Bde. (Von Reitter.)

Medicus unechter Acacienbaum. Manheim 1796—1803. 5 Bde.

Medicus Forstjournal. Leipzig 1797—1801. 2 Theile.

Taschenbuch für Forst- und Jagdliebhaber von Wildungen. Marburg 1794—1812.

Bechstein Diana 1797—1816. 4 Bde. Marburg und Cassel.

Laurop und Hartmann Zeitschrift für die Forstwissenschaft. Kopenhagen 1802—3. 2 Bde.

Hartig Journal für das Forst- und Jagdwesen. Stuttgart 1806—8. 10 Hefte.

Gatterer und Laurop Annalen der Forst- und Jagdwissenschaft. Darmstadt 1810—22. 24 Hefte.

Meyer Zeitschrift für das Forst- und Jagdwesen. München 1813—16. 20 Hefte.

Hartig Forst- und Jagdarchiv 1816—27. 7 Bände. Kummer im Leipzig. Cotta in Tübingen.
Niemann vaterländische Waldberichte. Altona 1820 — 1822. 2 Bde.
Laurop Jahrbücher der Forstwissenschaft. Heidelberg bei Groos, 1823—25. 3 Bde.
Neue Zeitschrift für das Forst- und Jagdwesen in Baiern, fortgesetzt von Behlen rc. Bamberg.
Laurop Forstwissenschaftliche Hefte. Nürnberg 1827. 2 Stück.
Abhandlungen aus dem Forst- und Jagdwesen von Andrée, aus den ökonomischen Neuigkeiten abgedruckt 1821 rc. Prag bei Tempsky.
† Pfeil kritische Blätter für Forst- und Jagdwissenschaft. Leipzig bei Baumgärtner.
Liebich aufmerksamer Forstmann. Prag.
† Behlen Forst- und Jagdzeitung. Frankfurt bei Sauerländer.
Retsch Forst- und Jagdneuigkeiten. Prag.
Hundeshagen Beiträge zur gesammten Forstwissenschaft. Tübingen, Laupp.
Hundeshagen forstliche Berichte und Miscellen, daselbst.
v. Wedekind neue Jahrbücher der Forstkunde. Mainz, Kupferberg.
Laurop Archiv der Forst- und Jagdgesetzgebung. Freiburg bei Wagner.
Wiedenmann forstliche Blätter für Würtemberg. Tübingen, Laupp.
Sylvan, von Laurop, Fischer, v. d. Borch. (Mehr Jagdunterhaltungsliteratur.) Heidelberg bei Groos.
Abhandlung des Vereins für forstwissenschaftliche Ausbildung. Tübingen 1825.
Der Förster, oder neue Beiträge zum Forstwesen von Heldenbrog. Nürnberg, Stein.
Liebich allgemeines Forstjournal. Prag, Calve. 1831.
Behlen Archiv für Forst- und Jagdgesetzgebung. Freiburg 1834.
v. Wedekind allgemeine Jahrbücher. Gotha bei Hennings u. Hopf, Mainz bei Kupferberg.
† Wedekind neue Jahrbücher. Frankfurt a. M. bei Sauerländer, Darmstadt bei Diehl.
Forstliche Abtheilung der ökonomischen Neuigkeiten. Prag, Calve.

† Gwinner forstliche Mittheilungen. Stuttgart, Schweizerbart.
Klauprecht Sylvaneion. 4 Hefte. Aschaffenburg, Knode.
Arnsperger forstliche Zeitschrift für Baden. Karlsruhe, Braun.
Th. Hartig Jahresberichte. 4 Hefte. Berlin bei Förstner, 1837.
† Monatsschrift für das Würtembergische Forstwesen. Stuttgart (Verlags-Comptoir des Staatsanzeigers).
† Forstwirthschaftliche Mittheilungen des Königl. Bayerischen Ministerial-Forstbüreaus. München, Palm'sche Hof-Buchhandl.
† Schultze forstliche Berichte mit Kritik. Nordhausen bei Büchting. (Früher in Osterode und Goßlar bei Sorge.)
Schultze Taschenbuch für Natur-, Forst- und Jagdfreunde. Weimar, Voigt. Mehrere Jahrg.
† Tharanter Jahrbücher. Dresden bei Arnold.
Smalians Beiträge zur Forstwissenschaft. 2 Hefte. Stralsund, Löffler.
† Brumhard Beiträge zur Forstwissenschaft. 3 Hefte. Frankfurt a. M., Sauerländer.
Liebichs Central-Forstorgan für Oesterreich. Prag, Rohlwek.
† Vereinsschrift für Forst-, Jagd- und Naturkunde von Smoler. Prag, Andrée.
† Grabners Oesterreichische Vierteljahrsschrift. Wien, Braumüller.
† Allgemeine Oesterreichische Zeitschrift für den Landwirth und Forstmann. Wien bei Gerold.
† Schneiders Forstkalender für Preußen. Berlin bei Springer.
† Mittheilungen des Braunschweiger Vereins für Forst- und Landwirthe. Braunschweig, Leibrock.
Sprengel land- und forstwirthschaftliche Zeitung.
† Allgemeine land- und forstwirthschaftliche Zeitschrift der Landwirthschaftlichen Gesellschaft in Wien. Wien, Gerold.

Vereinsschriften.

† Verhandlungen des Harzer Forstvereins. Clausthal bei Schweiger.
† Verhandlungen des Schlesischen Forstvereins. Breslau bei Barth u. Comp.
† Verhandlungen des forstlichen Vereins im Badischen Oberlande. Engen, Rau'sche Buchdruckerei.
† Verhandlungen der Forstsection in Mähren und Schlesien. Brünn, Nitsch u. Grosse.

† Berichte über die Versammlungen des Sächsischen Forstvereins (ohne bestimmten Druckort).

† Die Verhandlungen der allgemeinen deutschen, wie der süd- und westdeutschen Versammlungen der Forstwirthe enthalten v. Wedekinds neue Jahrbücher.

Der Thüringsche Forstverein läßt seine Berichte ohne bestimmten Druckort besonders abdrucken und scheinen dieselben nicht in den Buchhandel zu kommen.

Von den österreichischen Forstvereinen, dem Reichsforstvereine, Böhmischen, Mährischen, Schlesischen, Westgallizischen, Niederösterreichischen, Ungarischen, Croatischen findet man die Verhandlungen in Grabners und Smolers Zeitschriften.

Mittheilungen des ungarischen Forstvereins. Preßburg 1854. Schmidsche Buchdruckerei.

† **Französische Zeitschriften.**

Annales forestières. Paris au Bureau des Ann. for.

Bulletin des sciences agricoles et économiques. Paris, Treuttel et Würlz.

Schweiz.

Schweizerisches Forstjournal. Bern 1850. Stämpflische Buchdruckerei.

Rußland.

Russisches Forstjournal. 1. Jahrgang. St. Petersburg 1833.

Auch das Hannöversche Magazin enthält oft werthvolle forstliche Abhandlungen. Auch Pohl's Archiv der Landwirthschaft enthält solche, doch sind diese weniger beachtungswerth. Für die ältere Forstgeschichte sind aber zu empfehlen: Beckmans physikalische Bibliothek und Münchhausens Hausvater, zwei sehr bekannte ökonomische Zeitschriften.

Gegenstand, Begriff und Eintheilung der Forstwissenschaft.

Beinahe alle Lehrbücher und Handbücher beschäftigen sich zuerst damit, den Zweck zu bezeichnen, welcher durch die

Forstwissenschaft erreicht werden soll, um dadurch den Begriff des Wortes zu geben, und die Theile derselben in eine systematische Uebersicht zu bringen. Die Ansichten wechselten so wie sich diese Wissenschaft immer mehr ausbildete, und immer mehr und mehr Gegenstände dazu gezogen wurden. So wie man zuerst das Forst- und Jagdwesen sonderte, theilte man später die eigentliche Forstwissenschaft und die Hülfswissenschaften ab, und vermehrte die Abtheilungen und Unterabtheilungen in demselben Maaße, wie die Ansprüche an das forstliche Wissen größer wurden. Selbst die Ansicht von demjenigen, was durch die Forstwissenschaft erreicht werden soll, hat sich häufig geändert. Es kann nicht die Idee sein, hier das Verzeichniß aller Lehrbücher zu geben, welche sich damit beschäftigen, Systeme aufzustellen und Eintheilungen der Forstwissenschaft zu geben, denn alsdann müßten wir sie beinahe alle ohne Ausnahme aufführen. Wir begnügen uns diejenigen, und die besondern Aufsätze und Schriften nachzuweisen, aus denen man theils die jetzt stattfindenden abweichenden Ansichten in dieser Hinsicht kennen lernen, und die sich von Zeit zu Zeit ändernden in der Zustammenstellung übersehen kann.

Historische Zusammenstellungen geben:

Wiedenman Zweck und Begriff der Forstwissenschaft. Tübingen, Laupp. 1826.

Pfeil kritische Blätter. 5ten Bds. 1stes Hft. Leipzig, Baumgärtner.

Eintheilungen enthalten:

Burgsdorf Forsthandbuch. Berlin, Pauli. 1800.

Hartig Lehrbuch für Förster. Stuttgart, Cotta.

Dr. A. v. Koenig Entwurf eines Grundrisses der Forstwissenschaft. Heidelberg 1831.

Fresenius Abhandlungen über Forst- und Staatswirthschaft. 1814. Gegenstände. Frankfurt a. M. 1811.

Wittwers Beiträge und Erläuterungen zu Hartigs Lehrbuche für Förster. Marburg 1819.

Cotta Waldbau. Dresden, Arnold.
Hundeshagen Methodologie. Tübingen 1819.
Hundeshagen Encyklopädie. 2te Aufl. Tübingen, Laupp.
Nieman Inbegriff der Forstwissenschaft. Altona, Hammerich.
Grundriß der Vorbereitungswissenschaft für den Forstmann, von Raßmann. Frankfurt a. M. 1827.
Pfeil das forstliche Verhalten der deutschen Waldbäume. Berlin, Boike, 1829; in der Einleitung.
Zeitschrift für Baiern. 3ten Bds. 4tes Heft.
Behlens neue Zeitschrift für Baiern. Jahr 1824. 3tes und 4tes Heft.

Geschichte der Forstwissenschaft.

(Forstgeschichte.)

Man macht wohl mit Unrecht einen Unterschied in der Geschichte der Wälder und derjenigen der Forstwissenschaft. Die Wälder für sich haben keine Geschichte, denn so lange, bis man anfängt sie zu benutzen und zu bewirthschaften, bleiben sie immer dieselben, so daß höchstens von einer Geschichte der physischen Beschaffenheit der Oberfläche des Bodens die Rede sein könnte. Diese zu schreiben wird schwerlich jemandem einfallen, da hierzu alle Hülfsmittel fehlen, indem alle Veränderungen derselben so unvermerkt geschehen, daß man nur sagen kann, sie fanden statt, ohne dabei nachweisen zu können, in welcher Art die Aenderung nach und nach erfolgte; kaum können von der neuern Zeit die gewaltsamen Erdrevolutionen nachgewiesen werden. — Wenn man den gewöhnlichen Ausdruck „Forstgeschichte" wählt, so kann man vielmehr sowohl die Aenderung, welche der Zustand der Wälder erfuhr, als die der Grundsätze ihrer Behandlung, darunter begreifen.

Diese letzten haben sich schon in den starkbevölkerten und

hochkultivirten Ländern der Perser, Griechen und Römer ausgebildet, wie in dem 2ten Bande der Kritischen Blätter für Forstwissenschaft nachgewiesen worden ist.

Interessante Nachweisungen darüber enthalten aber auch:

Geschichte der Landwirthschaft der alten Völker von Reynier, frei bearbeitet von Domance. Heidelberg bei Oswald. 1833.

Ein vollständiges Verzeichniß der ältern landwirthschaftlichen Schriftsteller findet man in:

Beckmanns Grundsätze der deutschen Landwirthschaft. Göttingen, Dietrich. 1806. 6te Aufl. S. 24.

Es hat nicht an Bearbeitungen der Forstgeschichte gefehlt, die Ansichten dabei sind aber sehr verschieden gewesen. Mit dem mehrsten Erfolg ist die historische Begründung des Forstrechts (z. B. durch Stissers Forstgeschichte) versucht worden. Theils standen hierbei die mehrsten Hülfsmittel zu Gebote, theils lag dabei ein rein practischer Zweck zum Grunde, dasjenige zu beweisen, was Rechtens sei, indem man historisch nachwies, was von jeher dafür anerkannt worden.

Weniger, und mit weit geringerm Erfolge ist sie nach der Ansicht bearbeitet worden: den Gang der Ausbildung der Holzwirthschaft darzustellen. Es ist dies auch nicht ohne Schwierigkeit. In den ältesten Zeiten war die Bewirthschaftung der Forsten und Erziehung des Holzes Sache des Landbauers und Gutsbesitzers, und man muß die einzelnen Thatsachen und Lehren in den landwirthschaftlichen Schriftstellern der Griechen, Römer, Franzosen, Italiener suchen. Auch die Gesetzgebung verbreitet zuweilen Licht über die Art und Weise der Benutzung der Forsten, jedoch ersiehet man daraus mehr, was nicht geschehen sollte, als was vortheilhaft und zulässig war. Nur erst von der Zeit an, wo die eigentlichen Forstordnungen erschienen, welche nicht bloß rechtliche und polizeiliche Anordnungen enthielten, sondern auch die Instructionen zur Waldbehandlung umfaßten, läßt sich das Gesetz mehr in dieser Hinsicht benutzen. So liefern auch alte Kroniken, Specialgeschichten der Klöster und Stifter ꝛc. oft schätzbare Notizen, aber immer wird die Forstgeschichte der Vorzeit mehr Gegenstand von Combinationen als Darstellung unwiderlegbarer Thatsachen bleiben.

Nur Frankreich, Venedig und Deutschland haben in der Vorzeit, etwa vom Ende des Mittelalters an, eine grundsätzliche Behandlung größerer Wälder, um den Holzbedarf durch Nachwuchs zu ersetzen. Die südlichen Länder fanden vermöge des geringen Holzbedarfs wenig Veranlassung dazu, der dünnbevölkerte Norden lebte vom Ueberflusse der ungeheuern Waldmassen. In England verloren, bei dem Ueberflusse von Brennmaterial anderer Art, der starken Bevölkerung und dem Mangel an Staatsforsten, die größern Wälder sich zu früh, um eine Bewirthschaftung der Art entwickeln zu lassen, wie sie in Deutschland sich ausbildete. Es entstand dort mehr eine Art von Waldgärtnerei, die sich vorzugsweise auf Säen und Pflanzen beschränkt, die deshalb auch entweder von bloßen Landwirthen oder Pflanzern betrieben wird. Jetzt sind die Länder, wo eine der deutschen ähnliche Forstwirthschaft stattfindet, und nach ihr gemodelt ist: Frankreich, Dänemark, Schweden, Polen und Rußland, wenn wir den Oesterreichischen Kaiserstaat ganz zu Deutschland rechnen. Davon hatte Venedig eine documentirte Forstgeschichte seit dem 14., Frankreich und Deutschland seit dem 16. Jahrhundert. Die Entwickelung der Forstwissenschaft läßt sich aber für Deutschland erst aus den seit Anfang des 18. Jahrhunderts erschienenen Forstschriften darstellen.

Nicht als Forstgeschichte, sondern als Quellen, woraus die Thatsachen zu entnehmen sind, woraus man sich Licht über die ältere Behandlung der Wälder verschaffen kann, sind daher folgende Schriften anzuführen:

Behandlung des venetianischen Waldes Montonac.

Reisen durch österreichisch Illyrien, Dalmatien ꝛc. im Jahre 1818, von R. v. H. Meißen bei Goedsche.

Waldbehandlung in Frankreich.

Histoire des grandes forèts de la Gaule et de l'ancienne France par Maury. Paris 1850.

Duhamel du Monceau, von Fällung der Wälder, übersetzt von Oelhafen von Schöllenbach. Nürnberg, 1766. (Alle Schriften Duhamels behandeln die Gegenstände historisch.)

Stahls Forst-Magazin. 10ter Band.

Mosers Forst-Archiv. 18ter Band. S. 215, 216, weist die älteren Ordonnanzen nach.

Heinzen, die Forstverwaltung Frankreichs. Köln 1808.

Die Verhandlungen der französischen Kammern über die neueste Forstgesetzgebung, sind besonders gedruckt, auszugsweise mitgetheilt in Wedekinds Jahrbüchern der Forst- und Jagdzeitung, und verbreiten sich ebenfalls ausführlich über die Vorzeit.

Deutsche Forstgeschichte.

Schriftsteller des Forst- und Jagdrechts.

Noe Meurer Forst- und Jagdrecht. Frankfurt 1561.

Claud. Mallivaeus Aquarum et Sylvarum Constitutiones. Paderborn 1561.

Spangenberg von forstlicher Obrigkeit und Gerechtigkeit. 1571.

Ahasv. Fritschii Corp. jur. venatorio-forestalis. Rudelst. 1674.

Ahasv. Fritschii nunc denuo multis tractatibus, consiliis et ordinationibus, undique additis, indicibus, materiarum generali, ac rerum locupletissimo altero tanto adauctum etc. Lipsiae 1702.

S. L. v. Seckendorf Fürstenstaat. Frankfurt 1720.

Dr. *J F. Beck* Tractatus de jurisdictione forestali. Nürnberg 1733.

Anmerkung. In Mosers Forst-Archiv 18. Bd. S. 193—198 ist ein vollständiges Verzeichniß der ältern Forstrechts-Schriftsteller, S. 199—285 sind die deutschen Forstordnungen bis in die älteste Zeit (aus Fritsch Sammlung) vollständig nachgewiesen. Wer eine oder die andere bedarf, wird sie wenigstens im Auszuge in dem Buche, unter Nr. 5., aufgeführt finden.

Landwirthschaftliche und andere Schriften, welche auf die Forstgeschichte Bezug haben.

Petrus de Crescentiis vom Ackerbaw, Erdbaucher und Bauleute, XII Bücher. Strasburg 1531.

Carl Stephan und Johann von Liebalto 7 Bücher von Bestellung eines Meyerhofs, herausgegeben von Sebizius, dem Schlesier. Strasburg 1580.

Conrad von Heresbuch VII Bücher von der Landwirthschaft.

Oeconomia ruralis von M. Joh. Colerus. Neue Ausgabe. Frankfurt a. M. 1692.

v. *Rohr*, Historia naturalis arborum etc. 1732.

Beiträge zur Geschichte der Erfindungen von Joh. Beckmann. Leipzig 1780.

Journal von und für Deutschland. Nürnberg 1784—1792.

Eigentlich forsthistorische Werke und Abhandlungen.

Stissers Forst- und Jagdgeschichte der Deutschen. Leipz. 1751. (Ist eigentlich wohl nur eine Darstellung der geschichtlichen Ausbildung der Forst- rc. Hoheits-Rechte.)

Geschichte der deutschen Landwirthschaft, von den ältesten Zeiten bis zum 15ten Jahrhundert, von Anton. 3 Bde. Görlitz 1799. (Anerkannt klassisch und auf die Forstwissenschaft besonders Bezug nehmend.)

Versuch einer pragmatischen Geschichte der Oekonomie-, Polizei- und Cameral-Wissenschaften, von Roeßig. 1782.

Grundlinien der Forstgeschichte von Walther. Gießen 1816 (Interessant, aber nicht erschöpfend.)

Stieglitz geschichtliche Darstellung der Eigenthumsverhältnisse an Wald und Jagd. Leipzig, Brockhaus, 1832. (Das beste, wo nicht das einzige Buch mit gutem Quellenstudio, was die neue Literatur über diesen Gegenstand besitzt.)

Behlens Lehrbuch der Forst- und Jagdgeschichte. Frankfurt, Wilmans. 1831. (Werthlose Compilation.)

Wiedenman geschichtliche Einleitung in die Forstwissenschaft. Tübingen, Osiander. 1837.

Laurop Forst- und Jagdwesen Deutschlands in geschichtlichen Umrissen. Stuttgart, Schweizerbart. 1843.

Smoler historische Blicke auf das Forst- und Jagdwesen. Prag, Haase Söhne. 1847.

Langenthal Geschichte der deutschen Landwirthschaft. Jena bei Luden. 1847.

Meyer der frühere und vormalige Stand der Waldungen Deutschlands. Nürnberg, Riegel. 1851.

Beckmans Grundsätze der deutschen Landwirthschaft. Göttingen, Dietrich.

Pfeils Kritische Blätter. 3. Band 1. Heft, 4. Band 2. Heft, 18. Band 1. Heft, 23. Band 2. Heft, 28. Band 1. Heft, 29. Band 1. Heft, 34. Band.

Ferner liefern Beiträge:

Carlowitz, wilde Baumzucht, beschäftigt sich sehr mit dem Historischen, jedoch mehr mit den römischen landwirthschaftlichen Schriftstellern, als mit Deutschland.

Stahl Forstmagazin. Versch. Bände.

Mosers Forstarchiv. Desgleichen.

Trunks Lehrbuch der Forstwissenschaft. Frankfurt a. M. 1789. S. 88.

Walthers Lehrbuch der Forstwissenschaft. 2ter Theil.

Hazzi ächte Ansichten der Waldungen. München, Lentner 1805. S. 5—144.

Beckmann ökonom. Bibliothek. Bd. 3., 14., 17.

Maiers Zeitschrift für Baiern. Verschiedene Jahrgänge.

Forst- und Jagdzeitung. Versch. Jahrgänge.

Langs Geschichte von Baireuth. Göttingen, Schneider. 1798 bis 1801. 2 Bde.

Harls Kammeral-Correspondent. 1809.

Die Forst- und Jagdzeitung. 1839 Nr. 47. 1833 Nr. 7.

Laurops Jahrbücher. 1824, 2. Heft.

v. Wedekinds allgemeine Jahrbücher. 1831, 3 Hefte.

Zur Spezial-Forstgeschichte einzelner Länder.

Preußen.

Dies Reich, aus vielen einzelnen deutschen und außerdeutschen Ländern und Provinzen erst in der neuern Zeit zusammengesetzt, hat keine Forstgeschichte aller Theile, die man zusammenfassen könnte. Die mehrsten haben ihre eigene politische und ökonomische Geschichte. Dagegen hat die Mark Brandenburg, als der älteste Kern der Monarchie, eine um so interessantere forstliche Vorzeit, als nicht bloß die Materialien zu ihrer Darstellung nicht fehlen, sondern weil auch gewöhnlich die Grundsätze der Verwaltung der darin sehr beträchtlichen Forsten, auf die übrigen Provinzen nach und nach übergingen. Quellen sind:

Corpus Constitutionum Prussico-Brandenburgensium, von Mylius bis 1750.

Novum Corpus Constitutionum etc von 1750—1806. (In dieser Gesetzsammlung sind alle administrativen Verfügungen und Instruktionen, die Forsten betreffend, enthalten.)

Benkendorf, Oeconomia forensis, Berlin, Pauli, enthält die Observanzen ꝛc. in der Mark.

Historisch-politische Beiträge, die Königl. Preuß. Staaten betreffend, Berlin 1784. 3ter Band 1stes Heft.

Kropf System und Grundsätze. Berlin, Reimer.

Hennert Anleitung zur Taxation der Forsten. Berlin, 1803.

Hennert über Raupenfraß. Berlin, 1791.

Büschings Reise nach Kyritz. Leipzig 1780. (Preußens Holzhandel betreffend.)

Abriß von der Preuß. Forstwirthschaft. Berlin 1799. (Unbedeutend.)

Geschichte der Churmärkischen Forsten. Berlin, 1789. (Entspricht dem Titel durchaus nicht, sondern behandelt bloß den Streit zwischen Burgsdorf und Hennert auf der einen, Kropf auf der anderen Seite, über eine passende Eintheilung und Abschätzung der Forsten.)

Hartigs Forst- und Jagdarchiv. (Instruktionen der neueren Zeit).

Gunnert Beiträge zur Forstwissenschaft aus der praktischen Geometrie.

Preuß Geschichte Friedrich des Großen.

Riedel. Novus Codex diplomaticus Brandenburgensis. Berlin, Morin 1838.

Läis, die Stock- und Vogteibesitzer der Eifel und ihrer Gemeinden in Betreff streitiger Waldungen. Trier 1830.

Ein paar Worte über die Waldübel der Bergischen Lande. Düsseldorf 1802.

Pfeils Forstgeschichte Preußens. 7ter und 9ter Band der Kritischen Blätter. Auch besonders abgedruckt. Leipzig bei Baumgärtner.

(Die Geschichte des Forst- und Jagdwesens von Deutschland von Keudel, Hersfeld 1837, ist eine werthlose Compilation bekannter Notizen.)

Mosers Forstarchiv (ältere Instruktionen ꝛc.)

Gleditsch hinterlassene 4 Abhandlungen (Geschichte des Raupenfraßes in der Mark Brandenburg).

Für Westpreußen.

Pannewitz Forststatistik Westpreußens. Berlin 1829.

Für Ostpreußen.

Voigt Geschichte Preußens.

Für Schlesien.

Wiesenhawers Taxation. (s. Taxation.)

Schlesische Gesetzsammlung.

Verhandlungen des Schlesischen Forstvereins.

Auch sind beachtenswerth die einzelnen Forstordnungen, nachgewiesen in Mosers Forstarchiv.

Für Westphalen sind wichtig:

v. Zangen Abhandlungen über Märkerrecht und Märkergedinge. Gießen 1800.

Wiederholdt Dissertation von Märkergedingen und Ordnungen. 1728.

Reinhardt Märkerrecht. Frankfurt 1738. 1759.

v. Hobbe Freimüthige Gedanken über verschiedene Fehler bei dem Forsthaushalte ꝛc. Ehrenbreitstein 1805.

Hannover.

Hannöversches Magazin von 1832 Nr. 27—31., 1833 Nr. 60—83., 1839 Nr. 28—32.

Zimmermann Harzgebirge, Klausthal 1834.

Sachsen.

Handbuch der Forst- und Jagdgesetze des Königreichs Sachsen von Schmid. Meißen, Gödsche 1839.

Baiern.

Hazzi ächte Ansichten der Waldungen.

Meyers Zeitschrift für Baiern. Versch. Jahrgänge.

Behlen Abriß der Geschichte rc. von Baiern. München, Lindauer 1831.

Der Nürnberger Reichswald. München, Palm 1853.

Behlens Handbuch der Forst- und Jagdgeschichte Baierns. Karlsruhe 1831.

Oesterreich.

Schopf die österreichische Forstverfassung. Wien, Singer 1835.

Kostetzky Handbuch der Gesetze in Landwirthschaftssachen. Prag, Haase Söhne 1847.

Mecklenburg.

Sammlung der in Mecklenburg-Schwerin geltenden Landesgesetze. 5ter Band. Wismar 1839, bei Coffel.

Würtemberg.

Schmiedlin Handbuch der Würtembergischen Gesetze. Stuttgart, Metzler 1822.

Baden.

Handbuch der Forst- und Jagdgesetzgebung des Großherzogthums Baden, von Laurop. Mannheim 1825.

Nassau.

Handbuch der Forst- und Jagdgesetzgebung des Großherzogthums Nassau. Hannover 1828.

Rheinpfalz.

Mosers Forstarchiv. 28., 29. Band.

Großherzogthum Hessen.

Wedekind neue Jahrb. Zweite Folge. 2ter Jahrg., 1stes Heft, S. 1.

Anmerkung. Die wichtigsten Verfügungen und Abänderungen, welche in den einzelnen Staaten stattgefunden haben, enthält von 1763 — 1783 das Forstmagazin von Stahl, von da bis 1805 das Moser-Gattererſche Forstarchiv; später sind sie größtentheils in Laurops Annalen gesammelt, jedoch nicht mehr so vollständig als vorzüglich von Moser, dessen Forstarchiv als die wichtigste Quelle für die deutsche Special-Forstgeschichte anzusehen ist.

Bildung und Unterricht.

Schriften.

Die Ansichten über die Art und Weise der Bildung des Forstmannes, über den Umfang des forstlichen Wissens, mußten sich natürlich ändern, so wie die Forstwissenschaft sich selbst ausbildete. Doch ist die Bemerkung dabei sich aufdrängend, daß fortwährend die Practiker weniger Werth auf die Theorie und gelehrte Bildung legten, die Theoretiker gegen das Empirische eiferten. Auch blieben die erstern gewöhnlich hinter der stets fortschreitenden Ausbildung der Wissenschaft zurück, die andern eilten mit der Theorie voraus, bevor noch die Praxis zu folgen vermochte. Daraus entwickelte sich ein Streit zwischen beiden Parteien, der zu zahlreichen Schriften Veranlassung gegeben hat, die zugleich den jedesmaligen Standpunkt der Wissenschaft andeuten. Wir vermeiden, als Partei, wohl mit Recht jede Kritik der einzelnen Schriften, und führen sie nur, so weit sie irgend ein wissenschaftliches Interesse haben, an.

Flemming deutscher Jäger. Leipzig 1724.

v. Brocke Gedanken über Errichtung einer Forstschule. Hamburg 1792.

Onomatologia forestalis (Forstlexicon). 4ter Bd. S. 311 u. f.

Zanthier Abhandlungen, herausgegeben von Hennert. Berlin 1799. 2te Samml. S. 1.

Krünitz Encyklopädie. XVII. Bd.

Burgsdorf Forsthandbuch. 2ter Bd. S. 15.

v. Griesheim Entwurf eines Regulativs zum Unterrichte der Lehrlinge und Jägerburschen. Jena 1802.

Schriften der Berliner Gesellsch. naturforsch. Freunde. 4 Bde.

Bechstein Diana. 1ster Bd. S. 449. 3ter Bd. S. 471.

Wilcke die Bildung des Forstmannes. Braunschweig 1801.

Orphal ein Wort über Forst- und Jagd-Institute. Eisenach 1805.

Abhandlung über forst- und staatswirthschaftliche Gegenstände von Fresenius. Frankfurt a. M. 1811.
Wittwers Beiträge zu Hartigs Lehrbuche für Förster. Marburg 1819.
Ueber Bildung des Forstmannes. Sylvan 1815.
Laurop Annalen. 1811. 3tes Heft.
Medicus. Kann der Unterricht einer Spezial-Forstschule durch einen Universitäts-Unterricht surrogirt werden? Landshut 1804.
v. Ußlar forstwirthschaftliche Bemerkungen. (O. 317 Prüfungsfragen.)
Hartig Journal für Forst- und Jagdwesen. 2ter Jahrgang. 1807. 1ster Band S. 82.
Pfeil über forstliche Bildung und Unterricht. Züllichau 1820.
Laurop Annalen. 5ter Bd. 4tes Heft. 6ter Bd. 1., 2., 3., 4. Heft.
Laurop Beiträge zur Kenntniß des Forstwesens in Deutschland. 1stes Heft.
Krutsch, auch einige Worte über forstliche Bildung. Dresden 1820.
Hoßfeld Reformation der Forstwissenschaft. Hildburghausen 1820.
Papius Bildung des Forstmannes. Aschaffenburg 1825.
Laurop über die Art der Bildung d. F. Sylvan 1821.
Behlen Zeitschrift für das Forstwesen in Baiern. Jahrgang 1828. 2tes und 3tes Heft.
Pfeil kritische Blätter. Bd. 5. Heft 1. u. 2., Bd. 14. Heft 1., Bd. 16. Heft 2., Bd. 17. Heft 2., Bd. 19. Heft 1. u. 2., Bd. 22. Heft 1., Bd. 23. Heft 1., Bd. 27. Heft 1., Bd. 30. Heft 2., Bd. 29. Heft 1., Bd. 33. Heft 2., Bd. 34. Heft 2.
v. d. Borch, Irrwalds Lehrjahre. Ansbach 1828.
Seutter über die Art der Bildung d. F. Sylvan 1822.
Anleitung zur Prüfung der Forstkandidaten von Hartig. Berlin 1828.
Kurze Anleitung zum Unterrichte junger Leute im Forst- und Jagdwesen von Hartig. Berlin 1827.
Wiedenmann Anleitung zu Repetitorien rc. (Forstliche Blätter. 1stes Heft.)
Abhandlungen des Vereins für forstwissenschaftliche Ausbildung. Tübingen 1825. 1stes Heft.
Thiriot Nothwendigkeit der wissenschaftlichen Ausbildung für den Forstmann unserer Zeit. Gotha, Hennings. 1829.

v. Seutter in Harls Cammeral-Korrespondenten. 1809. S. 15.
Hartigs Abhandlungen über interessante Gegenstände aus dem Forst- und Jagdwesen. Berlin 1830. S. 44.
Klotz Bildung der Jäger- und Forstlehrlinge. Breslau, Gosohorsky. 1846.
Koenig in der Forst- und Jagdzeitung. 1834. S. 445.
Th. Hartig über Bildung junger Forstleute in den Jahresberichten. 3tes Heft.
Gwinner über praktischen Unterricht für Forst und Jagd. 1848. S. 321.
Preßler über forstlichen Unterricht zweckmäßiger Vorbildung der Forstleute in mehreren Jahrgängen der Tharanter Jahrbücher.
v. Berg über Staatsforstprüfungen in dem 8ten Bande S. 1. der Tharanter Jahrbücher.
Königl. Würtembergsche Dienstprüfung von 1818—1830, zusammengestellt von Gwinner. Stuttgart, Metzler.
Sachsen-Weimar. Vorschrift wegen Bildung der Bewerber um Forstdienststellen. Forst- und Jagdzeitung. 1830 Nr. 34.
Herzogl. Braunschweigsche Verordnung zur Prüfung der Forst-Aspiranten. Forst- und Jagdzeitung. 1830 S. 451.
Dienstunterricht für die K. K. Forstämter und Förster. Grabner. Vierteljahrsschrift. Wien 1851. 4tes Heft S. 396,
Die österreichische Staatsprüfung. Ebendaselbst. 1stes Heft S. 151.
Königl. Hannöversche Verordnung, die Anstellung und Beförderung der Dominialforstbeamten betreffend. Neues Taschenbuch für Forst- und Jagdfreunde. 11ter Jahrg. Weimar. Voigt 1851. S. 121.
Die Badische Staatsprüfung. Forstliche Zeitschrift für Baden. 1ster Bd. 1stes Heft.
Die Nassauische Staatsprüfung der Forstbeamten. Forst- und Jagdzeitung. 1845, S. 417.
v. Wedekind über Prüfung der Staatsforstbeamten. Forst- und Jagdzeitung. 1850, S. 2.
Tharant Unterricht und Prüfung. Tharanter Jahrbuch. 9ter Bd. 1853. S. 250.
Maron der gute Forst-Lehrling. Berlin, Mittler 1842.
Wedekind neue Jahrbücher. 2te Folge. 1ster Bd. S. 248—321.
Kritische Blätter. 33ster Bd. 2tes Heft. S. 88—186.

Noch lassen sich die, wenn gleich eine allgemeinere Beziehung habenden Schriften hierher rechnen,

Ueber volkswirthschaftliche Begründung der Gewerbswissenschaften, von F. Schulze. Jena 1826.

Ueber die Fortbildung der Gewerbetreibenden, außer der Schule, von Klöden. Berlin 1827.

indem sie die allgemeinen Grundsätze, jedoch ohne alle specielle Beziehung auf den Forstmann, aufstellen.

Forst-Institute.

(Organisation.)

Anmerkung. Die mit einem † bezeichneten sind als noch bestehend anzusehen.

† *Aussee* in Mähren Grabners Vierteljahresschrift. 2ten Bds. 4tes Hft.

Historische Uebersicht des Unterrichts auf denselben. Kritische Blätter für F. 5ten Bandes 1stes Heft.

† Aschaffenburg.

Aeltere Organisation. Laurop Beiträge z. K. d. d. F. 1ster Band.

Neuere. Andrée Abhandlung a. d. F. W. 4ter Bd. Nr. 15. Forst- und Jagdzeitung. 1825. Nr. 56.

Strauß Wiedereröffnung der Forst-Lehr-Anstalt in Aschaffenburg. Daselbst 1820. Forst- und Jagdzeitung. 1846. S. 388.

Berlin.

Aeltere Organisation. Krünitz Encyklopädie, Art. Forstakademie.

Neuere Organisation. Preuß. Staatszeitung. 1821. Andrée Abhandlungen a. d. F. u. J.-W. 2ter Band. Nr. 10. Kritische Blätter. 1sten Bandes 1stes Heft.

Bern.

Forst- und Jagdzeitung 1842. Nr. 110.

† Braunschweig.

Forst- und Jagdzeitung. 1838. Nr. 83.

Burgdorf (Schweiz).

Forst- und Jagdzeitung. 1846. S. 187.

Forst- und Jagdzeitung. 1843. S. 434.

Clausthal.

Forst- und Jagdzeitung. 1825, 1827. Andrée Abhandlungen. 1ster Band. 16.

Liebich aufmerksamer Forstmann. IV. 1.

Datschütz.

Andrée Abhandlungen. 2ter Band. Nr. 23.

Dillenburg.

Hartmann u. Laurop Zeitschr. III. S. 125.

Dreißigacker.

Diana, von Bechstein. 1ster—4ter Band. Beiträge zur Kenntniß des deutschen Forstwesens. Andrée Abhandlungen. 2ter Band, Nr. 24.

Bechsteins Leben. Meiningen 1854.

Mosers Forstarchiv. 27ster Bd. S. 222.

Eisenach.

Forst- und Jagdzeitung. 1830. Nr. 39., 40.

Fulda.

Laurop Beiträge.

† Gießen.

Forst- und Jagdzeitung. 1826. 140., 157., 374.

v. Wedekind neue Jahrbücher der Forstkunde.

Lections-Verzeichniß der großherzogl. Universität Gießen.

Herzberg (v. Ußlar).

Laurops Briefe eines reisenden Forstmannes.

Harzgerode.

Andrée Abhandlungen. 2ter Bd. Nr. 17. Allgemeiner Anzeiger d. D.

† Hohenheim (in Würtemberg).

Monatsschrift für das Würtembergische Forstwesen. Jeder Jahrgang.

Taschenbuch für Wald- und Jagdfreunde von Laurop. 1831. S. 83.

Forst- und Jagdzeitung. 1827. S. 61.

Homburg an der Höhe.

Laurop Beiträge zur Kenntniß des deutschen Forstwesens.

Ilsenburg unter Zanthier 2c.

Krünitz Encyklopädie. Art. Forstakademie.

† **Karlsruhe.**

Karlsruher (polytechnische Schule) Forst- und Jagdzeitung. 1833. Nr. 62.

Laurop Annalen. 1ster Band. Darmstadt 1811.

Kiel.

Laurop Beiträge z. K. d. d. F.

Laurop Annalen. 4ten Bandes 1stes Heft.

Niemanns Waldberichte. 1ster, 2ter Band.

Kritische Blätter. 29ster Band, 2tes Heft, S. 205.

Schmidt Wien, wie es ist. Wien, Gerold 1833.

Liebichs Forst-Journal. 1833. S. 188.

Forst- und Jagd-Zeitung. 1833, Nr. 117. 1834, S. 163.

Lüttich.

Forst- und Jagd-Zeitung. 1826. Nr. 161.

† **Mariabrunn.**

Andrée Abhandlungen aus dem Forst- und Jagdwesen. 2ter Bd. Nr. 16.

Laurop Beiträge. 1stes Heft.

† **Melsungen in Kurhessen.**

Forst- und Jagdzeitung. 1827. S. 61.

† **Moskau.**

Forst- und Jagdzeitung. Jahrg. 1825. Nr. 7.

München.

Forst- und Jagdzeitung. 1837. Nr. 28., 29. 1842. Nr. 110.

† **Nancy.**

v. Wedekind neue Jahrbücher.

Forst- und Jagdzeitung.

Andrée Abhandlungen. 4ter Bd. Nr. 7.

Forst- und Jagdzeitung. 1850. S. 394.

Neustadt-Eberswalde.

Kritische Blätter. 5ter Bd. 2. Hft. und andere Hefte.

Forst- und Jagdzeitung. 1830 und 1831.

St. Petersburg.

Russisches Forstjournal. 1ster Jahrgang. Forst- und Jagdzeitung. 1837. Nr. 56.

Remplin.

Kritische Blätter. 8ter Bd. 2. Heft. S. 179.

Rothenburg an der Tauber.

Witwers Beiträge zu Hartigs Lehrbuch für Förster.

Schwarzenberg (Unter Friedel).

Mosers Forstarchiv. 26ster Bd. S. 243, 279. 28ster Bd. 78.

Stuttgart.

Laurop Beiträge. 1stes Heft.

Versuch eines Handbuchs der Forstwissenschaft von Zeitter. Stuttgart 1820. 2ter Bd. 664.

Mosers Forstarchiv. II. 3.

† Tharant.

Andrée Abhandlungen. 1820. Nr. 16.

Forst- und Jagdzeitung. Verschied. Jahrgänge.

Laurop Beiträge. 1stes Heft.

Die Forstakademie in Tharant. Dresden, Arnold 1818. 4.

Tharanter Jahrbücher. Jeder Jahrgang.

Veränderter Studienplan. Dresden bei Arnold, 1850. Auch Forst- und Jagdzeitung. 1830. S. 514.

Tübingen.

Forst- und Jagdzeitung. 1830. S. 380, 465.

Unterseen (in der Schweiz).

Forst- und Jagdzeitung. 1830. S. 89.

† Waldbauschule in Mulartshütte. Verhandlungen des Schlesischen Forstvereins. 1853.

Ueber deutsche Reichs-Forst-Akademieen. Forst- und Jagdzeitung. 1848. S. 373.

Ueber das Ackerbau- und Forst-Institut zu Mörupgard in Dänemark vom Kammerrath Gyrsing. (Nur in dänischer Sprache in Kopenhagen erschienen.)

Warschau.

v. Wedekind neue Jahrbücher. 6tes Heft.

Waltershausen.

Bechstein Diana. 1ster Band.

Bechsteins Leben. Meiningen, 1854.

Weilmünster.

Forst- und Jagdzeitung. 1828. S. 416.

Weihenstephan.

Hazzi ächte Ansichten der Waldungen. München, Lentner, 1805. S. 214.

Anmerk. Die vielfachen Ankündigungen von Privat-Unterrichts-Anstalten von denen ungewiß ist, ob sie je in das Leben getreten sind, sind übergangen worden.

Forstliche Vereine.

Societät der Forst- und Jagdwissenschaft in Dreißigacker.

Bechstein Diana. 1—4ter Band.
Gatterers und Laurops Annalen. 2ten Bds. 4tes Heft.
Mosers Forstarchiv. 20ster Bd. S. 245.
v. Wedekind ..eue Jahrbücher. 11tes Heft.
Bechsteins Leben.

Würtembergischer Forstverein zu Babenhausen.

Forst- und Jagdzeitung. 1825. Nr. 101.
Laurop Jahrbücher. 1825. 1stes Hft. S. 77.
Abhandlungen des Vereins für forstwissenschaftliche Ausbildung. Tübingen. 1825.

Böhmischer Forstverein.

Statuten in Smolers Vereinsschrift. 1stes Heft. Prag, Calve, 1844.

Mährisch-Schlesischer Forstverein.

Westgallizischer Forstverein.

Nieder-Oesterreichischer Forstverein.

Ungarischer Forstverein.

Die Statuten dieser Vereine in Grabner's Vierteljahrsschrift.

Der Oesterreichische Reichsforstverein.

Ebendaselbst.

Sächsischer Forstverein.

Läßt einzelne Berichte seiner Versammlungen drucken.

Schlesischer Forstverein.

Siehe Vereinsschriften.

Harzer Forstverein.

Desgleichen.

Verein des badischen Oberlandes.

Desgleichen.

Thüringer Forstverein.

Desgleichen.

Verein zur Beförderung der Land- und Forstwirthschaft in Braunschweig; theilt seine Verhandlungen im Braunschweiger Magazin mit.

Gesellschaft forstwissenschaftlicher Freunde.

Behlen Zeitschrift für Baiern. 2ter Bd. 3tes Heft (1828).

Anleitung zu forstlichen Reisen.

Bechstein Diana. 1ster Band. Waltershausen 1797. S. 135.
Andrée Abhandlungen. 1ster Band. 1821. S. 3.
Laurop Annalen. 6ter Bd. 2tes Heft. S. 51.

Forststatistik.

Allgemeine und diejenige ganzer Länder und einzelner Waldgegenden.

Es wird nicht zu bestreiten sein, daß es durchaus unmöglich ist, für alle Wälder gleiche Regeln der Bewirthschaftung aufzustellen, sondern daß diese vielmehr nach Boden, Klima, Lage, den äußern Verhältnissen beinahe immer angepaßt, oft sogar erst entwickelt werden müssen. Deshalb hat auch jede große Waldgegend immer mehr oder weniger eine eigenthümliche Wirthschaft, und muß sie haben. Selbst die bessern Lehrbücher (die auf praktischer Erfahrung beruhenden) sind gewöhnlich besonders für diese Eigenthümlichkeit berechnet, da sie häufig darin entstanden. Es würde daher in vielen Fällen sehr erwünscht sein, wenn jedem Lehrbuche eine rationelle Darstellung der Verhältnisse zugegeben würde, für welche es entworfen ist; denn umsonst wird ein Forstschriftsteller nach gleicher Universalität streben, wie der Chemiker, Mineraloge rc. Kann dies nicht sein, so wäre wenigstens zu wünschen, daß wir von allen in sich verschiedenen Waldgegenden Darstellungen hätten, wodurch nachgewiesen würde, was in denselben anders ist, und darum andere Wirthschaftsgrundsätze bedingt, als in andern Gegenden. Daß dabei die äußern Verhältnisse, welche auf die Forstwirthschaft einwirken, nicht unbeachtet bleiben dürfen, bedarf wohl kaum einer Erwähnung. Wir möchten eine Forststatistik in diesem Sinne die „technische" nennen.

In einem andern Sinne betrachtet der Staatswirth und Finanzmann die Forststatistik. Ihm geht vorzüglich das Verhältniß der Waldfläche zum cultivirten Lande, die Vertheilung des Besitzes derselben und die Folgen davon, das Verhältniß des Ertrags des Forst- und cultivirten Landes, die Kommunikationsmittel zur Benutzung großer Waldflächen, der Einfluß des größern oder kleinern Waldes auf Dichtigkeit der Bevölkerung, ihr Beitrag zur Belebung der Gewerbsthätigkeit, ihre Wirkung auf das Klima, hinsichts der Verhinderung der schädlichen Naturereignisse u. s. w., was wir die staatswirthschaftliche und finanzielle Forststatistik nennen wollen.

Die botanische wird weiter keiner Erläuterung bedürfen, sie umfaßt nicht bloß die Forsten, sondern auch die Wälder des ganzen Erdbodens.

Dann möchten wir aber auch noch von der Theorie der Forststatistik besonders sprechen. Es genügt nicht bloß Zahlen und Resultate zu haben, sondern es ist nöthig, wenn sie zu etwas anderm dienen sollen, als zur Befriedigung der todten Neugierde, daß man auch weiß, was man damit machen soll. Sie sind bloß die Vordersätze der darauf zu begründenden Schlußfolgen, das Fundament, worauf die organischen Bestimmungen im Nationalhaushalte und der großen National-Forstwirthschaft sich gründen müssen. Erst wenn man damit im Reinen ist, zu was die anzustellenden Untersuchungen benutzt werden sollen, kann man daran denken, sie zweckmäßig anzuordnen. Leider ist diese Abtheilung noch gar nicht bearbeitet, und darum haben theils die Regierungen den Werth der Forststatistik nicht genug erkannt, ohne die doch die Forstgesetzgebung nie eine Basis haben wird, theils sind die hin und wieder sehr schätzbaren Arbeiten immer noch nicht vollständig und lassen empfindliche Lücken; sie verwechseln noch zu sehr das Wichtigere mit dem Unwichtigeren, und wandten oft mehr Fleiß auf das letztere als auf das erstere.

Eine der ersten, und am mehrsten zu beachtenden Aufgaben der Forststatistik ist die Ermittelung der Größe der Flächen. Nur in den kleinen deutschen Ländern, wo die Privatwaldungen unmittelbar unter der Staatsforstverwaltung stehen, ist etwas Bestimmtes und Zuverlässiges durch specielle Vermessung deshalb ermittelt worden. Wo dies fehlt, hat man a) die Regulirung der Grundsteuer (Steuerkataster), b) die Berechnung auf Specialkarten, nach der topographischen Aufnahme des Landes zum Grunde gelegt, c) auch wohl sich bloß mit gutachtlichem Ueberschlage begnügt. Die erste Art dieser Bestimmungen nähert sich der wirklichen Vermessung hinsichts der Richtigkeit am mehrsten. Sie beruht wenigstens auf speciellen örtlichen Untersuchungen, und kann, wenn die gehörige Sorgfalt auf das Steuerkataster verwendet worden ist, wenigstens kein auffallend unrichtiges Resultat ergeben. Die Berechnung nach den besten Specialkarten ist schon weit unzuverlässiger, da auf ihnen der Wald nur zwischen festen Punkten gutachtlich eingezeichnet sein kann, die Kleinheit des Maaßstabes und der Mangel an festen Gränzen nur ein mehr muthmaßliches als sicheres Resultat zu erlangen erlauben. Die ganz willkürliche Annahme der Statistiker und Geographen, welche sich häufig auf gar keine specielle Untersuchung gründet, sondern nur irgend einer Vermuthung nachgeschrieben wird, ist gewöhnlich ohne allen Werth für die Forststatistik.

Die Darstellung der wirthschaftlichen Verhältnisse einzelner Waldgegenden sind häufiger in Zeitschriften und forstlichen Reiseberichten zerstreut, als Gegenstand besonderer Arbeiten, was auch für die bessere Vorbereitung wünschenswerth ist. Oefter finden sich nur dürftige Notizen über beachtungswerthe Waldgegenden vor; wir haben dieselben jedoch nicht übergehen zu dürfen geglaubt, wenn sie nur irgend dazu dienen können, eine Kenntniß von der Beschaffenheit derselben zu geben. Es sind jedoch aber auch in der neuesten Zeit so viele Notizen über ganz uninteressante Forsten in den vielen Zeit- und Vereinsschriften in einer wenig genügenden Art gegeben worden, daß es nur eine Raumverschwendung sein würde, wenn man sie hier alle ohne Ausnahme geben wollte. Viele Mittheilungen über fremde Waldgegenden finden sich in den Reisebeschreibungen, besonders der Botaniker, welche gegenwärtig so zahlreich herumstreifen, zerstreut, von denen aber nur diejenigen angeführt wurden, von denen man annehmen kann, daß sie den sich dafür interessirenden Forstwirthen zugänglich sind.

Allgemeine Forststatistik und Forstgeographie.

v. Bülow die Wälder Deutschlands. Berlin, Reimer 1834.

Baur Forststatistik der deutschen Bundesstaaten. Leipzig, Brockhaus 1842.

Der nothwendige Inhalt einer Forststatistik, Kritische Blätter. 19ter Bd. 1. Hft. S. 228.

Jägers forststatistische Anleitung. Gießen, Ricker 1846.

Handbuch der Statistik des österreichischen Kaiserstaats. Wien, Tendler 1852.

Einzelne Länder.

Ansbach.

Laurop Annalen. 2ten Bandes 1stes Heft.

Baiern.

Abhandungen der landwirthschaftlichen Gesellschaft in Burghausen. 1789. S. 39.

Hazzi die ächten Ansichten der Waldungen. Landshut 1805.

Beiträge zur Kenntniß des deutschen Forstwesens von Laurop. Leipzig.

Behlens Zeitschrift für Baiern. 1823, 1825, 1828.

Laurop Jahrbücher des Forst- und Jagdwesens. 1823.

Behlens Anleitung zur Kenntniß der bairischen Forstverwaltung. Frankfurt a. M., Wesché. 1826.

Forst- und Jagdzeitung. 1825, 1826, 1827.

Klauprecht Sylvaneion. 2tes Heft.

Versuch zur Begründung eines allgemeinen Forstpolizeigesetzes von Müller. Nürnberg 1825.

Hazzi, die ächten Ansichten der Waldungen. München, Lentner 1805.

Meyer Zeitschrift für Baiern. Verschiedene Jahrgänge.

Behlen Anleitung zur Kenntniß der k. bairischen Forstverwaltung. Frankfurt a. M., Wesché 1826.

Die Forstverwaltung Baierns. München 1844. Druck von Wild.

Forstwirthschaftliche Mittheilungen vom Königl. Bairischen Ministerial-Forstbüreau. 5 Hefte. München bei Palm. (Das 5te Heft enthält die neuesten Dienstinstruktionen.

Baierns Wälder. Wedekinds Jahrbücher. 2ter Bd. 1stes Hft. Allgemeine Jahrbücher. 4tes Heft.

Forst- und Jagdzeitung. 1834. S. 350. 1843. S. 20.

Bairische Salinenforste. Wedekind Jahrb. Zweite Folge. 2ter Jahrg. 2tes Heft. Frankfurt a. M 1851. S. 168.

Baden.

Handbuch der Forst- und Jagdgesetzgebung des Großherzogthums Baden, von Laurop. Mannheim 1827.

Darstellung der badischen Forst-Administration von Kettner. Karlsruhe 1820.

Forstliche Zeitschrift für Baden. 2 Bände. Karlsruhe 1838. (Enthält die Waldforstlehre des Landes.)

Forst- und Jagdzeitung. 1835. S. 44. 1838. Nr. 105.

Bajer Handbuch der Badischen Forst-Verwaltung. Karlsruhe, Braun 1842.

Baireuth.

Meyers Zeitschrift für Baiern. 1814.

Fürstenthum Birkenfeld.

Forst- und Jagdzeitung. 1845. S. 236 u. 464.

Belgien.

Moreau de Jonnes Einfluß der Wälder auf das Klima. Forst- und Jagdzeitung. 1828. S. 606.

Herzogthum Berg (Reg.-Bez. Düsseldorf.)

Bemerkungen der pfälzischen ökonomischen Gesellschaft. 1780. S. 274.

Böhmen.

Laurop Beiträge. 3tes Heft.

Forst- und Jagdzeitung. 1828.

Oeconomische Neuigkeiten von Andrée. Versch. Jahrgänge.

Abhandlungeu der Gesellschaft der Wissenschaften in Böhmen 1800 ꝛc.

Nietsch Forst- und Jagdneuigkeiten.

Moreau de Jonnes Untersuchungen. Tübingen 1828.

Smolers Vereinsschrift. Verschiedene Hefte.

Liebichs Forstjournal. 2tes Hft. S. 99.

Sintzel Forstreise durch Böhmen. Nürnberg, Riegel und Wiesener 1835.

Böhmer Wald. Hartmann und Laurop Zeitschrift. II. 2.

Iglauer Kreis in Böhmen. Wedekind neue Jahrbücher. 21stes Heft. S. 40.

Braunschweig.

Wedekind neue Jahrbücher. 12tes Hft. S. 153.

Kritische Blätter. 8ter Band. 2tes Heft.

(Flächen-Inhalt der Waldungen, in denen dem Fiskus die hohe Jagd zustand.) Forst- und Jagdzeitung. 1828, 1835, 1842.

Corsika.

Mémoires sur les bois et les forêts de l'isle de Corse. Mém. de la Soc. des Sav. et Litér. de la Rep. Franç. T. 1. p. 13. T. 2. p. 301.

Kritische Blätter. 32ster Bd. 2tes Hft. S. 230.

Dänemark.

Kohl Reise durch Schleswig-Holstein. Leipzig 1846.

Beitrag zur Forststatistik Schleswig-Holsteins von Reventlow Farve. Altona 1847.

Gudius Schleswig-Holstein. Kiel 1833.

Forst- und Jagdzeitung. 1834. Nr. 22.

Forststatistik des dänischen Staates von Niemann. Altona 1809.

Niemanns Waldberichte. 2 Bände. Altona 1814.

Dalmatien.

Reise des Hrn. v. R. in Istrien und Dalmatien in den Jahren 1825. Meißen, Gödsche.
Die Forsten in Istrien. Krit. Blätter. XXIX. 1. 263.
Croatien. Smolers Vereinsschrift. 1ster Jahrg.

Eichstädt (Fürstenthum).

Zeitschrift für das Forstwesen in Bayern.
Forst- und Jagdzeitung. 1826.

England.

Stahls Forstmagazin. Verschiedene Theile.
Mosers Forstarchiv. Desgleichen.
Sinclair Grundsätze des Ackerbaues. Wien 1819.
Arthur Youngs Reisen in England. Leipzig. Jahr 1772 bis 1775. 4 Bände.
Niemanns Waldberichte.
English Forests and forests Trees historical legendary and descriptive London, Ingram Cooke et Comp. 1853.
Loudon, Encyklopädie der Landwirthschaft. 3ter Theil. II. Buch. Cap. IX. Weimar, Industrie-Comptoir.
Forst- und Jagdzeitung. 1830. S. 548.

Eutin in Oldenburg.

Laurop Briefe eines in Deutschland reisenden Forstmannes. 1stes Heft. Tübingen 1802.
Forst- und Jagdzeitung. 1842. S. 8.

Frankreich.

Dühamel du Monceau Naturgeschichte der Bäume.
Dessen Fällung der Wälder, beides übersetzt von Oelhafen von Schöllenbach. Nürnberg bei Winterschmidt.
Stahls Forstmagazin.
Mosers Forstarchiv.
Arthur Youngs Reisen durch Frankreich. Berlin 1793.
Mémoires d'Agriculture. 1791. Printems, Été.
Mém. de Paris.
Mém. de la Soc. des Sav. et Litér.
Mém. d'agriculture des Ardennes.
„ „ de la Seine.
Rapport gén. de la Soc. d'Agricult. du Doubs.

Moreau de Jonnes Untersuchungen über den Einfluß der Wälder ꝛc. Tübingen 1828.
v. Wedekind Jahrbücher der Forstkunde.
Forst- und Jagdzeitung. 1826, 1828.
Laurop Annalen. 2ten Bandes 2tes Heft.
Noerdlinger Mémoires sur les Essences forestières de la Brétagne. Nantes 1845.
Avenir forestier de la France par le Comte Ravue de Croi. Paris chez Mme. Croissant 1853.
Description des Pyrenées par M. Dralet. Paris 1813. II. Vol.
Forst- und Jagdzeitung. 1834. Nr. 213. 1835. S. 481., 493. 1838. Nr. 30. 1846. S. 436. 1847. S. 297., 303. 1850. S. 73., 192.

Gallizien.

Liebich der aufmerksame Forstmann.
Andree Neuigkeiten. 3ter Bd. S. 99.

Griechenland.

Forst- und Jagdzeitung. 1840. S. 299., 353. 1842. S. 90—205.

Hamburg.

Niemanns Waldberichte. 2ten Bandes 2tes Stück.

Hannover.

Archiv der Forst- und Jagdgesetzgebung von Laurop. 1sten Bandes 1stes Heft.
Laurop Jahrbücher. 2ten Bandes 1stes Heft.
Sprengel Forstwirthschaftliche Zeitschrift für Braunschweig und Hannover. I. 1. 58.
Ubbelode über die Finanzen des Königreichs Hannover. Hannover bei Hahn, 1834.
Die Forsten des Königreichs Hannover von Drechsler. Hannover, Helwingsche Buchhandlung 1851.
Beiträge zur Kenntniß der land- und forstwirthschaftlichen Verhältnisse in Hannover. Helwingsche Buchhandlung, 1852.
Hannöversches Magazin. Mehrere Jahrgänge.

Hessen (Kurfürstenthum).

Laurop Beiträge zur Kenntniß des d. Forstw.
Laurop Jahrbücher. 1823. 3 Th.
Forst- und Jagdzeitung. 1836. S. 114.
Wedekind Jahrbücher. 11tes Heft.

Hessen (Großherzogthum).

Hundeshagen Staatskräfte des Großherzogthums Hessen Tübingen 1833.

Forst- und Jagdzeitung. 1834. S. 531, 1838. Nr. 89. 1825. Beilage Nr. 4.

Laurop Jahrbücher. 1824. 1stes, 4tes Heft.

Fr. Wedekind Jahrbücher der Forstk. 1824. 4tes Heft.

Holland.

Verhandel. van het Genootsch. te Roterd. Deel 7.

Italien.

Atti della Soc. Econom. di Firenze.

Atti della Soc. Patr. di Milano.

Raccolta di Mem. della Acad. di Agric. dello Stato Veneto.

Mém. de la Soc. des Sav. et Litér. de la Rep. Franç. T. 1. p. 13.

Briefe über Italien von Chateauvieux, übersetzt von Hirzel. Leipzig, Reclam. 1821.

Niemanns Waldberichte. 2ten Bandes 2tes Stück.

Dessen Forstgeographie. Altona 1791. S. 41.

Krim.

Pallas Tableau phy. et topogr. de la Tauride. 1795. 1806.

Kohls Reise durch die Krim und Bessarabien.

Lappland.

Ein Winter in Lappland, von Brook. Weimar 1829.

v. Buch Reise durch Norwegen und Lappland. Berlin, Nauck.

Lübeck.

Niemanns Waldberichte. 1ster, 2ter Band.

Lauenburg.

Niemanns Waldberichte. 1ster Band. 623.

Liefland.

Abhandlungen der ökonom. Gesellschaft in Liefland. (Behandelt mehr die Gutswirthschaften als die Forstwirthschaft insbesondere.)

Abhandlungen der Akademie der Wissenschaften in München. Jahrg 1813. Klasse der Geschichte (Memoire de Livonie d. de Bray).

Lippe-Detmold.

Forst- und Jagdzeitung. 1846. S. 73.

Luxemburg.

Forst- und Jagdzeitung. 1845. S. 189.

Mähren und österreichisch Schlesien.

Verhandlungen der Forst-Section für Mähren und Schlesien. 2tes Heft. 1851. Brünn, Nitsch u. Grosse. S. 8.

Mark, Grafschaft in Westphalen.

Anweisung zur bessern Holzkultur in der Grafschaft Mark, von Hobbe. Münster 1791.

Bemerkungen der pfälzisch ökonomischen Gesellschaft. 1775.

Neue Schriften der Naturforschenden Freunde in Westphalen. Bd. 2. S. 9.

Hobbe patriot. Gedanken über verschiedene Fehler bei der Forsthaushaltung. Ehrenbreitstein 1805.

Mark Brandenburg.

Leopold Krug Nationalreichthum des Preuß. Staates. Berlin 1805. 2 Bde.

Die Staatskräfte der Preuß. Monarchie von v. Zedlitz. Berlin 1828. (Die Angaben in dieser Schrift sind so wenig genau und einer vorausgegangenen strengen Kritik zu unterwerfen, daß sie nur mit Vorsicht benutzt werden können.)

Schriften der Berliner Gesellschaft Naturforschender Freunde. 7ter Band.

Büsching Reise von Berlin nach Kyritz. Leipzig, Breitkopf. (Den Holzhandel in das Ausland betreffend.)

Statistisch-topographische Beschreibung der gesammten Mark Brandenburg von Bratring. Berlin 1807. 1ster Bd. S. 101.

Borgstede Beschreibung der Kurmark Brandenburg. Berlin, Reimer. 1ster Bd. S. 237--297

Magdeburg (Reg.-Bez.)

Der Regierungs-Bezirk Magdeburg, von v. Seydlitz. Magdeburg, Rubach.

Anmerkung. Es ist auf Veranlassung der Ministerien eine Beschreibung jedes Reg. Bezirks in der preuß. Monarchie entworfen worden, die jedoch in Hinsicht der Vollständi keit sehr verschieden sind, da von einigen Regierungsbezirken bloße Ortschaftsverzeichnisse bekannt gemacht, von andern wieder statistische Uebersichten beigefügt wurden. Magdeburg dürfte am vollständigsten bearbeitet sein. Außerdem haben statistische Uebersichten dieser Art: Frankfurt, Breslau, Oppeln, Liegnitz, Reichenbach (aufgelöset und zu Breslau und Liegnitz geschiagen), Erfurt, Münster, Minden Arnsberg, Düsseldorf, Kleve, Trier, Koblenz, Aachen.

Schneiders Forst- und Jagdkalender für Preußen. Berlin, Springer. Von 1850—1854. (Enthält den Flächeninhalt, die Etats- oder Personal-Statuten der Preußischen Staatsforsten.)

Kritische Blätter. 8ter Bd. 2tes Hft.

Voigtel Statistik des Preußischen Staats. Halle, Kümmel 1830.

Ratzeburgs naturwissensch. Reisen. Berlin, Nicolai 1842.

Forststatistische Bemerkungen von der Ostseeküste. Kritische Blätter. 26ster Bd. 1tes Heft.

Die Bauernforsten Preußens. Krit. Blätter. 17ter Bd. 2tes Hft.

Naturalerträge der Schlesischen Staatsforsten. Verhandlungen des Schlesischen Forstvereins. 1853.

Meiningen.

Diana, 4ter Band. (Betriebsregulirung.)

Kritische Blätter. 32ster Bd. 1stes Hft.

Forst- und Jagdzeitung. 1842. S. 425.

Mecklenburg-Strelitz.

Forst- und Jagdzeitung. 1842. S. 472.

Mecklenburg-Schwerin.

Forst- und Jagdzeitung. 1845. S. 384.

Mexiko.

v. Humboldts Reisen.

Clavigo Geschichte von Merico. Leipzig 1789.

Münster.

Laurop Beiträge zur Kenntniß d. d. Forsten.

Moldau und Wallachei.

Niemanns Forstgeographie. Altona, Hammerich 1791. S. 93.

Nassau.

Forst- und Jagdgesetzgebung des Herzogthums Nassau von Laurop. Mannheim 1828.

Forst- und Jagdzeitung. 1838. Nr. 25.

Nordamerika.

Niemanns Forstgeographie. S. 195. Außer den daselbst angeführten Quellen, siehe vorzüglich La Rochefaucault-Liancourt Reisen in Nordamerika. 3 Bde. Hamburg 1795—97.

Norwegen.

Niemann Forststatistik des dänischen Staats. Altona 1809.

v. Buch Reise durch Norwegen und Lappland. Berlin, Nauck.
Olt Reise durch Norwegen. Berlin bei Rücker, 1834.
Forst- und Jagdzeitung. 1835. S. 46. 1839. 142.

Oesterreich.

Abhandlungen aus dem Forst- und Jagdwesen von Andrée. 1820.
Haas der Waldzustand Oesterreichs ob der Ens. Wien, Gerold. 1846.
Die österreichischen Alpenländer und ihre Forsten von J. Wessely. Wien, Braumüller 1853. (Ohnstreitig das beste Buch, das wir über Alpenforsten besitzen.)
Viel Beiträge zur Kenntniß der österreichischen Forsten enthalten die schon angeführten Schriften der verschiedenen Forstvereine der einzelnen Kronländer.
Forst- und Jagdzeitung. 1835. 131. 1834. Nr. 92. 1851. S. 441.
Tirol und Vorarlberg, Liebichs aufmerksamer Forstmann. IV. I. S. 74.
Niemann Forstgeographie. S. 69.
v. Born freimüthige Gedanken über den Holzmangel in Oesterreich.

Preußische Monarchie.

Die Staatskräfte der preußischen Monarchie, s. oben.
Krug Nationalreichthum, desgl.
Beiträge zur Kenntniß des gewerblichen Zustandes der preußischen Monarchie von Ferber. Berlin 1829.
Wedekind Jahrb 25stes Heft.

Polen.

Forstwissenschaftliche Hefte von Laurop. 2tes Heft.
v. Wedekind neue Jahrbücher. 6tes Heft.

Portugal.

Link Reise durch Portugal. Kiel 1798.
Das Ausland. Stuttgart, Cotta. 1837.
Forst- und Jagdzeitung. 1838. Nr. 46. 1846. S. 193.

Reuß-Lobenstein.

Forst- und Jagdzeitung. 1842. 474.

Rußland.

Abhandlungen der ökonomischen Gesellschaft in Petersburg.
" der Akademie der Wissenschaften daselbst.

Pallas verschiedene Reisen und Beschreibungen in mehreren Provinzen des russisch. Reichs und Beschreibung derselben.

Niemanns Forstgeographie. S. 96.

Laurop forstwissenschaftliche Hefte. 1stes Heft.

v. d. Brinken Ansichten über die Bewaldung der Steppen des europäischen Rußland. Braunschweig, Vieweg 1833. (Auch in Sprengels Zeitschrift für Braunschweig Bd. 1. abgedruckt.)

Cotta Album, die Forsten im Ural. S. 244.

v. Köppen über den Wald- und Wasservorrath im Gebiete der oberen und mittleren Wolga. St Petersburg 1841.

Bode Verbreitungsgrenzen der wichtigsten Holzarten des europäischen Rußland. St. Petersburg 1851. (Druckerei der Akademie der Wissenschaften.)

Russisches Forstjournal von 1833 ab.

Graf Vargas de Bedemar Forstertragsuntersuchungen im Gouvernement Tula. St. Petersburg 1847.

Forst- und Jagdzeitung. 1846. S. 75., 152.

Kritische Blätter. 29ster Bd. 1stes Heft. 195. 32ster Bd. 2. Heft. 226.

Rheinprovinzen (preußische).

Beiträge zur Statistik der königl. preuß. Rheinlande. Aachen, in Commission bei Mayer. 1829.

Linz die Gränze der Feld- und Waldkultur. Bonn 1821.

Restorf Beschreibung der Rheinprovinz. Berlin, Nicolai 1830.

Der Kreis Daun. Wedekind allgemeine Jahrbücher. 1833. 2ter Bd. 4tes Heft.

Sachsen (Königreich).

Laurop Jahrbücher. 1827. 3tes Heft.

Hartigs Forstarchiv. 7ter Band.

Forst- und Jagdzeitung. 1826.

Laurop Beiträge zur Kenntniß d. d. F.

Zwickauer Forstkalender für Sächsische Forstbeamte. Zwickau 1853.

Tharanter Jahrbücher. 9 Jahrgänge.

Ertrag der Sächsischen Staatsforsten. Blätter der Gegenwart. 1833. Nr. 10.

Die Sächsischen Staatsforsten. Dresden 1831.

Die Reform der Sächsischen Forstverwaltung (4 Flugschriften). Dresden, Teubnersche Offizin. 1849.

Die Berichte des Vereins der Sächsischen Forstwirthe über ihre Versammlungen von 1848—1853.

Das Erzgebirge. 2ter Forstkreis. Hartigs Forst- und Jagdarchiv. 7ter Band

Cotta Album. S. 70.

Sachsen-Gotha.

Forst- und Jagdzeitung. 1842.

Sachsen-Altenburg.

Wedekind neue Jahrbücher. 27tes Heft. S. 92.

Sachsen (Großherzogthum S. Weimar.)

Laurop Jahrbücher. 1ster Jahrgang. 2tes Heft. S. 95. (Forsteinrichtung daselbst, jedoch mehr allgemein als statistisch.)

Salzburg und Berchtesgaden.

Reisigels unpartheiische Gedanken über die Forstwissenschaft im Fürstenthum Salzburg. Das. Mayr. 1791.

Meyers Zeitschrift für Baiern. 3ter Band. 1815.

Salzburg und Berchtesgaden von Fr. Anton v. Braune. Wien, Beck 1821.

Beitrag zur Geschichte der Forstwirthschaft im Herzogthum Salzburg von Stontels. München 1818.

Forst- und Jagdzeitung. 1830. 138.

Das Kronland Salzburg. Salzburg 1851. (Festgeschenk an die Versammlung der Forst- und Landmänner.)

Sardinien.

Geographie und Statistik der Insel Sardinien von Hörschelmann. Berlin, Voß 1828.

Schottland.

Niemann Waldberichte. 1ster, 2ter Band.

Schweiz.

Défense du Guide dans les forèts par Mr. Kasthofer. Vevey 1829.

Franceschini Statistik der Schweiz. Bearbeitet von Hagenauer. Aarau 1829.

Forst- und Jagdzeitung. 1831. Nr. 26., 137. 1834. S. 154.

Oeconomische Neuigkeiten. 1830. Nr. 75.

v. Pavel die Wälder Berns. Bern 1834.

Zschockes Alpenwälder. Tübingen 1804.

Kasthofer Bemerkungen über die Alpenwälder. Aarau 1818.

Dessen Bemerkungen auf einer Alpenreise. Das. 1822.

Ebel Schilderung der Gebirgsvölker in der Schweiz. Tübingen, Cotta 1796. 1802.

Abhandl. der ökonomischen Gesellschaft in Bern. Versch. Jahrg.

" " " " in Basel. Desgl.

Schweden.

Forst- und Jagdzeitung. 1835. S. 180. 1837. Nr. 28. 1842. S. 121. 1843. S. 4.

Abhandlungen der schwedischen Akad. der Wissenschaften. Versch. Bände.

Sicilien.

Forst- und Jagdzeitung. 1834. Nr. 79.

Blaquiere über Siciliens Wälder. (Briefe aus dem mittell. Meere. Weimar, Industrie-Compt.)

Siegmaringen.

Forst- und Jagdzeitung. 1834. S. 555.

Laurop Jahrbücher. 1823. 1stes Heft.

Siegen.

Laurop Annalen. 1ster Bd. 4tes Hft.

Siegerland.

Bemerk. der pfälz. ökonom. Gesellsch. 1775. 1779.

Spanien.

Ernst Wilkomm Reise durch Spanien.

Bourgoings Reise d. S. 4 Bde. Jena, Mauke.

Niemann Forstgeographie. Altona, Hammerich 1791. S. 7.

Dessen Waldberichte. 2ter Band. 249.

Steyermark.

Oeconom. Schriften der Gesellschaft in Steyermark.

Steyermarks Forstwesen-Verfassung. Leipzig 1814, in Kommission bei Kummer.

Türkei.

Niemanns Waldberichte. 2ten Bandes 1stes Stück.

Moldau und Wallachei.

Forst- und Jagdzeitung. 1845. S. 189.

Wedekind neue Jahrb. 2te Folge. 4ter Bd. 2tes Hft. S. 215. Frankfurt a. M. 1854.

Tyrol und Vorarlberg.

Forst- und Jagdzeitung. 1826.

Andrée Abhandlungen. 3ter Band.
Rietsch Forst- und Jagdneuigkeiten. 1828. Nr. 4.
Wedekind neue Jahrbücher. 26stes Heft. S. 8.

Ungarn.

Gemälde von Ungarn von Chaplovices. Pesth, Hartleben 1828.
Laurop Annalen. 5ter Bd. 1stes Heft.
Rietsch Forst- und Jagdneuigkeiten. 1828. Nr 28.
Die vorzüglichsten Ursachen der schlechten Zustände der ungarischen Forsten von Huberg. Pesth, Hartleben 1835.
Dasselbe, forstwissenschaftliche Mittheilungen. Ebendaselbst.
Greiner Beiträge zur Verbesserung des ungarischen Forstwesens. Pesth, Landerer 1839.

Waldeck.

Forst- und Jagdzeitung. 1827. Nr. 49.

Würtemberg.

Schmiedlin Handbuch der Würtembergischen Forstgesetzgebung. Stuttgart 1822.
Wedekind und Behlen allgemeine Jahrbücher 1831. 3tes Hft.
Würtembergische Monatsschrift. Jeder Jahrgang.
Würtemberger Alb in Schwaben. Forst- und Jagdzeitung. 1833. Nr. 148.
Forst- und Jagdzeitung. 1834. S. 91. 1838. Nr. 90.
Zeitschrift für Baiern. 11ter Bd. 3tes Hft. Erfurt 1840.
Tessin Forststatistik von Würtemberg.
Laurop Beiträge zur Kenntniß d. d. F.
Dessen Jahrbücher d. F. u J. W. 1823. 1stes, 2tes Heft.
Wiedenmann forstliche Blätter. Tübingen 1829. 3 Hefte

Einzelne Waldgegenden.

Harz.

Gatterers Beschreibung des Harzes. Nürnberg, Campe.
Laurop Briefe eines reisenden Forstmannes. Tübingen und Leipzig.
Laurop Beiträge zur Kenntniß des deutschen Forstw.
Forst- und Jagdzeitung. 1827. Nr. 71.
Sierstorpf Monographie der Fichte. S. 196.
v. Brederlow der Harz. Braunschweig, Ramdohr 1851.
Hausmann über den gegenwärtigen Zustand des hannöverschen Harzes. Göttingen, Diedrich 1832.

Gräflich Wernigeroder Forsten. Forst- und Jagdjournal. 4ter Bd. 1stes Hft.

Lauterberg und seine Umgebung von Berg. Clausthal 1841.

Zimmermann das Harzgebirge. Darmstadt, Leske 1834.

Forst- und Jagdzeitung. 1834. Nr. 28.

Thüringer Wald.

Das Thüringer Waldgebirge von Völker. Weimar, Land-Ind.-Compt. 1836.

Forst- und Jagdzeitung. 1834. 257. und 1838. Nr. 109.

von Hoffs und Jacob, der Thüringer Wald. Gotha 1807—1812.

Riesengebirge.

Liebich aufmerksamer Forstmann. 2ter Band.

Forststatistik des Riesengebirges.

Fichtelgebirge.

Goldfuß und Bischoff, das Fichtelgebirge. Nürnberg 1807.

Zeitschrift für das Forstwesen in Baiern. 1824. 3tes Hft. 6ten Bds. 4tes Hft. 1829.

Forst- und Jagdzeitung. 1828. Nr. 22.

Slevogt Sammlung neuer Entdeckungen. 516. ꝛc.

Forst- und Jagdzeitung. 1836. S. 261.

Schwarzwald.

Bühler Versumpfung der Wälder. Tübingen, Laupp 1831.

Gwinner der Schwarzwald in forstwirthschaftlicher Beziehung. Stuttgart. Scheiblers Buchhandlung. 1833.

Graf Sponeck, der Schwarzwald. Heidelberg 1819.

Das Murgthal von Jägerschmid. 1800.

Forstwirthschaftliche Bemerkungen auf einer Reise, von Ußlar. Braunschweig 1792.

Murg- und Oosthal.

Beschreibung des Murg- und Oosthales von v. Kettner. Frankfurt a. M. Sauerländer 1843.

Slavonien.

Niemanns Waldberichte. 1ster Bd. 2tes Stück. S. 274.

Der Spessart.

Der Spessart, von Behlen. Leipzig, Brockhaus.

Der Spessart, von Klauprecht. Mainz, 1827.

Der Spessart und seine Bewirthschaftung. München 1844. Wild'sche Buchdruckerei.

Der Holzhandel des Spessart von Dr. Müller. Frankfurt a. M. Andreäsche Buchhandlung. 1837.

Der Neuburger Wald. München 1851. Wild'sche Buchdruckerei.

Der Nürnberger Reichswald. München 1853. Palm's Hofbuchhandlung.

Der Odenwald.

Die Land- und Forstwirthschaft des Odenwaldes von Jäger. Darmstadt, Dingeldey. 1843.

Die Waldungen der Oberpfalz.

Wedekind, Jahrbücher. 1835. III. 4.

Forstliche Berichte aus dem Donaukreise.

Forst- und Jagdzeitung. 1834. S. 350. 1843. S. 20.

Das Vogelsgebirge.

Brumhard, Beiträge. Frankfurt, Sauerländer 1852. 1ster Bd. 3tes Heft. S. 20.

Der Karst.

Smoler Vereinsschrift. 8tes Hft. S. 80.

Revier Aschaffenburg.

Zeitschrift für das Forst- und Jagdwesen in Baiern. 1824. 1stes, 2tes Heft.

Erzgebirge.

Thiersch über den Waldbau. Leipzig 1826.

Forst- und Jagdzeitung. 1826. (Der Auersberg.)

Wald von Montonae.

Siehe Dalmatien.

Böhmer Wald.

Sammlung physik. Aufsätze, besonders die böhm. Naturgeschichte betreffend, von Mayer. 3ter Band. Dresden 1793.

Slevogt Sammlung neuerer Beobachtungen.

Der Spreewald.

Franz, der Spreewald. Görlitz bei Anton. 1800.

Kritische Blätter f. Forstw. 4ten Bandes 1stes Heft.

Die Elbwälder.

Kritische Blätter f. Forstwesen. 5ten Bandes 1stes Heft.

Fürstenthum Eichstädt.

Zeitschrift für das Forstw. in Baiern.
Forst- und Jagdzeitung. 1826.

Bialowitzer Wald.

Mémoire descriptive sur la forêt Imp. de Bialowieza en Lithuanie par le B. de Brinken. Varsovie 1828. 4.
v. Wedekind, neue Jahrbücher. (Auszüge aus vorsteh. Werke.)
Forst- und Jagdzeitung. (Desgl.)

Fürstlich Esterhazysche Waldungen.

Andrée, Abhandlungen aus d. F. u. J. W. 1ster Bd. S. 15. 31. 2ter Bd. Nr. 25.

Fürstlich Schwarzenbergische Waldungen.

Rietsch, Forst- und Jagdneuigkeiten. 1827. Nr. 6.

Herrschaft Kamnitz in Böhmen.

Rietsch, Forst- und Jagdneuigkeiten. 1827. Nr. 15.

Herrschaft Dattschütz in Böhmen.

Andrée, Abhandlungen a. d. F. u. J. W. 2ter Bd. Nr. 12.

Pyrenäen.

Laurop, Annalen. 1ster und 2ter Band.
de Carbonière Beschreibung der Pyrenäen. 2 Bde. Leipzig, Hinrichs.
Parrots Reise durch die Pyrenäen.

Forsten in Ansbach.

Laurop Annalen 2ten Bandes 1stes Heft.
Krit. Blätter. 21ster Bd. 1stes Hft. S. 107.

Sollinger Wald.

Laurop Briefe eines reisenden Forstmannes.

Grafschaft Wernigerode.

Hannöversches Magazin. 1768.
Laurop Briefe eines reisenden Forstmannes.
v. Ußlar forstwirthschaftliche Bemerkungen.
Grundsätze der Forstökonomie von Moser. Frankfurt a. M. 1757. (Enthält die Beschreibung der von Zanthier eingerichteten Wirthschaft, welche auch in Stahls Forstmagazin und Mosers Forstarchiv übergegangen ist.)

Steyerwald.

Slevogt Samml. neuer Entdeckungen. Leipzig 1804. S. 168.

Gobernauer Wald, Sonnenberger Fürstenwald, Fuchsloch (in Baiern).

Mayer Zeitschrift für Baiern. 1813. 1814.

Donnersberger Wald.

Mayer Zeitschrift für Baiern. 1816. 7tes Heft.

Forstamts-Bezirk Tirschenreuth.

Zeitschrift für Baiern. 1825. 2tes Heft. 1826. 2tes Heft.

Hohe Mark im Taunusgebirge.

Zeitschrift für Baiern. 1827. 5ten Bandes 2tes Heft.

Plasser Forsten (in Böhmen).

Liebichs aufmerksamer Forstmann. 1ster Bd. 1stes Heft.

Forsten im Bannat.

Liebichs aufmerksamer Forstmann. 1ster Bd. 1stes Heft.

Horzowitzer und Gürtzer Wälder (in Böhmen).

Liebichs aufmerksamer Forstmann. 2ter Bd. 2tes Hft.

Ossecher Forsten (in Böhmen).

Liebichs aufmerksamer Forstmann. 3ter Bd. 1stes Hft.

Krappitzer Forsten (in Böhmen).

Liebichs aufmerksamer Forstmann. 3ter Bd. 1stes Hft.

Herrschaft Altenburg (in Ungarn).

Liebichs aufmerksamer Forstmann. 3ter Bd.

Herrschaft Seelowitz (in Mähren).

Liebichs aufmerksamer Forstmann. 3ter Bd.

Saarbrücken.

Hartigs Forstarchiv. 7ter Bd.

Petersthal (im badischen Schwarzwalde).

Laurop forstwissenschaftliche Hefte. Nürnberg, Riegel und Wießner. 1827.

Jägerndorfer Forsten in Böhmen (Lerchen).

Andrée Abhandlungen. 1ster Bd. 1821. S. 136.

Donau-Auen unter der Ems.

Andrée Abhandlungen. 1821. 1ster Bd. S. 169. 184. 3ter Band. 65.

Grafschaft Wittgenstein.

Mosers Forstarchiv. 26ster Bd. (Neues Forstarchiv. 9ter Bd.) S. 1.

Viele Reviere in Schleswig, Holstein, Jütland, Seeland in „Niemanns Waldberichte", verschiedene Stücke.

Revier Liepe (Mark Brandenburg).

Krit. Blätter. 31ster Bd. 1stes, 2tes Hft. 34ster Bd. 2tes Hft.

Revier Sadlowo (Ostpreußen).

Krit. Blätter. 25ster Bd. 1stes Hft. S. 202.

Revier Neu Sternberg (Ostpreußen).

Krit. Blätter. 26ster Bd. 1stes Hft. S. 231.

Der Hardtwald bei Karlsruhe.

Tharanter Jahrbücher. 2ter Bd. S. 75.

Revier Pudagla (Pommern).

Forst- und Jagdzeitung. 1850. S. 424.

Lampersdorfer Forst.

Verhandlungen des Schlesischen Forstvereins. 1852.

Herrschaft Wlaschin in Böhmen.

Smolers Vereinsschrift. 1ster Jahrgang.

Pardubitz in Böhmen.

Smolers Vereinsschrift. 13tes Hft.

Ein Privatforst in Rußland.

Krit. Blätter. 22ster Bd. 2tes Hft. S. 153.

Erbach: Erbachsche Forsten.

Forst- und Jagdzeitung. 1840. S. 463.

Die Herrschaft Gratzen in Böhmen.

Forst- und Jagdzeitung. 1839. 107.

Der Westerwald.

Gall Anbau der Rüsterl. Gießen, Heyer. 1833.
Cotta Album. S. 180.

Der Hauptsmoorwald bei Bamberg.

Zeitschrift für Baiern. Neue Folge. 10ten Bandes 3tes Heft. S. 15. Erfurt bei Hennings. 1839.

Oberforst Hasselfelde.

Wedekind Jahrbücher. 14tes Hft. S. 68.

Freiwaldau in österreichisch Schlesien.

Verhandlungen der Forst-Section in Mähren und Schlesien. 2tes Heft. Brünn, Nitzsch. 1851.

Biographieen von Forstmännern.

Döbel.

Döbels Jäger-Praktika, neue Auflage, von Beneke. Leipzig. 4.

Gleditsch.

Mosers Forstarchiv. XII. 377.
Schriften der naturforschenden Freunde. 1789.

Zanthier.

von Zanthier Abhandlungen über das Forstwesen, herausgegeben von Hennert. Berlin 1799 bei Weyer. 1ste Samml. (Vorrede.)
Mosers Forstarchiv. IX. 358.
Niemann Waldberichte. 2ten Bandes 3tes Stück.
Archiv der deutschen Landwirthschaft. 1822. Jan. Feb.

v. Lange.

Mosers Forstarchiv. XI. 358. XIV. 147.
Niemanns Waldberichte. 2ten Bandes 3tes Stück. 146.
Archiv der deutschen Landwirthschaft. 1822. Jan. Feb.

Borkhausen.

Hartig Journal für das Forst- und Jagdwesen. 2ter Band. 1stes Heft.

Duhamel du Monceau.

Niemanns Waldberichte. 2ten Bandes 4tes Stück. S. 290.

Keppler.

Hartig Journal für das Forst- und Jagdwesen. 1806. 3tes Hft.

Wildungen.

Weidmanns Feierabende. 6ter Band. Marburg, Krieger.
Sylvan 1814.
Gwinner forstliche Mittheilungen. I. 1.

v. Seutter.

Sylvan 1822.
Forst- und Jagdzeitung. 1837. Nr. 47.
Gwinner forstliche Mittheilungen. 1ster Band.

Hartig.

Sylvan 1816.

Bechstein.

Sylvan 1815.
Bechsteins Leben von Bechstein. Meiningen, 1854.

Cotta.

Sylvan 1819.

Jester.

Sylvan 1824.

Gwinner forstliche Mittheilungen. 3ter Band. 1ste Abth.

Laurop.

Andrée Abhandlungen. 2ter Bd. Nr. 19.

a. d. Winkel.

Sylvan 1823.

Sierstropf.

Sylvan 1827—8.

v. d. Borch.

Sylvan 1821.

Knabe, Oberförster in Huzdorf.

Mayers Zeitschrift für Baiern. 1813. 1stes Heft. S. 70.

Franz Keck.

Meyers Zeitschrift für Baiern. 1816. 1stes Heft.

Eggerer.

Meyers Zeitschrift für Baiern. 1816. 1stes Heft.

v. Welser.

Zeitschrift für Baiern. 1824. 4tes Heft.

Heyer.

Laurop Annalen. 4ten Bandes 7tes Heft.

Reitter.

Sylvan 1814.

Kortum.

Liebichs aufmerks. Forstm. 1ster Bd. 1stes Hft. 2ter Bd. 1stes Hft.

Walther.

Forst- und Jagdzeitung. 1826. Nr. 58.

Jeitter.

Abhandlungen des Vereins für forstwissenschaftliche Ausbildung. Tübingen. 1825. 1stes Heft.

Dillis.

Meiers Zeitschrift für Baiern. 1ster Band.

v. Ußlar.

Forst- und Jagdzeitung. 1829. Nr. 134.

Benkendorf.

Ersch und Gruber, Encyklopädie. 1ste Sect. 9ter Bd. S. 21.

Burgsdorf.

Ebendaselbst. 14ter Bd. S. 84.

Stahl.

Journal für das Forst= und Jagdwesen. Heft 1. S. 224.

Zyllenhardt.

Mayers Zeitschrift für Baiern. 4ter Bd. 1stes Heft S. 1.

Hlawa.

Abhandlungen aus dem Forst= und Jagdwesen. Prag, Calve. S. 89.

v. Winzingerode.

Nekrolog der Deutschen. 8ter Band. Voigt.

du Roy.

Forstjournal von Medicus. 1ster Bd. 1ster Theil.

du Hamel.

Ersch und Gruber, Encyklopädie. 1ste Sekt. 28ster Bd. S. 228.

Dommes.

Neues Taschenbuch für Forstfreunde für 1851. Weimar bei Voigt. S. 286.

Cotta.

Cotta Album. Breslau, Graß, Barth u. Comp. 1844.

Krutsch.

Tharanter Jahrbuch. 9ter Bd. 1853. S. 268.

Förster **Klein.**

Forst= und Jagdzeitung. 1831. S. 30.

Förster **Diewald.**

Würtembergsche Monatsschrift. 1853. S. 344.

v. Kober.

Würtembergsche Monatsschrift. 1851. S. 110.

Hoßfeld.

Wedekind neue Jahrbücher. 14tes Heft. S. 163.

v. Rottenberg, Heller, Meyer.

Verhandlungen des Schlesischen Forstvereins.

Hundeshagen.

Gwinner Forstliche Mittheilungen. 1ster Band, 2tes Heft.

Neum.
Gwinner Forstliche Mittheilungen. 2ter Bd. 6tes Hft.
v. Wedekind.
Gwinner Forstliche Mittheilungen. 2ter Bd. 7tes Hft.
v. Jäger.
Gwinner Forstliche Mittheilungen. 3ter Bd. 9tes Hft.
v. Wiedenmann.
Gwinner Forstliche Mittheilungen. 3ter Bd. 12tes Hft.

Holzsparkunst und Holzmangel.

Die älteste Forstliteratur beschäftigt sich beinahe ausschließlich mit diesem Gegenstande, denn die Furcht, Mangel an Holz zu leiden, die daraus entspringende Sorge mit dem vorhandenen Vorrathe sparsam umzugehen, erzeugten die ersten Schriften, welche man forstlich nennen kann. Auch in der neuern Zeit bildet die Holzsparkunst noch oft einen Abschnitt in den Forstschriften, vorzüglich den Forstdirectionslehren. Wir übergehen jedoch die hierher gehörige Literatur ganz, denn nachdem gerade jetzt der Zeitpunkt wäre, wo der fürchterlichste Holzmangel hereinbrechen sollte, wird eher über Mangel an Absatz von Holz, Torf, Steinkohlen, Braunkohlen geklagt, als daß der Mangel daran überhand genommen hätte. Auch ist es Sache der Landespolizei, nicht des Forstmannes, die nöthigen Anordnungen zu treffen, wenn der Holzverschwendung gesteuert werden soll, so wie der Baumeister, Töpfer, Maurer, holzsparende Feuerungen einzurichten. — Was mit dem Holze gemacht wird, welches der Forstmann passend für die verschiedenen Gewerbe erzogen hat, kümmert ihn weiter nicht. Doch führen wir einige Schriften an, welche den Brennholzbedarf einer Familie nachweisen.

Die technischen Instruktionen der General-Kommissionen von Pommern, Schlesien, Brandenburg rc. (siehe Schriften über Ablösung der Waldservituten).

Klauprecht Sylvanion. 2tes Hft. S. 124.

Hundeshagen Forstpolizeilehre.

Meyer Gemeinheitstheilung. II. 140.

Pfeil Ablösung der Waldservituten. 3te Auflage. Berlin, bei Veit u. Comp.

Hülfswissenschaften.

Von der Literatur der Hülfswissenschaften auch nur die ausgezeichnetern Schriften überall nachweisen zu wollen, würde eine ganz unnütze und gewiß zu mißbilligende Ausdehnung dieser Notizen sein. Mathematik, allgemeine Botanik, Zoologie, Mineralogie rc. sind ganz für sich bestehende Wissenschaften, und es sind theils schon genugsam allgemeine Repertorien darüber vorhanden, theils weiset jedes Lehrbuch diejenigen Schriften nach, welche der Verf. als die bessern anerkannt, oder deren Benutzung er für zweckmäßig hält. Es wird deshalb auch schon genügen, hinsichtlich des Allgemeinen theils auf die bekanntesten und am häufigsten verbreiteten, oder leicht zu erhaltenden Schriften zu verweisen, theils wie bei der Mathematik sie ganz zu übergehen, und nur nachzuweisen, wo ihre Literatur zu finden ist, die bedurft werden könnte. — Dagegen wird das denselben besonders Berührende, das für ihn besonders Berechnete, specieller zu behandeln sein, in so fern es seinem Zwecke irgend entspricht. Eine Menge Büchertitel aufzuführen, was so leicht wäre, würde das sicherste Mittel sein, diese Nachweisung ganz unbrauchbar zu machen. — Es ist vielmehr die Idee gewesen, durch Unvollständigkeit im Einzelnen, der Vollständigkeit im Ganzen nachzustreben, so paradox das auch vielleicht klingen mag.

Mathematik.

Eine besondere Forstmathematik giebt es nicht, so viel Lehrbücher mit dieser Bezeichnung auch schon geschrieben sind. Die neueste von Koenig unter dem Titel:

Forstmathematik in den Grenzen wirthschaftlicher Anwendung, nebst Hülfstafeln sowohl für die Forstabschätzung als für den täglichen Forstdienst. Gotha, Beckersche Verlagshandlung. 2te Aufl.

Man kann sagen, daß diese Wissenschaft nur bis zu einem gewissen Umfange für den Forstmann nöthig werde, darum kann man ihr aber noch nicht innerhalb desselben das Beiwort „Forst" geben. Eben so giebt es auch besondere für den Forstmann zu lösende Aufgaben. Dies ist aber nicht eine besondere Mathematik, sondern nur eine praktische Beispiel-Sammlung, die neben dem für sich bestehenden Studio der Mathematik nützlich sein kann.

Wir vermeiden daher die Aufführung der so außerordentlich zahlreichen mathematischen Lehrbücher, es jedem Lehrer dieser Wissenschaft überlassend, seinen Schülern diejenigen zu bezeichnen, welche er für die zweckmäßigsten hält. Es wird genug sein, darauf aufmerksam zu machen, daß eine Nachweisung der wichtigsten ältern mathematischen Schriften in Wittwers Beiträgen zu Hartigs Lehrbuch für Förster enthalten ist.

Dagegen wird es nicht überflüssig sein, die Hülfsschriften nachzuweisen, welche von dem Forstmanne häufig benutzt werden müssen, um sich das viele Rechnen ꝛc. zu ersparen.

Reductionen und Vergleichung der Maaße, Gewichte, Münzen.

Vergleichung der preußischen Maaße und Gewichte mit denen anderer Länder, von Eytelwein. 2te Aufl. Berlin, 1810. (Ist bei Einführung des neuen Maaßes und Gewichtes in Preußen offiziell als zuverlässig empfohlen.)

Kerstein Universalmaaß. Hildesheim und Hannover bei Hahn. 1827.

Nelkenbrecher Taschenbuch der Münz-, Maaß- und Gewichtskenntniß, 14te Aufl. Berlin bei Reimer.

Hülfstafeln für Forstwirthe und Forsttaxatoren von Cotta. Dresden bei Arnold.

Cotta Waldbau. 2te Auflage.

In Bezug auf Längen- Flächen- und Körpermaaß im Forste auch:

Behlen Zeitschrift für das Forstwesen in Baiern.

v. Wedekind neue Jahrbücher f. d. F. 1ster Bd. 6.

Vergleichung der vorzüglichsten Maaße, Gewichte und Münzen mit den im österreichischen Kaiserstaate gebräuchlichen, von J. Littrow. Wien, 1832.

Maaß-Reduktions-Tafeln von B. v. Holleben. Dresden, Arnold, 1839.

† Taschenbuch der Maaß- und Gewichtskunde von F. W. Schneider, Professor der Mathematik. Berlin, 1839.

(Dürfte für den Forstwirth wohl die vollständigste und brauchbarste Schrift sein, welche wir über diesen Gegenstand haben).

Winkler Lehrbuch der Rechenkunst. Wien, 1823.

Eytelwein Vergleichung der früher in Preußen üblich gewesenen Maaße mit denen anderer Länder. 2te Aufl. Berlin, Realschulbuchhandlung. 1810.

Posse Maaß- und Gewichts-Tafeln. Eisenach, Bärecke. 1841.

Angabe der europäischen Maaße.

Bergius Cammeral-Magazin. 6ter Band. Art. Maaß und Gewicht.

Fischer Forstrechnungs-Aufgaben. S. 196.

Gehlers physikalisches Wörterbuch. 6ster Bd. 2te Abth. (Enthält auch die Maaße der alten Völker.)

Berechnung des kubischen Inhalts des Holzes und Kubiktabellen.

Gefälltes Holz.

Reimers Holztafeln. Hamburg 1782.

Kramers Tabellen, worin der kubische Inhalt jedes Stammes angegeben wird. Göttingen, Dietrich 1789.

Krüger richtig berechnete Tabellen über stehendes Holz. Torgau, 1790.

Dessen Ausrechnung des Inhalts roher und behauener Baumstämme. Berlin, Reimer. 1780.

Dinzer Forstwissenschafts-Tabellen. Mannheim, Löffler. 1791.

Dove Tabellen zur Bestimmung des kubischen Inhalts der Hölzer. Hannover, Helwing. 1801.

Vollständige Tabellen, nach dem Decimal-Fuß berechnet, zur Bestimmung des kubischen Inhalts der Hölzer. Hannover 1801.

Irsengarth praktischer Unterricht zur kubischen Berechnung und Schätzung aller Bau- und Werkholzgattungen. Wien 1804. Schaumburg.

Schott Anweisung zur Ausmessung der Bäume. Ulm 1807.

Schreer praktische Abhandlung über die Ausmittelung des wahren Holzwerthes. Glogau, Günther. 1805.

v. Seutter zur Preisbestimmung der Bau- und Werkstämme. Ulm, Ebner. 1806.

Steiner praktische Anleitung zur Berechnung 2c. Weimar 1803.

† Seyondat Holztabellen zur leichten Berechnung des viereckigen und runden Holzes nach Kubikfußen. Hamburg, Gundermann. Neue Aufl. 1811.

Anmerk. Diese Tafeln sind für den Gebrauch der französ. Marine entworfen, officiell als richtig anerkannt, und werden im Holzhandel beinah allgemein gebraucht. Sie liegen auch den Hartigschen Kubiktabellen zum Grunde.

Hanstein Tabellen zur leichten Auffindung des Kubik-Inhalts runder Baumstämme. Göttingen 1814. Vandenhöck.

Pfaff Taschenbuch zur richtigen Bestimmung des Kubik-Inhalts der Stämme. Marburg, Krieger. 1809.

Lutz Tabellen zur schnellen Bestimmung des Würfelgehalts von Rundhölzern. Frankfurt a. M., Brönner. 1809.

König Anleitung zur Holztaxation. Gotha, Becker. 1813.

Fresenius ganz neue Methode, den körperlichen Inhalt walzen- und kugelförmiger Hölzer zu bestimmen. Heidelberg, Oswald. 1817.

Adam Tafeln zur richtigen Berechnung des kubischen Inhalts. Marburg, Krieger. 1811.

Fabricius Tabellen zur Bestimmung des Gehaltes und Preises des Holzes. Marburg, Krieger. 1813.

Hartig Kubiktabellen. Berlin, Nicolai. Neue Aufl. 1828.

Müller Anweisung zur leichten und richtigen Berechnung des kubischen Inhalts der Baumstämme. Nürnberg, Bieling. 1810.

Pfeil Tafel über den kubischen Gehalt des runden Stammholzes. Züllichau, Darnmann. 1821.

Däzel Tafeln zur Bestimmung unbeschlagener Baumstämme. München, Lindauer. 1823.

Cotta Tafeln zur Bestimmung des Inhaltes der runden Hölzer. Dresden, Arnold. 1823.

Hohenadel Taschenbuch für Forstmänner. Leipzig, Hinrichs. 1827.

Sartorius kubische Tabellen. Eisenach, Bärecke. 1827.

Rudorf Berechnung des körperlichen Inhalts ganzer Bäume ꝛc. Dresden, Hilscher. 1825.

Dessen Tafeln zur Bestimmung des runden Holzes. Dresden, Hilscher. 1825.

Hoßfeld Taxation. 1ster Bd. Hildburghausen, 1823, bei Kesselring. (Anleitung zur Berechnung der Bäume ꝛc.)

Sinzel Taschenbuch für Forstwirthe. Nürnberg, Riegel und Wießner. 1828.

Giesse Tafeln zur Bestimmung des Kubikinhalts der stehenden und gefällten runden Hölzer. Leipzig, Fleischer. 1844.

Däzels Tafeln der Forstmänner zur Bestimmung der Walzen- und Kreisflächen. München, 1840. Lindauer'sche Buchhandlung.

Kubiktabellen für runde und beschlagene Hölzer am Halle, Lippert u. Schmidt. 1844.

Königs Forsttafeln. 1842. Gotha, Becher'sche Buchhandlung.

Preßler der Meßknecht (ein einfaches Meß- und Berechnungs-Instrument). Braunschweig, Vieweg. 1852.

Beschreibung eines Meßstockes. Forst- und Jagdzeitung. 1843. S. 2.

Smalians Holzmeßkunst. Stralsund, Löffler. 1837. (Hinten die Sätze über den Verkauf der Smalian'schen Meßstriche, nebst Zeichnung und Beschreibung.)

Stehendes Holz.

Hubert Hülfstafeln für Bedienstete des Forstfachs. München. Fleischmann. 1828.

Cotta Hülfstafeln für Forstrathe. Dresden, Arnold.

† König Holztaxationstafeln. Gotha, Becker. 1813.

Forstliche Hülfstafeln vom Forstwirthe Burckhardt. Hannover, 1852.

Massentafeln zur Bestimmung des Holzgehaltes stehender Bäume, vom Oberförster Stahl. Berlin, 1852. (Bei dem Verfasser.)

Messentafeln zur Bestimmung des Inhaltes der vorzüglichsten deutschen Waldbäume. Bearbeitet durch das Königl. Bayrische Forst-Einrichtungs-Büreau. München, 1846. Palms Hofbuchhandlung.

Smalian Beiträge zur Holzmeßkunst. Stralsund, Löfflersche Buchhandlung. 1837.

Klauprecht Holzmeßkunst. Karlsruhe, Bielefeld. 1846.

Stereometer.

Rhein. Westphälischer Anzeiger. 1820. 7tes Heft. S. 572.

Rechenstab für Forstmänner, um Linien, Flächen und Körper augenblicklich auflösen zu können, von Schneider. Berlin, 1825. (Anfertiger: Mechanicus Dübler in Berlin.)

Zinstafeln und Zinsrechnung.

† Cotta Waldwerthberechnung. Dresden, Arnold.

Klein Formeln zu Cotta Waldwerthberechnung. Landshut, Weber. 1823.

Pernitzsch Anweisung zur Waldwerthberechnung. Leipzip, Hartmann. 1820.

Zinsrechnung für Geschäftsmänner von Schreins. Darmstadt bei Leske. 1812.

Huber Hülfstafeln. München, Fleischmann. 1828.

Sammlung von mathematischen Aufgaben für den Forstmann.

† Fischer Forstrechnungsaufgaben. Dresden, Arnold.

Breithaupt Sammlung arithmetischer Uebungsaufgaben ꝛc. Heidelberg, Oswald. 1826.

Rogg Sammlung von Aufgaben für den Forstmann. Tübingen, Laupp. 1827.

Anleitung zur Waldwerthberechnung von v. Gehren. Kassel, Luckhardtsche Hofbuchhandlung. 1835.

(Siehe auch König's Forstmathematik.)

Forstvermessung und Schlageintheilung.

Die Forstvermessungskunde ist nach doppelter Ansicht zu betrachten: a) in rein geometrischer; b) in Bezug auf Taxation und Wirthschaftsführung. Nach der ersten, in so fern sie sich lediglich auf die Aufnahme, Berechnung und Kartirung der Fläche bezieht und darin nicht abweicht von der Vermessung von Acker ꝛc., liegt sie nach den oben ausgesprochenen Grundsätzen hinsichts der Aufnahme mathematischer Bücher ganz außer unserm Gesichtskreise. Es beziehen sich vielmehr die angeführten Schriften nur allein:

a) auf Anfertigung von Grenzkarten,
b) Herausmessung von Beständen, oder Anfertigung von Bestandskarten,
c) Eintheilung in Wirthschaftsfiguren (Schlägen, Jagen und Perioden ꝛc.)
d) Zeichnunder Forst- und Bestandskarten,
e) Kosten der Vermessung.

Es gehört deshalb allerdings dieser Abschnitt eher unter denjenigen, wo von der Forsteinrichtung und Abschätzung gehandelt wird, als unter den der Mathematik (Geometrie); wir haben nur diese Anordnung gewählt, weil alle die Instructionen ꝛc. für Forstgeometer in der Regel zugleich den geometrischen Theil umständlicher behandeln als den forstlichen. Uebrigens werden wir bei der Taxation auf diesen Abschnitt zurückweisen.

Grenzvermessung und Kartirung.

G. L. Hartig Anweisung zur Taxation der Forsten. Gießen, 1819. 4. 1ster Theil S. 5.

Dessen neue Instruktion für die K. Pr. Forstgeometer und Forsttaxatoren. Berlin, 1819. 1. S. 2. u. f.

Grundsätze der Waldtaxation von Reber. Bamberg bei Dresch. 1827. S. 8.

Hoßfeld Taxation. Hildburghausen 1824. 2ter Bd. S. 79.

E. F. Hartig praktische Anleitung zum Vermessen und Kartiren der Forsten. Gießen 1828. S. 71.

Schmitt Anleitung zur Forstgehaubestimmung. Wien 1819. 1ster Bd. S. 148.

Krause Kompendium der niedern Forstwissenschaften. Berlin 1806. S. 493.

Baierische Instruktionen zur Grenzvermessung. Forst- und Jagdzeitung. 1827. Nr. 128.

Lehrbuch der gesammten Meßkunst von Schneitler. Leipzig, Teubner. 1851.

v. Wedekind Anleitung zur Forstverwaltung. Darmstadt 1831.

Reglement für die Preußischen Feldmesser von 1813. Berlin, Deckersche Hofbuchdruckerei.

Joh. Dobners Anleitung zum Gebrauche ganz neu erfundener k. k. ausschließlich priviligirter gläserner Berechnungs-Auf- und Abtragsapparate. Malaczka, 1842. (Auch Forst- und Jagdzeitung, 1843. S. 137.

Das Verfahren bei den Königl. Sächsischen Forstvermessungsarbeiten. Tharanter Jahrbuch. 1ster Jahrg. Dresden, Arnold. 1842. S. 1.

Allgemeine Forstordnung von Schröfel. Wien und Triest 1815. S. 19.

Anmerk. Von den Grenzen und Grenzstreitigkeiten handelt: das allgemeine Landrecht Th. I. Tit. XVII. §. 363—373. Th. I. Abschnitt V. Tit. XVII. Th. I. Tit. VIII. §. 145. seq.

Von der Herausmessung der Bestände und Anfertigung der Bestandskarten.

Sämmtliche oben aufgeführte Schriften handeln auch von der Herausmessung der Bestände und wird deshalb auf sie zurückgewiesen. Außerdem sind darüber nachzusehen:

Hennert Taxation der Forsten. Berlin 1791. 2ter Band. S. 61.

Mosers praktisch geometr. Aufnahme der Waldungen. Leipzig, Wienbrack. 1791.

Wiesenhavers Anleitung zur neuen Forstabschätzung. Breslau, Korn. 1794. S. 1—17.

Auer geometr. Abhandlung, einen Wald oder Morast auszumessen. Leipzig, 1770, bei Jacobäer.

Beiträge aus der Forstwissenschaft zur prakt. Geometrie von Hennert. Leipzig, Vogel. 1783.

Däzel über die zweckmäßigste Methode, große Waldungen auszumessen. München bei Lindauer. 1819.

Hartig, K. F., die angewandte Forstgeometrie. Leipzig, Baumgärtner. 1811.

v. Liebhaber Anleitung zur forstwissenschaftlichen Meßkunde. Helmstädt, Fleckeisen. 1804.

E. F. Hartig die Forstbetriebseinrichtung. Cassel 1825.

Cotta Abriß einer Anweisung zur Vermessung ꝛc. Dresden, Arnold. 1815.

K. F. Hartig angewandte Forstgeometrie. Leipzig, Baumgärtner. 1812.

Baierische Instruktion. Forst- und Jagdzeitung. 1827. Nr. 128. u. f.

Hoßfeld Taxation der Forsten. Hildburgshausen 1824. 2ter Band.

Liebig aufmerksamer Forstmann II. (Instruktion zur Catastral-Vermessung.)

Meyer Forstdirektionslehre §. 37—59.

Kritische Blätter. 28ster Bd. 2tes Heft. 257.
Allgemeine Jahrbücher von Wedekind und Behlen. 4tes Heft. Gotha, 1831. (Bairische Instruktion.)
Forst- und Jagdzeitung. 1845. S. 203.
Kritische Blätter. 32ster Bd. 2tes Heft. S. 144.

Eintheilung der Forsten in Schläge, Perioden, Jagen, Distrikte.

Auch hiervon handeln die angeführten Schriften und Taxationslehrbücher überhaupt (s. Taxation) und es sind dazu nur anzuführen:

Versuch einer Waldtaxation und Eintheilung nach mathematischen Grundsätzen von v. Wickede. Hamburg 1815.
Abtheilung der Gehölze in jährliche Gehaue. Dresden 1791.
Zanthier Abhandlungen, herausgegeben von Hennert. Berlin, 1799. 2te Sammlung.
Kropf System und Grundsätze. Berlin 1807. S. 1—205.
Anweisung zum Feldmessen für einen forstgerechten Jäger. Göttingen, Dietrich. 1775.
Fuß Unterricht zur Aufnahme und Eintheilung der Wälder. Prag bei Herrl. 1809.
Die Geometrie in ihren Grundsätzen und ihrer Ausübung auf Landeskultur und Forstwissenschaft. München, Lindauer. 1793.
Eintheilung der Gehölze in jährliche Gehaue, von Oppel. Freiburg 1760. (S. Stahl Forstmagazin. 2ter Bd.)
Vierenklee mathemat. Anfangsgründe der Arithmetik und Geometrie. Leipzig 1767. Neue Auflage. Leipzig 1822, bei Weidmann.
Geißler Sendschreiben von geom. Vermessung. Oeconomische Nachrichten der Gesellschaft in Schlesien. 15ter Band Leipzig 1763.
Hoßfeld Mathematik für Forstmänner. 3ter Band. Gotha 1821. (6ter Bd. der Bechstein-Lauropschen Forstwissenschaft.)
Mosers Forstarchiv. 5ter Band. S. 1.
Hennert Beiträge zur Forstwissenschaft aus der praktischen Geometrie. Leipzig, Vogel 1783.

Markendorf und Schellig Forstaufgaben rc. Meißen, Gödsche. 1811.

Kritische Blätter 6ter Bd. 1stes Heft 248. 15ter Bd. 2tes Heft. 175. 31ter Bd. 1stes Heft 222.

Zeichnung der Forst= und Bestandskarten.

Siehe Lehrbücher der Taxation.

C. F. Hartig praktische Anleitung zur Vermessung der Forsten.

Laurop Annalen. 2ter Bd. 3tes Heft.

Die Theorie der Bergzeichnung in Verbindung mit der Geognosie, von Bach. Stuttgart. Schweizerbart 1853.

Ueber Lithographirung der Waldplane im Großherzogthum Baden. Forstliche Zeitschrift von Arnsperger und Gebhard. 1ster Bd. 3tes Heft. S. 112.

Ueber die Darstellung der Formen und Karten. Zeitschrift für Baiern. Neuere Folge 2ter Bd. 3tes Heft. Erfurt, Hennings. 1842. S. 94.

Kosten der Vermessung.

Reglement für die Feldmesser im preußischen Staate. Berlin den 29. April 1813, bei Decker.

Instruction für die preußischen Forstgeometer und Forsttaxatoren. Berlin 1819. (Am Ende beigeheftet).

Naturwissenschaften im Allgemeinen.

Bei dem großen Umfange der gesammten Naturwissenschaften können Schriften, welche sie sämmtlich umfassen wollen, entweder nur die Elemente derselben enthalten, oder sie müssen sich zu kostbaren Encyklopädicen ausdehnen. Die Elementarkenntnisse in der Naturkunde rechnen wir unter die Gegenstände, welche der Schulbildung angehören, und es würde dem Zwecke dieser Nachweisung nicht entsprechen, die zahllose Menge von Naturbeschreibungen und Naturgeschichten, welche für den Gebrauch der Schule geschrieben sind, hier aufzunehmen. Die umfassendern, dem Forstmanne zugänglichen Schriften, führen wir wohl zweckmäßiger bei den einzelnen Zweigen der Naturwissenschaft an.

Ein früher sehr schätzbares, jetzt aber größtentheils veraltetes Werk war:

Encyklopädie der Wissenschaften, von Klügel. Berlin bei Nicolai. 1805.

Neuere nicht beendete Schriften sind:

Hundeshagen Lehrbuch der forst- und landwirthschaftlichen Naturkunde. Tübingen bei Laupp. 1827.

Rogg Anfangsgründe der Naturwissenschaften. Tübingen bei Laupp. 1807.

Sehr zu empfehlen ist, um eine allgemeine Uebersicht zu erhalten:

Cuvier Geschichte der Fortschritte der Naturwissenschaften von 1789 bis auf den heutigen Tag, übersetzt von Wiese. Leipzig, Baumgärtner. 1828.

† Schleiden und Schmid Encyklopädie der gesammten theoretischen Naturwissenschaften in ihrer Anwendung auf die Landwirthschaft. 3 Bände. Braunschweig. Vieweg. 1850.

Die Naturgeschichte der drei Reiche der Natur von Bischof, Blum, Braun, Leonhart, u. Leuckardt. Stuttgart. Schweizerbart, ist sehr vollständig, aber für den Forstwirth zu weitläuftig.

† Leunis Synopsis der drei Naturreiche. 3 Theile. Hannover, Hahnsche Hofbuchhandlung, 1847.

Volz Beiträge zur Kulturgeschichte, den Einfluß des Menschen auf Hausthiere und Kulturpflanzen nachweisend. Leipzig. Teubner. 1852.

Physik.

(Naturlehre.)

Schon in dem Begriffe, welchen man mit diesem Worte verbindet, wonach die Physik die allgemeinen Eigenschaften,

Kräfte und Wirkungen der Körper kennen lehren soll, liegt es, daß sie keine bestimmte Gränzen hat. Diese erweitern sich täglich immer mehr, und es ist schwer, bei ihr das Allgemeine, welches jeder gebildete Mensch daraus wissen soll, von dem Besondern, was den Forstmann besonders angehet, zu scheiden. Das erstere berührte uns nicht, das letztere dagegen allerdings. Es fehlt zwar nicht an Büchern, welche von Forstphysik handeln, sie genügen aber wohl alle nicht, indem sie bald zu viel, bald zu wenig geben. Viele Dinge aus der Physik gehen den Forstmann in der That sehr nahe an, und es wäre zu wünschen, daß davon für die Praxis oft mehr Gebrauch gemacht würde. Wir rechnen dahin z. B. die Artikel: Eigenschwere, allgemeine Eigenschaften fester Körper, Veränderung ihres Aggregatzustandes durch Wärme, Erregung der Wärme und Kälte, die Lehre vom Wasser, mehreres aus der Hydrostatik, die Lehre von den luftförmigen Körpern, vorzüglich davon Höhenmessung, Einfluß der Wärme auf die Luft, Verdunstung, Hygrometrie, Bewegung der Luft u. s. w. Dagegen liegen dem Forstmanne als solchem offenbar viel weiter: Statik, Mechanik, Electricität, Galvanismus, die Lehre vom Lichte, womit man sich gerade zum Theil am mehrsten in den besonders für den Forstmann geschriebenen Lehrbüchern der Physik beschäftigt hat.

Für den gewöhnlichen Hausbedarf glauben wir vor allen die unten erwähnten Lehrbücher von **Müller** und **Poppe** empfehlen zu können.

Ein größeres, anerkannt vortreffliches Werk, aber auch beträchtlich theurer, ist:

Gehlers physikalisches Wörterbuch, neu bearbeitet von Brandes ꝛc. 1ster Bd. Leipzig 1825 bei Schwickert, 10 Theile.

Außerdem besitzen wir noch folgende empfehlenswerthe Lehrbücher der Physik:

Kries Lehrbuch der Physik für gel. Schulen. Jena 1821. 3te Auflage.

Kastners Grundriß der Experimentalphysik. 2 Bde. Heidelberg 1809—10. 2te Aufl.

Meyer Anfangsgründe der Naturlehre. Göttingen 1820.

Schmidt Handbuch der Naturlehre. Gießen 1826.

Parrot Grundriß der theoretischen Physik. Riga und Leipzig 1809—15.

Muncke Anfangsgründe der Experimentalphysik. Heidelberg 1819.

Neumann Lehrbuch der Physik. 2 Bde. Wien 1819. 1820.

Vieth Anfangsgründe der Naturlehre. Leipzig 1823.

Baumgärtner die Naturlehre nach ihrem gegenwärtigen Zustande. Wien 1824.

Fischer Lehrbuch der Naturlehre. Berlin bei Nauck 1827. (Zu seiner Zeit das für Schulen vorgeschriebene Lehrbuch).

Biot Lehrbuch der Experimentalphysik, übersetzt von Fechner. Leipzig 1824.

† Grundriß der Physik und Meteorologie von Dr. Joh. Müller. Braunschweig, Vieweg. 1846.

† Lehrbuch der Physik und Meteorologie (nach Pouillets Lehrbuch der Physik) von Joh. Müller. 2 Bände. Braunschweig, Vieweg. 1844.

Müllers physikalische Briefe für Gebildete. Stuttgart. Müllers Verlagshandlung. 1848.

Populäre Mechanik von Baucharlet, übersetzt von Kißling. Stuttgart 1846. bei Scheibler u. Rieger.

Poppe neue ausführliche Volksnaturlehre. 3te Aufl. Tübingen. Osiander. 1837.

Muncke populäre Wärmelehre. Leipzig 1847. bei Schwickert.

Péclet über die Wärme und deren Verwendung in den Künsten und Gewerben, übersetzt von Hartmann. Braunschweig, Vieweg. 1850. 2 Bde.

Ganz besonders beachtenswerth sind früher Gilberts, jetzt Poggendorfs, Annalen der Physik, da mittelst derselben Kenntniß aller neuern Entdeckungen rc. zu erhalten ist, und nichts Wissenswerthes in und außer Europa in dieser Wissenschaft entdeckt wird, was sie nicht enthalten.

Für den Forstmann besonders sind geschrieben, aber

wohl nicht allen an sie zu machenden Anforderungen entsprechend, folgende Bücher:

Hoffmann Physik und Mechanik. Gotha bei Hennings. 1824. (8ter Theil der Bechstein-Lauropschen Forst- und Jagdwissenschaft nach allen ihren Theilen).

Höß Naturlehre. Wien bei Schaumburg. 1825.

Theile der Physik hat behandelt:

Raßmann in seinem Grundrisse der Vorbereitungswissenschaften. Frankfurt a. M. 1827.

Meteorologie und Klimatik.

Die Lehre von der Luftbeschaffenheit und Witterung ist als angewandte Naturwissenschaft zu betrachten, die ihre Begründung allerdings in dem Allgemeinen findet, doch aber auch in dieser Hinsicht als für sich bestehend betrachtet werden kann. Sie ist für den Forstwirth von ganz vorzüglicher Wichtigkeit, was erst in der neuern Zeit erkannt wurde, und es ist deshalb zu erwarten, daß sie mehr in die forstlichen Lehrbücher übergehen wird. Für jetzt ist aber das, was der Forstmann bedarf, noch sehr vereinzelt. Wir wollen versuchen, es einigermaaßen zu ordnen, indem wir folgende Abtheilungen machen:

Allgemeine Meteorologie.

Witterungsbeobachtungen.

Einfluß des Klimas auf die Pflanzen.

Geographische und physikalische Verbreitung der Pflanzen.

Vermischte klimatische ꝛc. Bemerkungen.

Allgemeine Meteorologie.

Pilgram Untersuchungen über das Wahrscheinlichste in der Witterungskunde. Wien 1788. 2 Bde. 4.

Mayer Lehrbuch über physische Astronomie und Meteorologie. Göttingen 1805.

Lampadius systematischer Grundriß der Atmosphärologie. Freiberg 1806. 1817.

Haberle meteorologische Jahrbücher und Hefte. Weimar 1810. 1811.

Senebier Météorologie pratique. Genève 1810.

Schön die Witterungskunde in ihren Grundlagen. Würzburg 1818.

Brandes Beiträge zur Witterungskunde. Leipzig 1820.

Kastner Handbuch der Meteorologie. Erlangen 1823—26. 4 Bände.

Kretschmer Zeitschrift für die gesammte Meteorologie. 1820 bis 1826.

† Schübler die Meteorologie in Putsche Haushalts-Encyklopädie. Leipzig bei Baumgärtner.

Krünitz Encyklopädie. 89ter Band. Art. Meteorologie.

Lampadius Grundriß der Atmosphärologie. Freiberg 1806. (Instrumente, Beschreibung und Anleitung zu Beobachtungen.)

Kämtz Lehrbuch der Meteorologie. 3 Bde. Halle, Gebauer 1831.

Dove meteorologische Untersuchungen. Berlin, Sandersche Buchhandlung. 1837.

Allgemeine Witterungskunde von V. H. Herborn. Kempt 1854.

† Wetterkunde, Meteorologie für das gebildete Volk von Wenzlaff. Schwerin, Kürschnersche Verlagshandlung. 1851.

Eisenlohr Untersuchungen des Werths der gebräuchlichsten Wetterregeln. Karlsruhe, Braunsche Buchhandlung. 1847.

Der Höhenrauch und ähnliche Erscheinungen. Erlangen, Enke. 1847.

Gaudinger's Theorie der Wolken. Wien, Gerold. 1840.

Wells Versuche über den Thau, übersetzt von Horner. Zürich, Geßnersche Buchhandlung. 1821.

Abnahme der Wärme mit zunehmender Höhe in den Gebirgen. Wessely's österr. Alpenländer.

Witterungsbeobachtung.

Gilbert und Poggendorf Annalen der Physik durch viele Jahrgänge.

Mémoires de l'Academie des Scienc. de Paris.

Oeconomische Nachrichten der Gesellsch. in Schlesien.
Abhandlungen der öconom. Gesellsch. in Bern.
In neuerer Zeit: Forst- und Jagdzeitung.

Außer denen oben aufgeführten Schriften, Zahl der Regentage und Regenmenge:

Krünitz Encyklopädie. 121ster Band. Art. Regen.
Reif, daselbst 122ster Band. 67.

Einfluß des Klimas und der Witterung auf die Pflanzen.

Spaeth Handbuch der Forstwissenschaft. Nürnberg 1801—5, bei Raspe. 1ster Bd. §. 17. 18. 2ter Bd. §. 134.
Linz die Grenze zwischen Feld- und Waldkultur. Bonn 1821.
Behlen, Klima, Lage und Boden in ihrer Wechselwirkung auf die Waldvegetation. Bamberg 1820.
Papius der Holzwuchs in der Natur. Mainz 1826.
Pfeil kritische Blätter. 4ten Bandes 2tes Heft.
Laurop Jahrbücher. 1ster Bd., 1stes, 3tes Heft. 1823. 2tes Heft.
Behlen Zeitschrift für Baiern. 5ter Band. 1824, 1825, 1826.
Forst- und Jagdzeitung. Jahrg. 1825, 1826, 1829.
Schouw Beiträge zur vergleichenden Klimatologie. Kopenhagen 1827.
Hundeshagen Encyklopädie der Forstw. 2te Aufl. §. 15.
Pfeil das forstliche Verhalten der deutschen Waldbäume. Berlin, Veit u. Comp. 1854. 4te Aufl.
Oeconomische Nachrichten der Gesellschaft in Schlesien. Band 2. 7.
Vermischte Abhandlungen der Societät in Hamm. Bd. 1. Stück 1. S. 107.
Mayer Sammlung physik. Aufsätze der Gesellschaft Böhmischer Naturforscher.
Mém. de Berlin. A. 1778. p. 157. 1752. p. 17.
Abhandlungen der Schwedischen Akademie der Wissenschaften. 1757.
Mém. de l'Acad. de Paris. T. 2. p. 157. T. 10. p. 348.
Acta Acad. Moguntinae. 1782.
Reum Forstbotanik. 2te Auflage. Dresden, Arnold. 1825. S. 104.

Zschocke Alpenwälder. Tübingen 1804.
Kasthofer Bemerkungen über die Wälder der Alpen. Aarau 1818.
Dessen Bemerkungen auf einer Alpenreise. Aarau 1822.
Laurop Hiebs- und Kulturlehre.
Eggerer Forstwissenschaft.
Hoßfeld Taxation der Waldungen. 1ster Bd. §. 21.
Denkschriften des Museums der Naturgeschichte zu Paris XIV. 1827.
Stahl Forstmagazin. V. 127. III. 179.
Humboldts Fragmente der Geologie und Klimatologie. Berlin, List. 1832.
Klauprecht die Lehre vom Klima. Karlsruhe bei Groos. 1840.
Arndt Pflegung und Erhaltung der Forsten von den Bauern Schleswig 1820 im Taubstummen-Institut. (Leipzig, Tauchnitz)
Kritische Blätter 12ter Bd. 2tes Heft. 15ter u. 16ter Bd.
(Auch wird dieser Gegenstand in allen Schriften behandelt, welche sich mit der Pflanzengeographie beschäftigen.)
Ueber die Verbreitung der Pflanzen, besonders der Holzarten nach der Höhe in den Bergen, siehe Wessely's österreichische Alpenländer. 1ster Bd. S. 155 u ff.

Wirkung des Frostes auf die Pflanzen.

Mém. de l'Acad. des Sc. de Paris. 1710. 1737.
Mém. d'Agricult. 1789. 1791.
Mém. de l'Instit. Nat. des Sc. et des Arts. T. 1. 1. Sect. Math. et Phys.
Abhandlungen der schwedischen Akademie der Wissenschaften. 1739, 1748, 1761.
Oeconomische Nachrichten der Gesellschaft in Schlesien. Bd. 2.
Reum Forstbotanik. 2te Aufl. S. 107.
Forst- und Jagdzeitung. 1825. Nr. 89. 1826. S. 106. 1828. S. 195.
Laurop Annalen. 4ter Bd. 2tes, 3tes Heft.
Beobachtung über die Temperatur der Pflanzen, Dissertation von Halder, unter Präsidium des Professor Schübler. Tübingen 1826.
Untersuchungen über die Temperatur-Veränderungen der Vegetabilien, Dissertation von Neuffer, unter dem Präsid. von Professor Schübler. Tübingen 1829.

Krünitz Encyklopädie. 5ter Bd. S. 191.
Medicus Vorlesungen in der kurpfälzischen physikalischen oeconomischen Gesellschaft in Mannheim. Mannheim, Löffler. 1785.
Sierstorpf über Erfrieren der Bäume. Braunschweig 1790.
Rettungsmittel für Obst- und Waldbäume, die der Gefahr des Erfrierens ausgesetzt sind. Leipzig 1793.
Stahl Forstmagazin. Bd. V. 276. VII. 196.
Forst- und Jagdzeitung. 1825. Nr. 98. 1826. Nr. 27. 1827. 4.
Neue allgemeine deutsche Bibliothek. VIII. 1. S. 248.
Burgsdorf Anleitung zur Erziehung der Holzarten. 1ster Band.
Kritische Blätter 10ter Bd. 2 Heft. 19ter Bd. 1stes Heft. 35ster Bd. 1stes Heft.
Korrespondenzblatt des würtemberg. landwirthschaftlichen Vereins. 1826. Januar.
Frorieps Notizen 29ster Bd. Nr. 399.
Botanische Zeitung 1850. II. 405.
† Göppert über die Wärmeentwicklung in den Pflanzen, deren Gefrieren und Schutzmittel gegen dasselbe. Breslau, Max u. Comp. 1830.
Forst- und Jagdzeitung. 1846. S. 276.
Heldenberg der Förster. 2ten Bds. 3tes Hft. Nürnberg, Stein. 1802.
Moser Forstarchiv. 27ster Bd. S. 253. 6ter Bd. 356.
Dühamel Fällung der Wälder. 1ster Bd. 66.

Geographische und physikalische Verbreitung der Holzpflanzen.

† Schouw Grundzüge der allgemeinen Pflanzengeographie, aus dem Dänischen. Berlin, Reimer. 1823. (Siehe darin die Literatur der Pflanzengeographie, die hier nur in forstlicher Beziehung angeführt ist.)
Humbold Ideen zur Geographie der Pflanzen. Stuttgart 1807.
C. Ritter 6 Karten von Europa über Produkte. 2te Ausgabe. Schnepfenthal 1820.
Zschocke Alpenwälder. Tübingen 1804.
Kasthofer Bemerkungen über Alpenwälder. Aarau 1818.
Dessen Bemerkungen auf einer Alpenreise. Das. 1822.
v. Buch Reise durch Norwegen und Lappland. 2ter Theil. Berlin, Nauck.

Wahlenberg. 1. Flora carpatos. principal etc. Goettingae, Vandenhoek.
2. Flora Lapponica. Berlin, Reimer. 1812.
3. Flora Upsaliensis. Goetting. Vandenhoek.
4. de vegetat. et climate in Helvetia septentr. Zürich, Orell. 1813.

Pallas verschiedene Reisen und Beschreibungen, Rußland betreffend.

Abhandlungen der schwedischen Akademie der Wissenschaften. 1776. S. 82.

Annalen der öconomischen Gesellschaft in Potsdam. Band 1. Heft 1. 2.

Hundeshagen Encyklopädie d. Forstw. 1ster Band.

Link Reise durch Portugal.

Gilbert und Poggendorf Annalen der Physik.

Flörke Abstufungen der Vegetation im Salzburg. Gebirge. Regensburg 1800.

Usteri Annalen der Botanik. 1795.

Sprengel über Bau und Natur der Gewächse. Halle 1812.

Decandolle Grundzüge der wissenschaftlichen Pflanzenkunde. Leipzig 1820.

Wildenow Beiträge zur geographischen Geschichte des Pflanzenreichs; auch Usteri Annalen. 16tes Stück.

Schriften der naturforschenden Freunde in Berlin. 6ter u. 8ter Band.

Schriften der Regensburger botanischen Gesellschaft. 1ster Band. Regensburg.

Nova acta Acad. Nat. Curios. T. 2—5. Eisenach.

Behlen Zeitschrift für Baiern. 5ten Bds. 2tes Heft. 6ten Bds. 2tes Heft.

Walthers Forstphysiographie. 1ste Abtheilung. Hadamar 1815.

Forst- und Jagdzeitung. 1825. Nr. 49.

Laurop forstwissensch. Hefte. 1stes Heft.

Hundeshagen Beiträge. 1sten Bds. 1stes Heft.

Meyers Pflanzengeographie. Berlin, Haude u. Spener. 1836.

Brumhard Beiträge. 1ster Bd. 3tes Heft. (Verbreitung der Nadelhölzer.)

† Rudolph die Pflanzendecke der Erde. Berlin, Nicolai. 1853.

† Rudolph Atlas der Pflanzengeographie. Berlin, Nicolai. 1852.

Berghaus physikalischer Atlas 2 Bde. Gotha, Perthes 1848. (Vortrefflich, aber für den Forstwirth zu theuer, da er 70 Thlr. kostet.)

Schouw die Erde, die Pflanzen und der Mensch. Leipzig bei Lork. 1851.

Fraas Klima und Pflanzenwelt in der Zeit. Landshut, Wölfle. 1847.

Dove der Zusammenhang der Wärmeveränderungen der Atmosphäre mit der Entwickelung der Pflanzen. Berlin, Reimer. 1846.

Sommerville physikalische Geographie übersetzt von Barth. 2 Bde. Leipzig, Weber. 1851.

Reutter der Boden und die atmosphärische Luft. Frankfurt a. M., Sauerländer. 1833.

Anmerk. Die verschiedenen Schriften über Forstbotanik berühren diesen Gegenstand zwar, jedoch in der Regel nur oberflächlich.

Vermischte klimatische und dahin einschlagende Gegenstände.

Einfluß der Wälder auf das Klima.

Moreau de Jonnes Untersuchungen über die Veränderungen durch Ausrottung der Wälder im physischen Zustande der Länder. Tübingen 1828.

Pfeil Grundsätze der Forstwissenschaft. 1ster Band. S. 180. 206.

Linz Grenze zwischen Feld- und Waldkultur.

Kasthofer Bemerkung über die Alpenwälder. Aarau 1818.

Arndt. Ein Wort über Pflege und Erhaltung des Waldes. Schleswig 1821.

Forst- und Jagdzeitung 1828. Nr. 107. 143. 149.

Petersen Einfluß des Waldes auf das Klima. Altona, Schlüter. 1846.

Kasthofer Bemerkungen auf einer Alpenreise. Aarau 1822. S. 282.

Niemanns Waldberichte. 1sten Bds. 1stes Stück. S. 3.

Einwirkung des Lichtes auf die Pflanzen.

Kastners Archiv 15ter Band. 3tes Heft. S. 300.

Literaturblatt der Botanik 1827. S. 522.

Forst- und Jagdzeitung 1832. Nr. 26.

Deutsche Vierteljahrsschrift 1852. (Stuttgart bei Cotta) Juli bis September. S. 297.

Kritische Blätter mehrere Bände und Hefte (Pflanzenphysiologische Aphorismen.)

G. Heyer das Verhalten der Waldbäume gegen Licht und Schatten. Erlangen 1852, bei Enke.

Forst- und Jagdzeitung 1832. Nr. 26. 1847. S. 159.

Mém. de l'Acad. des Sc. de Paris. 1699. 1783.

Soc. Philomath. A. 8. p. 153.

Acta Soc. Jablanovianae. T. 5. p. 231.

Senebier Abhandlungen über den Einfluß des Sonnenlichts ꝛc. 2 Bände. Leipzig 1785. Jacobäer.

Zeitschrift für das Forstwesen in Baiern. 1824. 1ster Band. S. 97.

Anmerk. Alle Lehrbücher, welche sich mit der Physiologie der Gewächse beschäftigen, handeln von der Einwirkung des Lichts auf die Pflanzen.

Einwirkung des Mondes auf die Holzpflanzen.

Prix de l'Acad. de Bourdeaux. Ed. 4. T. 3.

Mém. de Lausanne. T. 2.

Mayers Sammlung physikalischer Aufsätze böhmischer Naturforscher. Band 2. S. 359.

Krünitz Encyklopädie. 24ster Band. S. 574.

Forst- und Jagdzeitung. 1826. S. 155. 1827. S. 458. 471.

Pohl Archiv für die Landwirthschaft.

Andrée Abhandlung aus dem Forst- und Jagdwesen. 1ster Band. 1821. S. 80.

Dühamel Fällung der Wälder. 1ster Band. S. 280.

Hygrometrische Flora.

Neue Abhandlung der schwedischen Akademie der Wissenschaften. 1782. S. 80.

Annalen der öconomischen Gesellschaft in Potsdam. 3ter Band 5tes Heft. S. 55.

Forst- und Jagdzeitung. 1826. Nr. 91.

Hygrometrie.

Krünitz Encyklopädie. 26ster Band. S. 487.

Gehlers physikalisches Wörterbuch.

Cuvier Geschichte der Fortschritte der Naturwissenschaften. 1ster Band. S. 127.

Eudiometer. (Reinheit der Luft zu messen.)

Cuvier Geschichte der Fortschritte der Naturwissenschaften. 1ster Band. S. 128.

Gehlers physikalisches Wörterbuch.

Bestimmung des Klimas nach den vorhandenen Bäumen und Gewächsen.

Hartig Journal für das Forst- und Jagdwesen. 1806. 1stes Heft.

Höhenpunkte der deutschen Gebirge.

Forst- und Jagdzeitung. 1827. Nr. 22.

Gehlers physikalisches Wörterbuch. (Das. Höhenmessung.)

Linz Grenze zwischen Feld- und Waldkultur.

Hopfgarten, Höhen über der Meeres-Fläche im preußischen Staate. Glatz gedruckt mit Pompejus Schriften. 1820.

Der Harz. Zimmermanns Harzgebirge.

Für Baden findet man Höhenbestimmungen in den Erfahrungen über die Holzhaltigkeit geschlossener Waldbestände. Karlsruhe 1838. Braunsche Hofbuchhandlung.

Höhenbestimmungen im Königreich Würtemberg:

Tessin Forststatistik von Würtemberg.

Calver Würtembergs Holz- und Straucharten. Stuttgart, Hofbuchdruckerei zu Guttenberg. 1853.

In Berghaus physikalischem Atlas findet man die bedeutenden Gebirgshöhen auf der ganzen Erde.

Reductionstafel für die verschiedenen Thermometer.

Forst- und Jagdzeitung. 1828. Nr. 88.

Witterungsverkündiger.

Nach dem Glauben der Landleute und Jäger in Zanthier Forstkalender, s. dessen Abhandlungen, herausgegeben von Hennert. 1ste Sammlung: die Spinne als solcher.

Mosers Forstarchiv. 22ster Band. S. 229.

Eisenlohr Untersuchung der Wetterregeln. Karlsruhe, Braun. 1847.
Eisenlohr Vorausberechnung der Witterung. Karlsruhe, Braunsche Hofbuchhandlung.

Rechnungsrath Schneider in Berlin giebt in eigenem Verlage Witterungs-Vorausbestimmungen heraus.

(Alle Wetterprophezeiungen haben leider den Mangel, daß sie nie eintreffen.)

Witterungskennzeichen enthalten außer den angezeigten meteorologischen Schriften:

Allgemeine Witterungskunde. Heilbronn 1834.
Freitag von der Verkohlung des Holzes. Quedlinburg, Basse.
Zanthiers Abhandlungen. Herausgegeben von Hennert.
Loudon Encyklopädie der Landwirthschaft.
Flemmings deutscher Jäger. 2tes Heft. S. 52.
Voigts Almanach der Natur. Jena 1852. Frommann. S. 144.

Chemie.

Diese Wissenschaft hat in der neuern Zeit so reißende Fortschritte gemacht, daß sie im Stande gewesen ist, sich einer Menge von Erscheinungen des täglichen Lebens, sowohl zur Erklärung als rationellen Vollführung derselben, zu bemächtigen. Wir möchten sie daher unter die allgemeinen Bildungswissenschaften zählen, die bis zu einem bestimmten Grade keinem Menschen, welcher auf allgemeine Bildung Anspruch macht, fremd sein darf. Sie berührt aber auch den Forstmann unmittelbar; vielleicht weniger in Hinsicht auf Technologie, in welcher man sie zuerst herzugezogen hat, da der Forstmann seiner eigentlichen Stellung nach nicht Bereiter und Verarbeiter der Forstprodukte sein kann, und selbst da, wo er es noch sein muß, wie bei der Köhlerei 2c., die

Chemie ihm zuletzt das Empirische des Verfahrens weniger berichtigen als erläutern kann. Dagegen ist die Agrikultur-Chemie ein höchst anziehendes, und gewiß fruchtbringendes Studium geworden; selbst der Chemismus der Pflanzen hat sich noch nicht zu gleichem Interesse erheben können.

Ein Studium der Chemie ohne erläuternde Experimente, ohne Versinnlichung und Anschauung kann nur in Bezug auf manche Gegenstände von Erfolg sein, unter welche alle die nicht zu rechnen sind, welche der chemischen Technologie angehören. Es kann uns daher mehr die Literatur der theoretischen Chemie, als die der Experimental- und analytischen Chemie hier angehen. Wir trennen aber dabei die angewandte Chemie von der allgemeinen, unter dem Ausdrucke „angewandte", worunter wir vorzüglich ökonomische oder Agrikultur (chemische Bodenkunde) verstehen, obwohl zugleich aber auch die für den Forstmann besonders berechneten Schriften, welche Bezug auf die Technologie nehmen, mit angeführt werden sollen.

Reine Chemie.

Berzelius Lehrbuch der Chemie, übersetzt von Wöhler. Dresden bei Arnold. 3te Aufl. (Noch nicht beendigt.)

Thenard Lehrbuch der theoretischen Chemie, übersetzt von Fechner. 4te Ausgabe. Leipzig 1826 ꝛc.

Gmelin Handbuch der theoretischen Chemie. 3te Ausgabe. Frankfurt a. M. (Noch nicht beendigt.)

Schulz, Lehrbuch der Chemie. Wien 1824—5. 2 Bände.

Wurzer Handbuch der populären Chemie. 4te Aufl. Leipzig 1826.

Mitscherlich Lehrbuch der Chemie. Berlin bei Mittler. 1829.

Wöhlers Grundriß der Chemie.

† Schule der Chemie von Stöckhardt. Braunschweig, Vieweg. 1852. 6te Auflage.

Krutsch, A-B-C. der Chemie. Dresden, Arnold.

Die größern chemischen Werke kann nur der benutzen, welcher schon chemische Kenntnisse hat. Zur Erlangung der einfachsten Begriffe dürften die drei zuletzt angeführten kleinern Schriften am ersten von dem Forstwirthe benutzt werden können. Besonders gilt dies von Stöckhardts Schule der Chemie. Die angewandte Chemie, besonders in Bezug auf Pflanzennahrung, Bodenkunde u. s. w. ist in der neuern Zeit von sehr vielen ausgezeichneten Gelehrten bearbeitet worden und der vortheilhafte Einfluß, den dies auf Landwirthschaft und Gewerbe gehabt hat, läßt sich nicht verkennen. Dies läßt sich zwar von der Forstwirthschaft noch nicht in gleichem Maaße sagen, unleugbar ist aber doch die Kenntniß der Stoffe, von denen die Pflanzen sich nähren, die wir nur durch chemische Untersuchungen erwerben können, von der größten Wichtigkeit für einen rationellen Forstbetrieb. Diese Kenntniß kann der Forstwirth vorzugsweise aus den Schriften über Agrikultur-Chemie erwerben, es bedarf dazu keiner besondern Forstchemie, da sich das Holz nicht anders ernährt, als alle übrigen höher organisirten Pflanzen. Es sind daher auch vorzugsweise diejenigen Schriften angeführt worden, welche sich mit dieser beschäftigen.

Angewandte Chemie.

Grundriß der Chemie für Landwirthe von Einhof. Berlin 1808.

Elemente der Agrikulturchemie von Humphrey Davy, übersetzt von Wolf. Berlin 1814.

Grundsätze der experimentalen Cameral- und agronomischen Chemie von Hermbstädt. 2te Auflage. Berlin 1827.

Versuch einer wissenschaftlichen Anleitung zum Studium der Landwirthschaftslehre von Trautmann. Wien 1822. 1ster Band.

Agrikulturchemie vom Grafen Chaptal, übersetzt von Eysenbach, mit einem Anhange von Schübler. Stuttgart 1824.

Dümas technische Chemie (doppelt übersetzt.) Nürnberg bei Schrag, und Weimar im Industrie-Comptoir. 1829.

Prestinari Handbuch der Cameralchemie. Heidelberg 1828.

† Schübler Agrikulturchemie in Putsche Haushalts-Encyklopädie. Leipzig, Baumgärtner.

Sprengels Chemie für Landwirthe und Forstmänner. 2 Bände. Göttingen, Vandenhoeck. 1831.
F. Schulze Lehrbuch der Chemie für Landwirthe. Leipzig, Baumgärtner. 1846.
Liebich organische Chemie in ihrer Anwendung auf Agrikultur und Physiologie. Braunschweig, Vieweg. 1840.
Liebich organische Chemie in ihrer Anwendung auf Physiologie und Pathologie. Braunschweig, Vieweg. 1842.
Liebich chemische Briefe. Heidelberg, Winter. 1844.
Göbel Argrikulturchemie. Erlangen, Enke. 1850.
Göbel physiologische Chemie der Pflanzen, mit Rücksicht auf Agrikultur. (Frankfurt bei Sauerländer, 1845.)
Boussingault die Landwirthschaft in ihrer Beziehung zur Chemie, Physik, Meteorologie. Deutsch von Gräger. 2 Bände. Halle, Gräger. 1844.
Liebich die Chemie in ihrer Anwendung auf Agrikultur und Physiologie. 5te Aufl. Braunschweig bei Vieweg, 1843.
Petzholdt populäre Vorlesungen über Agrikulturchemie. Leipzig, Weber. 1844.
Sprengels Lehre vom Dünger. Leipzig, Müller. 1839.
Solly Agrikulturchemie aus dem Englischen. Berlin 1844. Nauckſche Buchhandlung.
Johnstons Agrikulturchemie mit einem Vorworte von Schulze. Neu-Brandenburg, Brünslow. 1854.

Ueber technische Chemie verdient berichtet zu werden:

Schubart Elemente der technischen Chemie. Berlin bei Rücker.
† Kützing die Chemie in ihrer Anwendung auf das Leben. Nordhausen, Köhne. 1838.
Schubert Handbuch der Forstchemie. Leipzig, Brockhaus. 1848.
Mulder physiologische Chemie. Braunschweig, Vieweg. 1845.
Die Forstkulturen auf Ortstein-Boden. Wedekind. Neue Jahrbücher. Zweite Folge. 3ter Bd. S. 217.
Der Düngerwerth und die Ernährungsfähigkeit der Torferde. Tharanter Jahrbuch. 9ter Bd. 1853. S. 184.

Wir verbinden hiermit die Nachweisung derjenigen Schriften rc., in welchen von der Einwirkung des Bodens auf die Vegetation gehandelt wird, und nehmen dabei zugleich ältere Forstschriften rc. mit auf.

Neue Sammlung der öconomischen Gesellschaft in Baiern. 3ter Band. S. 291.

Schriften der naturforschenden Freunde in Berlin. Bd. 6. S. 1.

Burgsdorf von den Eigenschaften des Bodens in Krünitz Encyklopädie. 24ster Band. S. 472.

Späth über periodische Durchforstungen. Nürnberg 1802. S. 97. ꝛc.

Mayer System der Lehre über die Einwirkung der Naturkräfte auf die Ernährung der Forstgewächse. Koburg und Leipzig bei Sinner, 1806.

Crome der Boden und seine Verhältnisse zu den Gewächsen. Hannover 1812.

Thaer Grundsätze der rationellen Landwirthschaft. Berlin 1809. 2 Bände 4.

Sinclair Grundsätze des Ackerbaues. Wien 1819.

† Hausmann Versuch einer geologischen Begründung des Forstwesens. Berlin bei Rücker. (Auch in Klauprecht Sylvaneion.)

Laurop Jahrbücher. 1823. 2tes Heft.

Hundeshagen Beiträge. Tübingen, Laupp. 1ster Band. 3tes Heft.

Dessen Encyklopädie der Forstwissenschaft. 1ste Abtheilung.

Klauprecht der Spessart.

Behlen neue Zeitschrift für das Forstwesen in Baiern. 2ter, 3ter, 4ter Band.

Forst- und Jagdzeitung. Jahrgang 1828. 1829.

Für den Forstmann sind besonders geschrieben:

Eggerer die Forstwissenschaft. Frankfurt a. M., Brönner. 1812.

Frenzel Chemie für Forstmänner. Leipzig 1800. (Leider veraltet, doch immer noch theilweis brauchbar.)

v. Seutter Versuch einer Darstellung der allgemeinen Grundsätze der Forstwissenschaft. Ulm 1804. S. 130.

Höß Naturlehre. Wien bei Schaumburg.

Strauß Grundlehren der Chemie, in Anwendung auf das Forstwesen. Gotha bei Hennings, 1824.

Laurop Jahrbücher. 1823. 2tes Heft.

Mineralogie.

Die Mineralogie steht in enger Beziehung mit der Bodenkunde, da der Boden aus den Gesteinen besteht, und diese von so großem Einflusse auf die Vegetation sind. Nach der Ansicht, daß der Forstwirth den Bergmann auf Erze ꝛc. aufmerksam machen soll, welchen man sonst geltend machen wollte, bedarf er sie nicht, denn kaum bleibt den forschenden Mineralogen ein Winkel in dieser Hinsicht unbekannt. Nur die Gesteine, welche in großen Massen vorkommen, äußern einen Einfluß auf den Boden und die darauf wachsenden Pflanzen; sie interessiren daher auch den Forstmann, als solchen, ausschließlich. Manches, was im weitesten Sinne zur Mineralogie gerechnet wird, liegt ihm ganz fern. Wir rechnen dahin zuerst die Geologie (Erd-Entstehungslehre), welche selbst die Mineralogen gewöhnlich unbeachtet lassen, da das Ausbilden immer neuer Hypothesen doch zu nichts führen knan. Eine Uebersicht aller bisherigen Systeme ꝛc. giebt: Gehlers physikalisches Wörterbuch im Art. Geologie, auch Cuviers Ansichten der Urwelt, verdeutscht von Nöggerath. Bonn 1822—26. 3 Bde., beschäftigen sich damit. Die Kenntniß von dem Bau und der Beschaffenheit der äußern Erdrinde, der Verhältnisse, Lagerstätten, des Alters der Mineralien (Geognosie) liegt uns näher und steht in unmittelbarer Beziehung zur Bebauung dieser Lagerstätten mit Holzpflanzen. — Die Lehre von der Abtheilung der Mineralien nach ihren äußerlichen und innerlichen Eigenthümlichkeiten und der systematischen Aneinanderreihung des Gesonderten (Oryktognosie, Gesteinerkennungslehre) können wir nicht zurückweisen, da sie sich zugleich mit den Bestandtheilen der Gesteine beschäftigt, aber ängstlicher als bei der vorigen Abtheilung muß man die Schranken dabei ziehen, was auch zulässig ist, da man die in großen Massen vorkommenden Gesteine ohne Schwierigkeit erkennen lernt, um nicht die Krystallographie herzuzuziehen. Diese ist zu umfassend und führt den Forstmann zu weit ab von seinem eigentlichen Zwecke, als daß man nicht gezwungen wäre, den Versuch, sie in die forstliche Bodenkunde einzuführen, zurückzuweisen. — Selbst die Lithurgik, oder Beziehung der Gesteine zu den Künsten und Gewerben, geht den Forstmann nur sehr allgemein an. — Begreift man in der Oryktognosie die Kenntniß der Bestandtheile der Gesteintheile, so daß sie mit der Mineralogie im engern Sinne gleich bedeutend wird, so verliert sich die Nothwendigkeit der chemischen Mineralogie, als besondere Abtheilung von selbst. Bei der Geognosie wie Mineralogie im engern Sinne, drängt sich aber immer der Wunsch auf, daß wir für den Forstmann eine Schrift erhielten, die sich vorzüglich mit denjenigen Gesteinen beschäftigt, welche in Deutschland in großen Massen als Unterlagen des Bodens vorkommen und ihn entstehen ließen, die vorzüglich beachtungswerth hinsichts ihres Einflusses auf die Vegetation sind. — Noch mangelt sie uns. Ohne gerade für den Forstmann berechnet zu sein, dürfte seinem Bedarf am besten entsprechen:

† v. Leonhard Naturgeschichte des Mineralreichs, ein Lehrbuch für öffentliche Vorträge, besonders in Gymnasien ꝛc. Heidelberg bei Engelmann, 1825.

Geognosie und Bodenkunde.

d'Aubisson (de Voisin) Geognosie, übersetzt von Wiemann. 2 Bände. Dresden 1821.

v. Leonhard Charakteristik der Felsarten. Heidelberg 1823.

Reichetzer Anleitung zur Geognosie. 2te Aufl. Wien 1821.

Humboldt geognostischer Versuch über die Lagerung der Gebirgsarten, aus dem Französischen von Leonhard. Straßburg 1823.

A. Boué geognostisches Gemälde von Deutschland, übersetzt von Leonhard. Frankfurt a. M. bei Hermann 1829.

Breislack Lehrbuch der Geognosie. Braunschweig 1819.

Voigts praktische Gebirgskunde. Weimar 1797.

† B. Cotta Anleitung zum Studium der Geognosie und Geologie für Forstwirthe ꝛc. Dresden, Arnold. 1842.

† B. Cotta der innere Bau der Gebirge. Freiberg, Engelhardt. 1851.

Zippe Anleitung zur Gestein- und Bodenkunde. Prag, Calvesche Buchhandlung. 1846.

Burmeister geologische Bilder. 2 Bände. Leipzig, O. Wigand. 1853.

Burmeister Geschichte der Schöpfung.

† B. Cotta Deutschlands Boden, sein geologischer Bau und dessen Einwirkung auf das Leben des Menschen. Leipzig, Brockhaus. 1853.

Behrend Revolutionen des Erdballes. Deutsch von Maack. Kiel, Universitäts-Buchhandlung. 1844.

Die Entstehung und Ausbildung der Erde von Nöggerath. Stuttgart, Schweizerbart. 1847.

Grebe Gebirgs-Bodenkunde und Klimalehre in ihrer Anwendung auf die Bodenkunde. Eisenach, Bärecke. 1853.

Senft Gebirgs- und Bodenkunde. 2 Bände. Jena bei Mauke 1847.

Sprengel die Bodenkunde. Leipzig bei Müller 1837.

Kritische Blätter 17ter, 18ter, 19ter, 20ster, 21ster Band. (Bodenkunde.)

Verhalten der deutschen Forstbäume auf verschiedenem Boden. Ebendaselbst. Band 23. 24. 26. 28.

Bearbeitung des Bodens:

Ebendaselbst. Band 21. 2tes Heft.

Krutzsch Gebirgs- und Bodenkunde für den Forst- und Landwirth. Dresden, Arnold. 1842.

Trommer die Bonitirung des Bodens vermittelst der wildwachsenden Pflanzen. Greifswald, Kochs Verlagsbuchhandlung. 1853.

Unger über den Einfluß des Bodens auf die Vertheilung der Gewächse. Wien 1836. Rohrman u. Schweigerd.

Die Wärme des Bodens und seine Quellen. Kritische Blätter 34ster Band. 1stes Heft. S. 96.

Geognostische Beschreibung einzelner Gegenden und die dieselben darstellenden geognostischen Karten.

Oft interessirt den Forstmann mehr die Gegend, welche er bewohnt oder bereiset in geognostischer Hinsicht, als das Allgemeine. Es wird deshalb nicht überflüssig sein, zugleich eine Nachweisung der geognostischen Beschreibungen einzelner Gegenden, und der geognostischen Karten, welche sie darstellen, zu geben.

Die meisten Monographieen in dieser Hinsicht sind in den verschiedenen naturwissenschaftlichen und vorzüglich den mineralogischen Zeitschriften enthalten. Sie einzeln auszuziehen, würde mehr Raum erfordern, als dieser Abtheilung hier eingeräumt werden kann, und wir begnügen uns, die wichtigsten dieser Zeitschriften in dieser Beziehung anzuführen:

v. Leonhard Taschenbuch der gesammten Mineralogie Frankfurt a. M., Hermann. Jetzt Zeitschrift für Mineralogie.

Keferstein Deutschland geognostisch und geologisch dargestellt. Weimar, Industrie-Comptoir.

v. Moll Annalen der Berg- und Hüttenkunde. Salzburg, Mayer. 1801—5.

Dessen Ephemeriden der Berg- und Hüttenkunde. München, Lindauer. 1805—6.

Dessen Jahrbücher der Berg- und Hüttenkunde. Salzburg, Mayer. 1797—1801.

Dessen neue Jahrbücher der Berg- und Hüttenkunde. Nürnberg 1808—24.

Schriften der Dresdner Gesellschaft für Mineralogie. Dresden.

Hertha von Berghaus. Tübingen, Cotta.

Schriften der mineral. Gesellschaft in Jena.

Geognostische Karten besitzen wir von jeder Gegend Deutschlands. Sie sind jedoch zu zahlreich, um hier alle aufgeführt werden zu können. Besonders erwähnenswerth ist:

Der geognostische Atlas vom nordwestlichen Deutschland. Von Hoffmann. Stuttgart, bei Cotta.

Desselben geognostische Spezialkarte vom nordwestlichen Deutschland. Berlin, bei Simon Schropp.

Die geognostischen Karten von Thüringen, dem Erz- und Fichtelgebirge. Von Bernhard. Cotta u. s. w.

Ein Verzeichniß der geognostischen Karten von Deutschland findet man in den Beilagen zu: Deutschlands Boden von B. Cotta. Leipzig, bei Brockhaus. 1853.

(Diese Schrift kann besonders zur Erlangung von Kenntnissen hinsichts der Bodenbeschaffenheit Deutschlands empfohlen werden.)

Einzelne Gegenden.

Schriften.

Schlesien.

Charpentier Beiträge zur Kenntniß des Riesengebirges. Leipzig, Vogel.

v. Raumer Beschreibung der Gebirge in Niederschlesien. Berlin, Reimer. 1819.

Dessen, der Granit des Riesengebirges. Berlin, Reimer. 1813.

v. Oeynhausen geognostische Beschreibung von Oberschlesien. Essen, Bädecker. 1822.

Harz und Umgegend.

Hausmann die Bildung des Harzgebirges. Göttingen, Dieterich. 1842.

Hoffmann Beiträge zur genauen Kenntniß der geognostischen Verhältnisse Norddeutschlands. Berlin, Mittler.

Dazu dessen geognostische Karte. Berlin bei Schropp.

Berghaus geognostische Karte des Harzes. Berlin bei Schropp.

Rheingegenden.

Nöggerath, Rheinland und Westphalen. Bonn, Weber.

Thüringer Wald.

Geologische Beschreibung des Thüringer Waldes. (Leonhard Taschenbuch 1814.)

Oberschwaben.

Laurop forstwissenschaftliche Hefte. 1stes Heft.

Kurhessen.

Kurhessische Landwirthschafts-Zeitung 1825.

Vogts min. Reise von Weimar nach Hanau. Leipzig, Joachim.

Baiern.

Flurls Beschreibung der Gebirge Baierns. München, Lentner.

Dessen Beschreibung der Gebirgsformation in Baiern Ebendaselbst.

Würtemberg.

Alberti Beschreibung v. W. (Leonhard Taschenbuch 1821—6.)

Weser Gegenden.

Hausmann die Weser Flöz-Gebirge. (Nord. Beiträge.) Braunschweig, Vieweg.

Mecklenburg (auch Vorpommern und Rügen.)

Brückner, wie ist der Grund und Boden Mecklenburgs entstanden. Neustrelitz, Dümmler. 1825.

Boll Geognosie der Ostseeländer zwischen Eider und Oder. Neu-Brandenburg bei Brünslow 1846.

Sachsen.

Die Ackererde Sachsens geognostisch untersucht und classificirt. Freiberg bei Engelhardt 1853.

Charpentiers mineral. Geographie der sächsischen Lande. Leipzig, Vogel.

Brandenburg.

Klöden Beiträge zur mineralogischen und geognostischen Kenntniß der Mark Brandenburg. Berlin bei Nauck.

Böhmen.

Riepels geognostische Darstellung von Böhmen.

Oesterreich.

Blumenbach neueste Landeskunde von Oesterreich unter der Ems. Wien, Rehm.

Nassau-Oranische Lande.

Becher Mineralogische Beschreibung der Nassau-Oranischen Lande. Marburg, Krieger.

Fulda.

Voigts Beschreibung des Hochstifts Fulda. Leipzig, Wienbrack 1794.

Eisenach und Umgegend.

Sartorius geognostische Erfahrungen und Beobachtungen. Nürnberg und Leipzig, Lauffer. Nachtrag dazu. Eisenach bei Bärecke.

Anmerk. Boué geognost. Gemälde von Deutschland (s. oben) weiset den Fundort der verschiedenen Mineralien in Deutschland und den benachbarten Ländern nach. Die oben angeführten neuern Monographieen der Waldgegenden enthalten zum Theil auch die Darstellung der geognostischen Verhältnisse derselben, z. B. Fichtelgebirge, Spessart ꝛc.

Mineralogie im engern Sinne.

Wörterbuch.

Hartmann Handwörterbuch der Mineralogie und Geognosie. Leipzig 1828.

Lehrbücher.

Hausmanns Handbuch der Mineralogie. Göttingen 1829. 3ter Band. Neue Auflage.

Raus Lehrbuch der Mineralogie. 2te Aufl. Würzburg 1826.

Mohs Grundriß der Mineralogie. 2 Bände. Dresden 1822—1824.

Hartmann die Mineralogie in 26 Vorlesungen, ein Lehrbuch für den Forstmann ꝛc. Ilmenau 1829.

v. Leonhard Handbuch der Oryktognosie. 2te Aufl. Heidelberg 1826.

Lithurgik.

Naumanns Entwurf der Lithurgik oder ökonomischen Mineralogie. Leipzig 1826.

Walchners Grundriß der gesammten Mineralogie in technischer Beziehung. Karlsruhe 1828.

Mineralogische Gebirgs- und Bodenkunde für den Forstmann.

Krutsch Gebirgs- und Bodenkunde. 2 Bände. Dresden bei Arnold.

† Kurr Grundzüge der ökonomisch-technischen Mineralogie. 2te Aufl. Leipzig, Baumgärtner. 1844.

Herr Handbuch der Mineralogie. 2te Aufl. Frankfurt a. M., Sauerländer 1845.

Blum Oryktognosie. Stuttgart, Schweizerbart. 1832.

Blum Lithurgik. Stuttgart, Schweizerbart. 1840.

Botanik.

Die Kenntniß der Gewächse steht in inniger Beziehung mit ihrem Anbau und ihrer Erhaltung. Es kommen dabei aber nicht nur diejenigen zur Betrachtung, welche unmittelbar erzogen werden sollen, sondern auch die hindernden (Forstunkräuter) sind oft eben so sehr beachtungswerth. Alle die Gewächse, welche den Forstmann in dieser Beziehung angehen, lehrt die Forstbotanik kennen, und es ist eine irrige Tendenz derselben, wenn man glaubt, sie müsse sich blos mit dem Holze beschäftigen. Viele Hölzer interessiren den Forstmann viel weniger als andere Kräuter, und es ist von gar keiner Bedeutung für ihn, ob gerade eine Pflanze einen holzigen Stamm hat oder nicht.

Die besondere Forstbotanik hat ihre Grundlage in der

allgemeinen Botanik. Niemand kann ein ihm unbekanntes Forstgewächs bestimmen und es dadurch kennen lernen, der nicht im Stande ist, ihm die Stelle anzuweisen, die es in der systematischen Ordnung aller Gewächse einnimmt. Die Gesetze des vegetabilischen Lebens sind überall dieselben, und lassen sich nur bei den vollkommnern Pflanzen (den Bäumen rc.) am deutlichsten erkennen, müssen aber auch oft aus Beobachtungen an andern Gewächsen erläutert werden.

Um bestimmte Begriffe für die verschiedenen Formen zu geben, diese scharf zu bezeichnen und gegen Verwechselung zu schützen, hat man sich genöthigt gesehen, bestimmte Worte allgemein für sie zu bilden (Terminologie), welche nothwendig aus der allgemeinen Botanik in die Forstbotanik übergehen müssen. So kann diese letztere aus jener weder

die Terminologie, noch
die Systemkunde und
die Physiologie und Anatomie

entbehren. Von allen diesen Theilen der allgemeinen Botanik ist aber nur die Terminologie feststehend. An der Systemkunde ist seit Linné gerüttelt und geändert, ohne daß jedoch dessen Gebäude über den Haufen geworfen worden wäre, da man immer wieder dazu zurückkehrt. In der Physiologie, theilweis selbst auch in der Anatomie, ist aber, seit sich die Naturphilosophie damit beschäftigt hat, eine große Verwirrung eingerissen, in die wir wenigstens den Forstmann nicht durch Empfehlung excentrischer naturphilosophischer Schriften stürzen wollen, obwohl auch selbst anerkannt vortreffliche Schriften, z. B. Kiesers, sich nicht ganz frei davon erhalten haben. Ueberhaupt ist es nirgends nöthiger, als bei der ungeheuren Literatur der Botanik hinsichts der Anführung von Schriften sich sehr zu beschränken. Dies zur Rechtfertigung, wenn die Literaturnachweisung hier dürftiger erscheint, als selbst in manchen Forstschriften. An Büchertiteln würde es nicht gefehlt haben, und wer dergleichen verlangt, findet sie in:

Regni vegetabilis systema naturale. Auctore de Candolle. Vol. I. Paris, Treuttel et Würtz. 1818.

oder in:

v. Miltitz Handbuch der botanischen Literatur. Berlin, Rücker. 1829.

Bücher, welche von jedem Botaniker leicht zu erhalten sind.

Dagegen wollen wir versuchen, den Raum, der durch diese Beschränkung zu gewinnen ist, für diejenigen Gegenstände zu benutzen, welche dem Forstmann in praktischer Beziehung nahe liegen.

Allgemeine Botanik.

Terminologie.

† C. F. Willdenow Grundriß der Kräuterkunde, herausgegeben von Link. Neue Aufl. Berlin.

K. Sprengel Anleitung zur Kenntniß der Gewächse. 1ster Theil.

A. P. de Candolle Organographie, übersetzt von Dierbach, unter dem Titel: Anleitung zum Studium der Botanik. Heidelberg 1820.

J. J. Römer Versuch eines terminologischen Wörterbuchs. Zürich, Orell. 1816.

de Candolle theoretische Anfangsgründe der Botanik, übersetzt von Römer. Zürich 1814—15.

Bischoff die botanische Kunstsprache in Umrissen. Nürnberg, Schrag.

F. G. Hayne botanische Kunstsprache. Berlin 1798—1814. 15 Hefte mit Abbildungen.

† Willdenow Anleitung zum Selbststudium der Botanik. 2te Aufl. mit Zusätzen von Schultes. Wien bei Doll. 1817.

Systemkunde.

C. Linné Species plantarum, curante Willdenow. XI. Tom. Berol. 1797—1824.

C. Linné Systema vegetabilium, curantibus Römer et Schultes. VI. Vol. Stuttgart 1817—1820.

C. Linné Systema vegetabilium, curante C. Sprengel. V. Vol. Goettingae 1824—1828.

A. P. de Candolle Prodromus systematis naturalis. Tomi. seu. Vol. IX. Parisiis 1824.

† K. Sprengel Anleitung zur Kenntniß der Gewächse. 3 Theile. 1817—1818.

Guimpel und Hayne die deutschen Holzarten. Berlin.

Deren: die fremden bei uns im Freien ausdauernden Holzarten, mit Angabe ihrer Kultur. Berlin.

† Stein Grundrisse der organischen Naturgeschichte. Erste Abtheilung. Organographie der Pflanzen. Berlin 1845. Duncker und Humblot.

Schleiden Grundzüge der wissenschaftlichen Botanik. 2 Theile. Leipzig, Engelmann 1845.

Bischoff die botanische Terminologie. Nürnberg 1830.

Fr. Holls Wörterbuch deutscher Pflanzennamen. Erfurt 1833.

Kachler encyklopädisches Pflanzen-Wörterbuch. Wien 1829. 2 Bände.

Hayne dendrologische Flora. Berlin.

Synopsis Plantarum, seu Enchiridium botanicum, curante Persoon. Tübingen, Cotta. 1805. (Ist vergriffen, wird aber neu herausgegeben von Kunth.)

Darstellung des natürlichen Systems von Jussieu, von Voigt. Leipzig 1806.

System der Botanik von Voigt. Jena 1808.

† de Candolle theoretische Anfangsgründe der Botanik, übersetzt von Römer. Zürich, Orell. 1814.

Physiologie und Anatomie.

D. G. Kieser Elemente der Phytonomie. 1ster Theil mit 6 Kupfern. Jena 1815, in der Crökerschen Buchhandlung.

Duhamel du Monceau, La Physique des arbres. Paris 1758. 4.

Uebersetzung davon: Naturgeschichte der Bäume von Dühamel du Monceau Nürnberg 1764. 4.

Schacht der Baum. Studien über Bau und Leben der Gewächse. Berlin 1853. bei Müller.

Joh. Gaertner de fructibus et seminibus plantarum. III. Tom. Stuttg. 1788—1807.

J. W. v. Goethe Metamorphose der Pflanzen. Gotha 1790 und folg. Jahre.

J. Hedewig Sammlung zerstreuter Abhandlungen. Leipzig 1793. 3 Bände.

Rafn Entwurf einer Pflanzenphysiologie. Aus dem Dänischen. Kopenhagen 1798.

Théod. de Saussure Recherches chimiques sur la Végétation. (Uebersetzt und mit einem Anhange versehen von Voigt. Leipzig 1805.)

H. Cotta Naturbeobachtungen über Bewegung und Function des Saftes in den Gewächsen. Weimar 1806. 4.

L. C. Treviranus vom innern Bau der Gewächse und von den Saftbewegungen in denselben. Göttingen 1806.

Desselben Beiträge zur Pflanzenphysiologie. Göttingen 1811.

H. F. Link Grundlehren der Anatomie und Physiologie der Gewächse. Göttingen 1809.

Dessen Nachträge dazu. Göttingen 1812.

Dessen Elementa physiologiae botanicae. Berol. 1824.

K. A. Rudolphi Anatomie der Pflanzen. Berl. 1807.

† Meyen neues System der Pflanzenphysiologie. 3 Bände. Berlin 1837. Haude und Spenersche Buchhandlung.

de Candolles Pflanzenphysiologie, übersetzt von Röper. Stuttgart und Tübingen bei Cotta 1833. 2 Bände.

C. H. Schultz, die Anaphytose oder Verjüngung der Pflanzen. Berlin, Hirschwald. 1843.

Reum Pflanzenphysiologie bei Forst-, Garten- und Landwirthschaft. Dresden 1835, bei Arnold.

Hanstein Untersuchungen über den Bau der Baumrinde. Berlin 1853, bei Müller.

Schleiden über Ernährung der Pflanzen. Leipzig 1846, bei Engelmann. (Aus den Grundzügen der Botanik besonders abgedruckt.)

Roßmäßler Versuch einer anatomischen Charakteristik der Holzkörper. Dresden, Arnold. 1847. (Aus dem 4ten Bande der Tharanter Jahrbücher.)

Wächter die Reproductionskraft der Holzpflanzen. Hannover, Hahnsche Buchhandlung 1840.

Mulder, Dr. Justus Liebigs Verhältniß zur Pflanzenphysiologie. Tübingen, Fues 1843.

Hirschfeld Versuch einer Materialrevision der Pflanzennahrung. Hamburg 1846. Nestler und Melle.

Pfeil pflanzenphysiologische Aphorismen mit praktischer Beziehung. Kritische Blätter. 20 bis 35ster Band.

Tittman die Keimung der Pflanzen. Dresden 1821. Walthersche Hofbuchhandlung.

Fleischer Beiträge zur Lehre von dem Keimen der Gewächse. Stuttgart, Gebr. Mäntler.

Münter Jahresberichte im Gebiete der physiologischen Botanik. (Mehrere Jahrgänge.)

L. C. Treviranus von der Entwickelung des Embryo und seiner Umhüllungen im Pflanzenei. Berlin 1815.

Dessen vermischte Schriften. Göttingen, Röver.

† K. Sprengel von dem Baue und der Natur der Gewächse. Halle 1812.

Richard Analyse der Frucht und des Samenkorns. Aus dem Französ. von Voigt. Leipzig 1811. Reclam.

C. G. Schultz die Fortpflanzung und Ernährung der Pflanzen. Tübingen, Cotta 1828.

Geschichte der Botanik.

K. Sprengels Geschichte der Botanik. Altenburg und Leipzig. 1817. 2 Theile.

J. A. Schultes Anleitung zum gründlichen Studium der Botanik. Wien 1817. (Es ist hierin die Literatur der Botanik geschichtlich behandelt.)

Floren.

Siehe Miltitz Handbuch der botanischen Literatur. Berlin bei Rücker 1829, da die Zahl derselben zu groß ist, um sie hier anzuführen, indem beinah jeder kleine Landstrich Deutschlands eine eigne Flora hat.)

Forstbotanik.

Handbücher.

Gleditsch Einleitung zu einer vernünftigen Forstwissenschaft. 2 Bde. Berlin. Sander 1774. 1775.

Weiß Entwurf einer Forstbotanik. Göttingen, Vandenhoeck. 1775.

Dühamel du Monceau Abhandlung von Bäumen und Sträuchern, die in Frankreich wild wachsen. Nürnberg bei Campe 1762—66. 3 Theile.

Desselben Naturgeschichte der Bäume, übersetzt von Oelhafen von Schöllenbach. Nürnberg bei Winterschmitt. 1764. 2 Bände.

Wagner und Herig forstbotanisches Handbuch. Lauterbach 1800.

Borkhausen Handbuch der Forstbotanik. Gießen und Darmstadt 1800—1803.

Fallenstein Taschenbuch der ökonomischen Forstbotanik. Erfurt 1804.

C. Huber vollständige Naturgeschichte aller in Deutschland einheimischen Bau- und Baumhölzer. München 1808.

Walther die Forstphysiographie. 2ter Band. (2te Aufl. Dendrographie.) Coblenz 1813.

Seutter Forstbotanik. (2ter Bd. des Handb. der Forstwissenschaft.) Ulm, Stettin. 1810.

† Bechstein Forstbotanik. Gotha 1821 bei Hennings.

† Reum Forstbotanik. 2te Aufl. Dresden, Arnold.

Behlen Lehrbuch der beschreibenden Botanik. Frankfurt a. M., 1823.

Th. Hartig vollständige Naturgeschichte der forstlichen Kulturpflanzen Deutschlands mit Kupfern. Berlin 1840 bei Förstner.

Doebener Lehrbuch der Botanik für Forstmänner. Aschaffenburg, Krebs 1853.

Gwinner die Pflanzensysteme in forstwirthschaftlicher Beziehung. Stuttgart 1832. Schweizerbart.

Anmerk. Siehe unter forstliche Holzkenntniß.

Forstfloren.

v. Scheppach charakteristisches Verzeichniß der vorzüglichsten in Deutschland anzubauenden einheimischen und nordamerikanischen Hölzer. Leipzig, Hinrichs. 1791.

Hayne dendrologische Flora der Umgegend und Gärten von Berlin. Berlin 1823.

Pernitzsch Flora von Deutschlands Wäldern. Leipzig 1825.

Willdenow Berlinische Baumzucht. Berlin 1815.

Behlen botanisches Handbuch, oder Diagnostik der einheimischen und fremden vorzüglichsten in Deutschland fortkommenden Holzarten. Bamberg 1823.

Borchmeyer Deutschlands Baumzucht. Münster 1823.
Lenz die Wildbaumzucht. Stuttgart und Tübingen 1843. Cotta.
Calwer Würtembergs Holz- und Straucharten. Stuttgart 1853.

Anmerk. Mit Ausnahme der Flora von Pernitzsch nehmen diese Schriften sämmtlich nur auf Hölzer Rücksicht, und wird für andere Gewächse eine Flora der Gegend, die wir in großer Menge, beinahe für jede Landschaft Deutschlands besitzen, benutzt werden müssen.

Abbildungen von Holzgewächsen.

Abbildungen der hundert deutschen Holzarten zu Burgsdorf Forsthandbuche von Abel und Reitter. 4 Hefte. Stuttgart 1805. (Das 5te Heft enthält 28 seltene Hölzer)
Abbildungen der deutschen Holzarten für Forstmänner, von Hayne und Guimpel. Berlin 1810. (Wird noch fortgesetzt.)
Franz Schmid Oesterreichs wilde Baumzucht. Wien 1792.
Vollständige Abbildung der sämmtlichen Holzarten, welche im mittlern und nördlichen Deutschland wild wachsen, von Krebs. Braunschweig bei Vieweg. Schwarz und illuminirt.
Forstflora, oder die für den Forstmann wichtigsten Pflanzen in Abbildungen, von Dietrich. Jena, Schmidt.
Forstbotanische Tafeln. Naumburg, Wild.
Charakteristik der in Deutschland wild wachsenden oder im Freien ausdauernden Holzgewächse im blattlosen Zustande, von Zuccarini. München und Leipzig bei Fleischer.
Abbildung der wichtigsten deutschen Holzpflanzen von Rietsch. Prag bei Haas Sohn 1825.

Anmerk. Von den zahlreichen botanischen Abbildungen der übrigen Gewächse ist vorzüglich zu empfehlen:
Schkuhr botanisches Handbuch. 4 Bde. Lpz. 1808. (80 Rthlr.)
Sturm Deutschlands Flora. Nürnb. 1799. 63 Hefte (63 Rthlr.)

Holzsammlungen.

Deutsche Holzbibliothek, bestehend aus 80 Holzarten, jede in Form eines Buches. Nürnberg, Batelenner 1798. (2½ Rthlr.)
Hubert, die Ebersberger Holzbibliothek, bestehend aus 100 hohlen Holzbüchern mit Rinde, Blättern rc. München 1792. (40 Rthlr.)
Hildt Sammlung von Holzarten, bestehend in 144 2zölligen Fournirstücken. Weimar, Industrie-Compt. 1798. 14 Rthlr. (In Stücken von 5—6 Zoll 36 Rthlr.)

Dazu die Beschreibung davon. 2 Theile. Ebendaselbst. 1½ Rthlr.
Wedekind neue Jahrbücher. 37 Hefte. Darmstadt, Diehl 1850. S. 148. (Holz-Sammlung des Prof. Nördlinger in Hohenheim. Bei Cotta in Stuttgart.

Ueber Anlegung von Holzsammlungen.

Forst- und Jagdzeitung. 1826. Nr. 103.

Trivial- und Provinzialnamen der Hölzer.

Burgsdorf Forsthandbuch. 1ster Band. Berlin, Pauli.
Krause Kompendium der niedern Forstwissenschaft. Berlin, Frölich.
Bechstein Forstbotanik. Gotha, Hennings.
Heldenberg praktische Forstkunde. 1ster Theil. München, Fleischmann 1828.

Anmerk. Die altdeutschen Namen der Hölzer, die oft sehr schwer zu enträthseln sind, findet man in de Crescentiis (s. Forstgeschichte). Vollständiger findet man jedoch die alten Namen im Pinax von Caspar Bauhinus, unter dem Titel:
Bauhini Pinax et Prodom. theatri botan. plant. etc. Basel, Schweighauser 4.

Krankheiten der Bäume.

Die Handbücher der Forstbotanik handeln beinahe alle zugleich von den Krankheiten der Bäume, und es ist deshalb überflüssig, sie hier einzeln aufzuführen. Wir begnügen uns deshalb, die übrigen diesen Gegenstand berührenden Schriften nachzuweisen:

Abhandlungen der Landwirthschafts-Gesellschaft zu Burghaus.
Mém. d'Agricult. 1787. Printems.
Schriften der Leipziger ökonomischen Gesellschaft. 6ter Band. S. 70.
Anweisung zur Kenntniß der Krankheiten der Wald- und Gartenbäume. Leipzig 1795.
Plenk Physiologie und Pathologie der Gewächse. Wien 1794.
v. Werneck Versuch einer Pflanzenpathologie. Mannheim 1807.
Forsyth über Krankheiten und Schäden der Forst- und Obstbäume. Aus dem Englischen von Förster. Mainz 1801, und von Meinecke. Berlin 1804.

Willdenow Grundriß der Kräuterkunde. Berlin 1821.
Slevogt Sammlung neuer Entdeckungen ꝛc. zur Erweiterung der Naturgeschichte der Forstgewächse. Leipzig 1804.
Duhamel du Monceau von Fällung der Wälder. 1ster Bd. übersetzt von Oelhafen v. Schöllenbach. Nürnberg 1764.
Späth Handbuch der Forstwissenschaft. Nürnberg 1801—5.
Hermbstädt Agrikulturchemie.
Einwirkung des Rauchs auf die Waldbäume. Smoler. Vereinsschrift. 8tes Heft.
Behlen Zeitschrift für das bairische Forstwesen. Neue Folge. 8ter Bd. 4tes Heft. Erlangen. 1837. S. 1.
Krünitz Encyklopädie. Bd. 4. S. 14. 117. Band 6. S. 371. 10ter Band. S. 273.
Bechstein die Waldbeschützungslehre. Gotha, Hennings. 1818. S. 136.
Späth Abhandlungen über periodische Durchforstungen. Nürnberg 1802.
v. Ußlar forstwissenschaftliche Bemerkungen.
Journal für das Forst- und Jagdwesen. Band 1. Heft 2. S. 80.
Anweisung zur richtigen Kenntniß der Krankheiten der Wald- und Gartenbäume ꝛc. 1ster Band. Leipzig, Weygand. 1795.
Hundeshagen Encyklopädie der Forstwissenschaft.
Physikalisch-ökonomische Bemerkungen über die sich so sehr verbreitende Trockniß der Nadelholzwälder. Prag 1798.
Burgsdorf Naturgeschichte der Buche und Eiche. Berlin, Pauli.
Erhards Beiträge zur Naturkunde. XII. Bände. Hannover, Hahn 1787—1792.
Sierstorpf Monographie der Eiche. (Erklärung ihrer Fehler und Krankheiten, s. Eiche.)
Jester Forsttechnologie (s. unten.)
Mayers Zeitschrift für Baiern. 1813. (Drehsucht.)
Hartig Journal für das Forst- und Jagdwesen. 1807. 2tes Heft. (387.)
Forst- und Jagdzeitung. 1828. Nr. 154.
Stahl Forstmagazin. IX. 180.
Unger die Exantheme der Pflanzen und einige mit diesen verwandte Krankheiten der Gewächse. Wien 1833. Gerold.
Moquin Tandon Pflanzen Teratologie oder Lehre vom regelwidrigen Wuchse und Bilden der Pflanzen, übersetzt von Schöner.

Berlin 1842. Haude= und Spener. 2ter Band der Pflanzenpathologie, von Nees von Esenbeck.
Nees von Esenbeck Handbuch der Pflanzenpathologie. 1ster Band. Berlin, Haude= und Spener.
Wiegmann die Krankheiten und krankhaften Mißbildungen der Gewächse. Braunschweig, Vieweg. 1839.
Pfeil Forstbenutzung. Berlin, Veit und Comp.
Forst= und Jagdzeitung. 1832. Nr. 23.
Kritische Blätter. 17ter Band. 1stes Heft. S. 65.

Das Schütten der Kiefer.

Tharanter Jahrbücher. 8ter Band. S. 208. 9ter Bd. 78. 107.
Kritische Blätter. 32ster Bd. 2tes Heft. S. 199.
Verhandlungen des Schlesischen Forstvereins. 1852. S. 210. 1846. S. 18. 1849. S. 35. 1850. S. 38.
Forst= und Jagdzeitung. 1852. S. 36. 273. 395. 1853. S. 81.
Wedekind neue Jahrbücher. 3te Folge. 3ter Band. S. 192.

Das Verhalten des Holzes in forstlicher Beziehung.

Ob zwar es wohl Gegenstand der Forstbotanik sein sollte, den Bau der Holzpflanzen in Bezug auf Belaubung, Stamm= und Astbildung, Ausschlagsfähigkeit, Lichtstellung u. s. w. vollständig darzustellen, so genügen doch unsere Lehrbücher derselben auch den billigsten Forderungen darin nicht, weil diejenigen, die sie schrieben, dazu nicht genug praktische Forstmänner waren. Eher findet man noch diesen Gegenstand einzeln in den Lehrbüchern der Forstwissenschaft behandelt, und sie sollen am betreffenden Orte nachgewiesen werden. Versuche, sie vollständiger, als bisher darzustellen, sind gemacht in:

Hundeshagen Encyklopädie d. F. 1ster Band.
Pfeil das forstliche Verhalten der deutschen Waldb. Berlin, Veit u. Comp. 1854. 4te Aufl.
Hartigs Lehrbuch für Förster. 9te Aufl. Stuttgart, Cotta. 1851.

Forstunkräuter (s. auch einzelne Gewächse.)

Reum Forstbotanik. 2te Aufl. Dresden, Arnold.

Pernitzsch Flora von Deutschlands Wäldern. Leipzig 1825.
Riem neue Sammlung vermischter ökonomischer Schriften. 14ter Band. S. 90.
Beckmann ökonomische Bibliothek. 20ster Band. S. 262.
v. Witzleben Beiträge zur Holzkultur. Marburg, Krieger. 1801.
Krünitz Encyklopädie. 22ster Band. S. 715.
Fleischhauer ökonomische Vorschläge, die Lüneburger Heide arthaft zu machen. Göttingen 1754.
Forst- und Jagdzeitung. 1825. Nr. 88. 89.
Oekonomische Nachrichten der Gesellschaft in Schlesien. Bd. 6.
Mém. de Berlin. 1794, 1795. (Ueber die Carex-Arten.)
Abhandlungen der Schwedischen Akademie der Wissenschaften. 1765. (Spartium scoparium.)
Pfeil Forstschutz. Berlin, Veit und Comp. 3te Aufl.
Erica vulgaris. Smoler. Vereinsschrift. 3tes Heft. S. 3.
Behandlung der Heidegegenden. Sierstorpf Erziehung inländischer Holzarten. 1ster Theil. S 118.
Thiersch die schädliche Einwirkung der Caccinien.
Wedekind neue Jahrbücher. 27stes Heft. S. 114.
Verhalten des Heidekrauts. Smoler. Vereinsschrift. 3tes Heft.
Dasselbe Forst- und Jagdzeitung. 1848. S. 124—285.

Moossammlungen.

Sammlung deutscher Laubmoose von Crome. Schwerin 1803.
Höse Herbarium der deutschen Laubmoose. Leipzig bei Wienbrack.
Herbarium vivum Muscorum frondosorum etc. curante Hosé. Lipsiae 1799—1800. (Graeff.)

Forstliche Miscellen.

Große Bäume.

Krünitz Encyklopädie. 10ter Bd, 11ter Bd., 22ster Bd., 37ster Band, 39ster Bd., 79ster Bd., 129ster Bd.
Forst- und Jagdzeitung. 1828. 1829.
Hartig Journal für das Forst- und Jagdwesen. 1806. 1807.
Tharanter Jahrbücher. 5ter Band. S. 234. 9ter Bd. 1853.
Verhandlungen des Schlesischen Forstvereins. S. 67. 1846 S. 179.

Forst- und Jagdzeitung. 1847. S. 40 u. 436.
Wedekind neue Jahrbücher. 14tes Heft. S. 31. 173.
Verhandlungen des Schlesischen Forstvereins. 1846. S. 181.
Würtembergische Monatsschrift. 2ter Bd. S. 81. 240. 298.
Land- und Hauswirth. Jahrg. 1829. Nr. 29.
Arthur Young Reise durch Frankreich. 1ster Band.
Andrée Abhandlungen a. d. F. u. W. J. W. 1829. 4ter Bd. Nr. 2.
Bechstein Forstbotanik.
v. Pannewitz Statistik Westpreußens.
Burgsdorf Versuch einer vollständigen Geschichte der Holzarten. 2ter Theil. S. 148.
Slevogt Sammlung neuer Entdeckungen. S. 215 ꝛc.
Meyers Zeitschrift für Baiern. 1813.
Laurop Annalen. 2ter Band. 2tes Heft.
Liebigs aufmerksamer Forstmann.
Stahl Forstmagazin. V. 268.
Niemann Waldberichte. 1ster, 2ter Band.
Moser Forstarchiv. Verschiedene Bände.

Die Lebensdauer der Bäume.

Wedekind neue Jahrbücher. 29stes Heft. S. 184.

Mittel, den Wachsthum der Bäume zu befördern.

Anmerk. Man muß in dieser Hinsicht einen Unterschied machen zwischen den Arkanen, welche ausgeboten wurden, als man bemerkte, daß die Bäume zu langsam wüchsen, um den Bedarf bei der stattfindenden starken Holzconsumtion und den schlechten Wirthschaften zu decken, und den Schriften, die von einer zweckmäßigen Behandlung des Bodens und der Bestände handeln. Zu der ersten Gattung, die den Beweis liefern, wie weit man noch vor nicht gar langer Zeit in den Naturwissenschaften zurück war, gehören:

G. A. Agricola von Universalvermehrung der Bäume ꝛc. Leipzig und Regensburg 1716. Neue Auflage von Brauser. Regensburg 1772.
Hildebrand Auflösung der Preisfrage: Welches sind die Mittel, den Wachsthum der Bäume zu befördern ꝛc. Frankfurt, Andreä 1777.
Sammlung ökonomischer Nachrichten, wie der Holzwuchs zu befördern. Ansbach, Gassert. 1763.

Fr. Kuffner christbrüderliche Gedanken über Agricola, Universalvermehrung ꝛc. 1719.
Mosers Forstarchiv. 27ster Band. S. 251.
v. Brocke Abhandlung ꝛc., wie ohne Nachtheil der Wachsthum der Bäume zu befördern sei? Berlin 1774. Reimer.
Dessen Widerlegung des Oberforstm. v. Wedel, bei Beurtheilung dieser Schrift. Leipzig, Compt. für Literat. 1777.
Zu der zweiten Abtheilung gehören:
Die Schrift über Feldbaumwirthschaft. (s. den Art.)
Oekonomische Nachrichten der Gesellschaft in Schlesien. Bd. 3.
Mém. d'Agricult. 1788.

Aus der Dicke der Jahresringe die kalten Winter zu bestimmen. (Versuch von Linné.)

Krünitz Encyklopädie. 10ter Band. S. 218.

Ungleiche Dicke der Jahresringe.

Stahl Forstmagazin. VI. 180.

Gewundene Holzfasern.

Slevogt Sammlung neuer Entdeckungen ꝛc. Leipzig, Tauber.
Ueber das Winden der Pflanzen von Palm. Tübingen 1826.
Duhamel du Monceau Naturgeschichte der Bäume. 2ter Bd. 3ter Band.

Verzeichniß der Schwämme, welche an der Eiche gefunden werden.

Burgsdorf Naturgeschichte der Eiche. S. 215.
Mayers Zeitschrift für Baiern. 1813. 1ster Band.

Pflanzen abzutrocknen, abzudrücken ꝛc.

Martius Anweisung Pflanzen nach dem Leben abzudrücken.
Mayer Zeitschrift für das Forstwesen in Baiern. 1815. 3ter Bd.
Bauhardt Handbuch zur Anlegung von Herbarien. Weimar 1823.
Willdenow Anleitung zum Selbststudium der Botanik und Grundriß der Kräuterkunde. (s. oben.)

J. Hedwig Belehrung, die Pflanzen zu ordnen und zu trocknen. Gotha, Ettinger. 1797.

Reproductionskraft des Holzes.

Hartig Journal für das Forst- und Jagdwesen. 1806. 1stes Heft. 1807. 4tes Heft.
Liebig aufmerksamer Forstmann. 2ten Bds. 1stes Heft.
Hartig Archiv f. d. F. u. J. W. 1820. 1. 3. 4.
Forst- und Jagdzeitung. 1828. Nr. 31. 89.
Andrée Abhandlungen. 3ter Band. 113.
Stahl Forstmagazin. VIII. 250.
Mosers Forstarchiv. 28ster Bd. S. 3.
Kritische Blätter. 13ter Bd. 1stes Heft. S. 212. 17ter Bd. 1stes Heft. S. 155. 20ster Bd. 2tes Heft. S. 200 ꝛc.
(Siehe oben Pflanzenphysiologie.)

Zoologie.

Der Umfang der zoologischen Kenntnisse, welche von dem Forstmanne verlangt werden können, ist nach drei verschiedenen Gesichtspunkten zu bestimmen. a) Wie er sich als zur allgemeinen Bildung gehörend bedarf; b) wie sie der Forstwirth, welcher zugleich Jäger und Jagdverwalter ist, besitzen soll; c) wie sie für den Forstwirth gefordert werden müssen. Nach der ersten Ansicht wird eine Uebersicht des ganzen Thierreichs, seiner Klassifikation, und eine genauere Bekanntschaft mit denjenigen Thieren, welche für den Menschen, sowohl ihres Nutzens als Schadens wegen, besonders beachtungswerth sind, als nothwendig erkannt werden müssen. Es ist folglich der Umfang der Zoologie zu fordern, wie ihn die bessern Naturgeschichten (Handbücher, Grundrisse ꝛc. der Zoologie) für höhere Lehranstalten bezeichnen. Der Jäger bedarf außerdem einer speciellen Kenntniß derjenigen Thiere, welche entweder Gegenstand der Jagd als nutzbares Wild, oder als Schaden anrichtende Raubthiere sind; selbst die im Walde vorkommenden andern Thiere dürfen ihm nicht ganz fremd sein. Der Forstmann, als solcher, beschäftigt sich vorzugsweise mit denjenigen Thieren, welche ihn in der Erhaltung und Erziehung des Waldes hindern, oder ihn mittelbar dabei unterstützen, indem sie die schädlichen vertilgen.

Da alles dasjenige, was die Jagd betrifft, hier streng ausgeschlossen ist, so begnügen wir uns, die ausgezeichneten Schriften, welche das Thierreich im Allgemeinen, die Schriften, welche sich mit den den Forsten schädlich und nützlich werdenden Insekten beschäftigen, anzuführen. Wir glauben um so eher diese Beschränkung eintreten lassen zu können, als in der Abtheilung vom Forstschutze von denjenigen vierfüßigen Thieren und Vögeln, welche den Forsten schädlich sind die betreffenden Schriften nachgewiesen werden sollen.

Handbücher der Zoologie überhaupt.

Blumenbach Handbuch der Naturgeschichte. 11te Auflage. Göttingen 1825.

Tiedemann Zoologie. 3 Bände. Landshut und Heidelberg 1808—14.

Thienemann Lehrbuch der Zoologie. Berlin, Rücker.

Hemprich Grundriß der Naturgeschichte. Neue Aufl., besorgt durch Reichenbach. Berlin, Rücker.

Cüvier das Thierreich, übersetzt von Schinz. Stuttgart 1821—25. 4 Bände.

Voigts Zoologie. Stuttgart, Schweizerbart.

Okens Naturgeschichte. Neue Ausgabe.

In Bezug auf die Naturgeschichte der warmblütigen Thiere haben für den Forstwirth und Jäger ein besonderes Interesse.

Tschudi das Thierleben der Alpenwelt. Leipzig, Weber. 1853.

Prechtl Untersuchungen über den Flug der Vögel. Wien, Gerold. 1846.

Rennie Fähigkeiten und Kräfte der Vögel. Aus dem Englischen. Leipzig, Baumgärtner. 1839.

Ein höchst interessantes Buch über das Insektenleben im Allgemeinen ist:

Einleitung in die Entomologie von Kirbie und Spence. Stuttgart, Cotta. 1823. 4 Bände.

Für allgemeine Insektenkunde ist zu empfehlen.

Burmeister Handbuch der Entomologie. Berlin, Reimer 1832.

Erichsons Naturgeschichte der Insekten Deutschlands. Berlin, Nicolai. 1848. (Wird leider nach dem Tode des Verfassers nicht beendigt werden.)

Erichson Käfer der Mark Brandenburg. Berlin, Morin. 1837.

Forstinsekten-Kunde.

a. Im Allgmeinen. (S. Forstschutz.)

Die Forstinsektologie stützt sich eben so auf die allgemeine Insektologie, wie die Forstbotanik auf die allgemeine Botanik.

Wir vermeiden aber die Anführung derjenigen Schriften, welche von der allgemeinen Insektenkunde handeln, weil die ältere Literatur derselben hinreichend vollständig in:

Bechsteins Forstinsektologie. Gotha 1813, bei Hennings.

Deren 2te Auflage, neu bearbeitet von Dr. D. E. Müller. Gotha 1829, bei Hennings.

Walther Lehrbuch der Forstphysiographie. 1sten Bandes 3te Abtheilung. Hadamar 1820.

nachgewiesen ist.

Ein Verzeichniß der Insekten, welche Schaden im Forste gethan haben, enthält:

Kurzgefaßte Naturgeschichte der schädlichen Insektenarten, von Greve. Osnabrück 1810.

Mayers Forstdirectionslehre. §. 390. (S. Forstdirectionslehre.)

Suckow Einleitung in die Forstwissenschaften. Jena 1776.

† Die Forstinsekten von Ratzeburg. 1ster Theil: die Käfer; 2ter Theil: die Falter; 3ter Theil: die Ader-, Zwei-, Halb-, Netz- und Gradflügler, mit vielen Kupfern und Abbildungen. Berlin, Nicolaische Buchhandlung. 1837—1847.

Unstreitig ist dies das beste und wichtigste Werk, was wir in der deutschen Literatur über die Forstinsekten besitzen.

Ein Auszug daraus sind:

Die Waldverderber. Berlin, Nicolai (wovon 3 Auflagen erschienen sind).

Die Ichneumone der Forstinsekten von demselben Verfasser, Berlin, Nicolai 1844. 3 Bde., bilden einen Anhang zu dem großen Werke, haben aber für den Forstwirth weniger praktisches Interesse.

Loew Naturgeschichte aller der Landwirthschaft schädlichen Insekten. Mannheim 1846. Schwansche Hofbuchhandlung 2te Auflage, nimmt auf die Forstinsekten keine Rücksicht.

Bouché, Garteninsekten. Berlin, Nicolai 1833, beschäftigt sich mit vielen auch mit den den Forsten schädlichen Insekten.

(Die Encyklopädie von Ersch und Gruber ist in Bezug auf Entomologie sehr vollständig so weit sie erschienen ist. I. Sect. A bis Genezareth. II. Sect. H bis Integral Function. III. Sect. O bis Phyrios.)

Eine Anleitung, Insekten zu sammeln, enthält:

Bechstein Insektologie.

A. C. Kühn kurze Anleitung Insekten zu sammeln. Eisenach bei Bärecke.

Eine Naturgeschichte der Insekten vertilgenden Vögel schrieb Orphal. Erfurt, Keyser. 1805.

b. Einzelne Insekten.

Es soll hier nachgewiesen werden, wo einzelne Insekten beschrieben sind, der Schaden, welcher durch die Waldinsekten angerichtet worden ist, erwähnt wird, wo Mittel zur Vertilgung der Schaden thuenden Insekten, oder zur Erhaltung und Vermehrung der nützlichen in Vorschlag gebracht worden sind. Die Schriften, wo mehr im Allgemeinen vom Insektenschaden gehandelt wird, werden in der Abtheilung „Forstschutz" aufgeführt werden. Wir lassen aber mit Bedacht, aus dem oben angeführten Grunde, dabei die Bechstein'sche Forstinsektologie unbeachtet. Da jedoch wenigstens die erste Auflage dieser Schrift (die zweite Auflage ist in diesem Augenblicke noch nicht ganz erschienen, und da sie das Specielle enthalten wird, ist sie in dieser Hinsicht noch nicht zu beurtheilen) oft sehr falsche Bezeichnungen über das mehr oder minder Schädliche der einzelnen Insekten giebt, so wollen wir die, welche wirklich schon beträchtlichen Schaden im Walde gethan haben, mit einem * bezeichnen. — In der Benennung der Insekten ist eine große Verwirrung, theils, da viele der frühern Schriftsteller neue Abtheilungen bildeten, und deshalb neue Namen gaben, theils, weil noch jetzt durch fortgesetzte microskopische Untersuchungen fortwährend neue charakteristische Kennzeichen an verschiedenen Insekten entdeckt worden, die man sonst für eine Species hielt, wodurch wieder neue Namen und neue Species einrücken. Es wäre sehr zu wünschen, daß wieder einmal eine neue Autorität wie Linné aufträte, welche dies Chaos ordnete, und der sich die andern Schriftsteller fügen müßten. Bis dahin wollen wir die Namen aus Bechsteins Insektologie 1818 benutzen, obwohl sie nicht immer als richtig zu erkennen sind, theils, weil das Buch am verbreitetsten ist, theils, weil es bei weitem für die meisten Forstmänner als Autorität gilt. Nur diejenigen Insekten, die er gar nicht aufführt, mögen ihre richtig bestimmten Namen der neuern Zeit erhalten. — Auch in der Reihenfolge richten wir uns nach dieser Schrift.

Lucanus Cervus. **Hirschschröter.**

Acta Acad. Nat. Curios. Vol. 6. p. 404.

*Melontha vulgaris. **Der Maikäfer.**

Verhandlungen der Hamb. Gesellschaft der Künste. Bd. 1. S. 333. 340. Bd. 2. S. 470.

Bemerkungen der Pfalzbairischen physik. ökonom. Gesellschaft. Mannheim 1770. Theil 2. S. 305 ꝛc. 1771. S. 399.

Mém. de Bruxelles. Tom. V.

Mém. des Soc. Sav. et Litér. T. I.

Mém. de Lausanne. T. II.

Ueber die Maikäfer-Larven und ihre Vertilgung. Meiningen 1789.

v. Lobkowitz Anweisung zur Forstwirthschaft. Erfurt 1802. S. 37.

Lichtenberg und Voigts Magazin für das Neueste aus der Physik und Naturgeschichte. Gotha, Ettinger. 1784—99. Bd. 4. S. 71.

Götze Natur- und Menschenleben. Leipzig, Weidmann. Bd. 4. S. 525.

Geußler der Maikäfer und seine Larve. Gotha 1796.

Der Maikäfer als Wurm und Vogel, von Maye. Nürnberg 1786.

Krünitz Encyklopädie. 86ster Band.

Burgsdorf Naturgeschichte der Buche. Berlin, Pauli. 1783. S. 276.

Laurop Annalen. 1ster Bd. 1stes Heft.

Plieninger der Maikäfer. Stuttgart, Cotta. 1834.

Oswald Vertreibung der Laub- (Mai-) käfer. Zürich, Orell und Füßli. 1843.

Smalers Vereinsschrift. 9tes Heft.

Schlesische Forstvereins-Verh. 1841. S. 120. 1843. S. 10.

Kritische Blätter Bd. 9. Heft 2. Bd. 12. Heft 1. Bd. 13. Heft 1. Bd. 14. Heft 1. Bd. 15. Heft 1. Bd. 25. Heft 1. Bd. 26. Heft 2. Bd. 30. Heft 2. Bd. 31. Heft 1.

*Melontha solstitialis. **Sonnenwendkäfer.**

Forst- und Jagdzeitung. 1826. Nr. 65.

*Bostrychus Typographus. **Gemeine Borkenkäfer.**

Hamburger Magazin. 4ter Bd. 5tes Stück 1749.

Leipziger Sammlungen von allerhand zur Land- und Staatswirthschaft ꝛc. Leipzig, Hilscher. 1746—1761. Jahrg. 1751. 82stes Stück.

Halbjährige Anzeige der Leipziger ökonom. Gesellschaft. Michaelismesse 1778.

Beiträge zur Kenntniß und Tilgung der Borkenkäfer, von Jäger. Jena 1784.

Versuch über die Herkunft des Borkenkäfers, von Steiner. Jena 1785.

Beiträge zur Geschichte der Wurmtrockniß am Harze in den Jahren 1779—1785. Frankf. a. M. 1787.

Schriften der Berliner naturforschenden Freunde. 4ter Band. S. 78.

Gmelins Abhandlung über die Wurmtrockniß. 2 Bde. Leipzig 1787.

Bernstein Anti-Typographus. Leipzig 1793.

Sierstorpf über einige Insekten, welche der Fichte vorzüglich schädlich sind. Helmstädt 1795.

Dessen Monographie der Fichte (s. Fichte.)

Forst- und Jagdkalender. Leipzig, Gräff. 1795.

Medicus Forstjournal. 1ster Bd. Leipzig 1797. S. 166.

Lingk Bemerkungen über die Wurmtrockniß. Dresden 1799.

Abhandlungen der ökonomischen Gesellschaft in Böhmen 1799.

Gleditsch vier Abhandlungen, das Forstwesen betreffend. Berlin 1786. S. 103.

v. Haas Beobachtungen über den Rinden- und Borkenkäfer. Erlangen, Palm. 1793.

Krünitz Encyklopädie. 37ster Bd. S. 237.

Stahl Forstmagazin. V. 26.

v. Lynker der besorgte Forstmann. 4 Hefte. Weimar, Industrie-Compt. 1798.

Zinke Naturgeschichte der schädlichen Nadelholzinsekten. Weimar, 1798. Industrie-Compt.

Erzebitzky physikal. ökonom. Bemerkungen über die Trockniß der Nadelholzwaldung. Prag bei Herrl. 1809. 2te Auflage. (Handelt von allen Nadelholzinsekten.)

Dallinger vollständige Geschichte des Borkenkäfers. Weissenburg 1798.

v. Hagen über die Verwüstungen der Borkenkäfer. Göttingen, Dietrich. 1805.

Gr. v. Sponeck forstliche Aufsätze und Bemerkungen. Mannheim, Schwan und Götz.

Bauer Versuch eines Unterrichts für den Forstmann, zur Verhütung der Waldverheerung durch Insekten. Erlangen 1800.

Däzel Anleitung zur Forstwissenschaft. 1ster Bd. S. 280. 339.
v. Ußlar Schreiben an seinen Freund über die Harzwaldungen und Waldinsekten. Lüneburg 1810.
Hartig Journal f. d. F. u. J. W. 1806. 3tes Heft. 1807. 2tes Heft. 1808. 1stes Heft.
Liebigs aufmerksamer Forstmann. 2ter, 3ter Bd.
Mayers Zeitschrift für Baiern. 2ten Bds. 2tes Heft.
Laurop Annalen. 1813. 1stes Heft.
Hartig Archiv f. d. F. u. J. W. 2ter und 3ter Jahrg.
Andrée Abhandlungen aus dem Forst- und Jagdw. 2ter Bd.
Laurop Briefe eines reisenden Forstmannes. Tübingen 1802.
Rietsch Forst- und Jagdneuigkeiten. 1826. Nr. 16. 1827. Nr. 27.
Krutsch: Geht der Borkenkäfer nur gesunde oder auch kranke Bäume an. Dresden, Arnold. 1827.
Erörterungen dieser Schrift.
Kritische Blätter f. Forstwissenschaft. 3ten Bds. 2tes Heft.
Hundeshagen Beiträge. 2ter Bd. 2tes Heft.
Forstwissenschaftliche Hefte von Laurop. Nürnberg 1828. 2tes Heft.
Wedekind Jahrbücher. Mainz 1828. 4tes Heft.
Forst- und Jagdzeitung. 1827. 1828.

*Bostrychus lineatus. Gyllenhall.

Bechstein führt diesen Käfer nicht an, er hat aber in der neuesten Zeit in dem preuß. Antheile des Thüringer Waldes (Grafschaft Henneberg) durch Durchbohren des Fichtenholzes, jedoch nur gefällter oder trockner Stämme, wirklich Schaden gethan. Es ist der Bostr. domesticus Linnaei, Bostr. limbat., Herbst. Apate limbata, Fabric.

Nähere Beschreibung:

Gyllenhall Insecta Sueciae. Paris 1808—1813.
Kritische Blätter. 33ter Bd. 1stes Heft.

Bostrychus Laricis. (?) Fabric.

Slevogt Sammlung neuer Entdeckungen. S. 134.

Bostrychus chalcographus. **Kupferstecher-Borkenkäfer.**

Forst- und Jagdzeitung. 1827. Nr. 136.
Kritische Blätter. 34ster Bd. 2tes Heft.

Hylesinus ater canicularis.

Kritische Blätter. 33ter Bd. 1stes Heft. Tharanter Jahrbücher. 2ter Bd. S. 41.

Bostrychus micographus. **Tannen-Borkenkäfer.**

Forst- und Jagdzeitung. 1827. Nr. 136.

Bostrychus scolytus. **Kolben-Borkenkäfer.**

Forst- und Jagdzeitung. 1827. Nr. 136.

Bostrychus polygraphus. **Zeichner-Borkenkäfer.**

Forst- und Jagdzeitung. 1827. Nr. 136.

Bostrychus Typographus.

Thiersch Forstkäfer. Stuttgart, Cotta.
Wedekind neue Jahrb. 10tes Heft. S. 1. 1831.
Tharanter Jahrbücher. 1851. S. 256. 1852. S. 228.
Liebichs aufmerksamer Forstmann. IV. 2.
Forst- und Jagdzeitung. 1830. S. 155. 199. 1834. S. 141. 1848. 434.
Kritische Blätter. Bd. 10. Heft 1. Bd. 13. Heft 1.
Wedekind neue Jahrbücher. 35stes Heft. Darmstadt 1847. S. 1.

Bostrychus bispinus.

Forst- und Jagdzeitung. 1850. S. 77.

Bostrychus dispar.

Kritische Blätter. 29ster Bd. 2tes Heft. 33ster Bd. 1stes Heft.

Hylesinus piniperda.

Forst- und Jagdzeitung. 1834. S. 17. 1853. 113.
Kritische Blätter. 8ter Bd. 1stes Heft. 32ster Bd. 1stes Heft. 33ster Bd. 1stes Heft. 34ster Bd. 2tes Heft.

Hylesinus canicularis.

Tharanter Jahrbücher. 1845. S. 41.

Hylesinus fraxini.

Kritische Blätter. 12ter Bd. 2tes Heft.

Dermestes piniperda. Linné. (Hylesinus piniperda Bechst. p. 189.)

Forst- und Jagdzeitung. 1827. Nr. 67. 113. 136. 1828. Nr. 1.

*Curculio pini. **Fichten-Rüsselkäfer.**

Tharanter Jahrbücher. 1847. 127. 1851. S. 250.
Smolers Vereinsschrift. Neue Folge. 1stes Heft. S. 32.
Verhandlungen des Schlesischen Forstvereins. 1842. 115.
Würtemb. Monatsschrift. 1853. 377. 1852. 141.
Forst- und Jagdzeitung. 1835. S. 463. 1839. S. 126. 1846. S. 160. 1848. S. 116. 1852. 156. 276.
Kritische Blätter. Bd. 6. Heft 1. Bd. 7. Heft 2. Bd. 10. Heft 1. Bd. 32. Heft 1. Bd. 33. Heft 1. Bd. 34. Heft 2.
Würtemb. Monatsschrift. 1851. 304.
Hartigs Forstjournal. 1806. 4tes Heft. (Daselbst carabus aterrimus genannt).
Walther über den Käfer, Rüsselkäfer. Prag 1827.
Mayers Zeitschrift für Baiern. 3ten Bds. 2tes Heft.
Forst- und Jagdzeitung. 1828. 1829. Nr. 104.
Andrée ökonom. Neuigkeiten. 1818. 1821.

Curculio ater.

Kritische Blätter. 29ster Bd. 2tes Heft.
Verhandlungen des Schlesischen Forstvereins. 1851. 293.
Forst- und Jagdzeitung. 1829. 105.

Curculio incanus.

Tharanter Jahrb. 1852. 244.

Curculio notatus.

Acta Acad. Caes. Leop. Carol. Nat. Inr. Vol. XVII. S. 455.

Platypus Cylindrus.

Grabener Vierteljahrsschr. 1ster Bd. S. 26.
Kritische Blätter. 33ster Bd. 1stes Heft.

Rhynchacus abietis.

Kritische Blätter. 11ter Bd. 1stes Heft.

Saperda carcharias u. S. pupulnea.

Kritische Blätter. 11ter Bd. 1stes Heft.

Ptinus fur.

Kritische Blätter. 9ter Bd. 2tes Heft.

Ecoptagaster scolytus.

Verhandlungen des Schlesischen Forstvereins. 1844. S. 9.

Scolytus destructor.

Forst- und Jagdzeitung. 1847. 317.

Cerambyse oculatus.

Kritische Blätter. 34ster Bd. 2tes Heft.

Cantharis.

Kritische Blätter. 32ster Bd. 1stes Heft.

Curculio fuscomaculatus (Germanus).

Mayers Zeitschrift f. Baiern. 1815. 3ten Bds. 2tes Heft.

Curculio rufipes. **Rothfüßiger-Rüsselkäfer.**

Forst- und Jagdzeitung. 1828. 1827. Nr. 139.

Curculio fagi. **Buchen-Blattminirkäfer.**

Burgsdorf Naturgeschichte der Buche. Berlin, Pauli. 1783. S. 286.

Curculio Lapathi. (Linné.) **Erlenverderber.**

Forst- und Jagdzeitung. 1825. Nr. 63.

Verhandlungen des Schles. Forstvereins. 1842. 17. 1843. 12. 1849. 22.

Curculio Quercus. (Burgsdorf.)

Burgsdorf Naturgeschichte der Eiche. S. 200.

*Chrysomela populi. **Pappeln-Blattkäfer.**

Ußlar Schreiben naturgeschichtl. Inhalts. Lüneburg, Herold. 1810.

Pfeil forstliches Verhalten der d. Waldbäume. S. 107.

Chrysomela quadripunctata. **Vierpunkt-Blattkäfer.**

Andrée Abhandlungen. 2ter Band.

Laurop Annalen. 3ten Bds. 2tes Heft.

Chrysomela vitellina.

Kritische Blätter. 14ter Bd. 2tes Heft.

Lymexylon Navale. **Eichen-Werftkäfer.**

Krünitz Encyklopädie. 27ter Bd. S. 862. (Daselbst ist die reichhaltige Literatur dieses verderblichen Insekts nachgewiesen.)

***Bubrestis viridis. Grüner Prachtkäfer.**

Hartig Archiv f. d. F. u. J. W. 1816. 4.
Schriften der Berl. naturforschenden Freunde. 1ster Bd.
Kritische Blätter. 30ster Bd. 2tes Heft. 33ster Bd. 1stes Heft.

Bubrestis Betuleti.

Kritische Blätter. 34ster Bd. 2tes Heft.

Bubrestis quadripunctata.

Kritische Blätter. 34ter Bd. 2tes Heft.

Aphis ulmi. Rüster-Blattläuse.

v. Gleichen Versuch einer Geschichte der Blattläuse des Ulmenbaums. Nürnberg 1770.

***Phalaena Bombyx pini. Kiefernspinner.**

Gleditsch systematische Einleitung in die Forstwissenschaft. 2 Bde. Berlin 1775.
Dessen hinterlassene 4 Abhandlungen. (2te Abhandl.)
Hennert über den Raupenfraß und Windbruch in den preuß. Forsten. 1791—1797. Leipzig 1798.
v. Lynker der besorgte Forstmann.
Zinke Naturgeschichte der schädlichen Nadelholzinsekten.
Krünitz Encyklopädie. 100ter Bd. S. 44. 121. Art. Raupe.
Laurop Annalen. 5ter Bd. 4tes Heft.
Beiträge zur Geschichte der Kiefernraupe. Dresden 1800.
Andrée Abhandlungen. 2ter Bd. Nr. 19. 20.
Dessen ökonomische Neuigkeiten. 1829. S. 128. 374.
Annalen der ökonom. Gesellschaft in Potsdam. 3ter Bd. 5tes Heft.
Abhandlungen der schwedischen Akademie der Wissenschaften. 1769.
Hartig Archiv. 6ter Bd. Stuttgart, Cotta.
Mayer Direktionslehre. §. 390.
Mayer Zeitschrift für Baiern. 4ter Bd.
Hartig Anleitung zur Vertilgung der Kiefernraupen. Berlin 1827.
Pfeil über Insektenschaden in den Wäldern. Berlin 1827.
v. Bülow-Rieth der große Kieferspinner. Stettin 1828.
Siemssen Naturgeschichte der großen Tannenraupe. Schwerin 1799.
Schriften der Berliner naturforschenden Freunde. 3ter Bd. 177.

Sponeck forstliche Bemerkungen. Mannheim, Schwan und Götz. Forst- und Jagdzeitung. 1828. Nr. 61.

Preuß. Staatszeit. 1835. Nr. 93.

Bülow-Rieth über Vertilgungsmaßregeln. Tharanter Jahrbücher. 1847. S. 112.

Smolers Vereinsschrift. 9tes Heft. 62. 141.

Th. Hartigs Jahresberichte. 2tes Heft. S. 246.

Anlage eines Raupenzwinger. Forst- und Jagdzeitung. 1840. Nr. 1.

Kritische Blätter. 26ster Bd. 2tes Heft. 33ster Bd. 2tes Heft.

Anmerk. Beinahe alle diese Schriften handeln auch zugleich von den übrigen schädlichen Nadelholzraupen, und wir führen deshalb bei den folgenden nur die übrigen auf, in denen von diesen die Rede ist.

*Ph. Bombyx processionae. Der Viereichenspinner.

Magazin für Liebhaber der Entomologie von Fueßli. Zürich 1781.

Verhandlungen des Schles. Forstvereins 1850. 276.

Rheinisch-Westphäl. Anzeiger. 1829. Nr. 94.

Vereinszeitschrift für Kunst- und Literat. 1829. angeheftet.

Börsenhalle 1828. verm. 21ste Aufl.

Kritische Blätter. 11ter Bd. 1stes Heft. 19ter Bd. 1stes Heft. 26ster Bd. 2tes Heft.

Ph. Bombyx pinivora.

Kritische Blätter. 28ster Bd. 1stes Heft.

Ph. Bombyx pudibunda.

Forst- und Jagdzeitung. 1850. 156. 189.

Kritische Blätter. 33ster Bd. 1stes Heft.

Ph. Noctua valugera.

Kritische Blätter. 23ster Bd. 2tes Heft. 33ster Bd. 1stes Heft.

Ph. Geometra defoliaria.

Kritische Blätter. 11ter Bd. 1stes Heft.

*Ph. Bombyx Pityocampa. Fichten-Spinner.

Magazin für Liebhaber der Entomologie von Fueßli. 2ten Bds. 2tes Stück. Zürich 1779.

Der Naturforscher von Walch. Halle, Gebauer 1775—1804. 15tes Stück.

Brehm Insektenkalender. 2ter Bd. S. 224.
Krünitz Encyklopädie. Bd. 100. S. 59.
Dallinger gesammelte Nachrichten über den Fichtenspinner. Weissenburg, Jacobi.
Hennerts Raupenfraß. S. 38.

***Ph. Bomb. Monacha. Die Nonne.**

Joerden Geschichte der Ph. Monacha. Hoff. 1798 bei Grau.
Zopf die Nonne im Walde und ihre Schwestern. Leipzig, Vogel.
Hennerts Raupenfraß. S. 33.
Noth- und Hülfstafeln zur Vertilgung der Waldraupen. Erfurt 1798.
Laurop Annalen. 1ster Bd. 1stes Heft.
Kob die wahre Ursache der Baumtrockniß. Nürnberg 1786.
Krünitz Encyklopädie. Bd. 100. S. 67. 121. Art. Raupe.
Physikal. ökonomische Bemerkungen über die Trockniß der Nadelholzwaldungen von F. A. Crzebitzky. Prag bei Herrl. 1809. 2te Aufl.
Ußlar Schreiben naturgeschichtl. Inhalts. Lüneburg, Herold und Wahlstab. 1809.
Die Nonne. Zeitschrift für Baiern. Neuere Folge. 2ter Bd. 3tes Heft. S. 80.
v. Holleben Beiträge zur Naturgeschichte der Nonnenspinner. Rudolstadt 1840. (Auch Tharanter Jahrb. 1842.)
v. Bülow-Rieth neue Betrachtungen über die Nonne. Stettin, Morin. 1831.
Smalians Beiträge zur Forstwissenschaft. 2tes Heft. S. 233. Stralsund 1842. S. 233.
Verhandlungen des Schles Forstvereins. 1842. S. 29. 127. 1850. 279.
Forst- und Jagdzeitung. 1846. 1853. 479.
Kritische Blätter. 6ter Bd. 1. u. 2tes Heft. 7ter Bd. 3tes Heft. 13ter Bd. 1stes Heft. 14ter Bd. 1stes Heft. 15ter Bd. 1stes Heft. 17ter Bd. 1stes Heft. 18ter Bd. 1stes Heft. 30ster Bd. 2tes Heft. 33ster Bd. 2tes Heft.
Würtemb. Monatsschrift. 1853. 353.

***Ph. Bomb. Cossus. Der Weidenholz-Spinner.**

Lyonet Monographie d. J. Haag 1762.

Krünitz Encyklopädie. Bd. 100. S. 82.

*Ph. Bomb. Terebras. **Pappelholz-Spinner.**

Pfeil forstliches Verhalten der deutschen Waldbäume. S. 107.

*Ph. Noctua piniperda. **Forleule.**

Fueßli Magazin ꝛc. vom J. 1781.
Breslauer Sammlungen. 23ste Vers. Febr. 1823. 1stes Stück.
Andrée Abhandlungen. 2ter Bd. Nr. 17.
Mayers Zeitschrift für Baiern. 1815. 3ter Bd. 4tes Heft.
Hennerts Raupenfraß. S. 31.
Tharanter Jahrb. 1847. S. 102.
Verhandlungen des Schles. Forstvereins. 1846. S. 77. 1852. S. 155.
Hannöversches Magazin. 1831. Nr. 31—35.
Kritische Blätter. 33ster Bd. 1stes Heft.
Hartigs Jahresbericht. 2tes Heft. S. 259.

*Ph. Noctua quadra. **Vierpunkt-Spinner.**

Kritische Blätter. 14ter Bd. 1stes Heft.
Ußlar Schreiben naturgeschichtl. Inhalts.
Hennerts Raupenfraß. S. 36.

*Ph. Geometra piniaria. **Föhren-Spanner.**

Grabners Vierteljahresschrift. 1ster Bd. 1stes Heft. S. 309.
Kritische Blätter. 6ter Bd. 1stes Heft. 30ster Bd. 2tes Heft.
Mayers Zeitschrift f. Baiern. 3ten Bds. 2tes Heft.
Andrée Abhandlungen aus dem Forst- und Jagdwesen. 1ster Band.
Der Naturforscher. Halle, Gebauer. 15tes Stück. S. 67.
Hennerts Raupenfraß. S. 41.

Ph. Bombyx dispar.

Forst- und Jagdzeitung 1841. 11.
Kritische Blätter. 15ter Bd. 1stes Heft.

Ph. Geometra betularia. **Der Birken-Spanner.**

Leonhardi Forst- und Jagdkalender. 1798.
Krünitz Encyklopädie. Bd. 100. S. 102.

Phalaena Neustria.

Hennerts Raupenfraß. S. 43.

Verhandlungen des Schles. Forstvereins. 1850, 278.

*Ph. Tortrix viridana. **Kahneichen-Wickler.**

Leonhardi Forst- und Jagdkalender. 1797.
Bechstein Musterung schädlicher Thiere.
Kritische Blätter. 10ter Bd. 1stes Heft. 14ter Bd. 1stes Heft.

Ph. Tortrix resinana. **Kienspross-Wickler.**

Krünitz Encyklopädie. Bd. 100. S. 110.
Andrée Abhandlungen. 2ter Bd.
Degeer Abhandlungen zur Geschichte der Insekten. Nürnberg, Baur. 1ster Th. 3tes Quart. S. 65.
Hennerts Raupenfraß. S. 49.

Ph. Tortrix pinetana (hercyniana). **Fichten-Wickler.**

v. Ußlar Beitrag zur Kenntniß der waldverderbenden Insekten. Hannover, Helwing. 1798.
Forst- und Jagdzeitung. 1827. Nr. 134.
Forst- und Jagdzeitung. 1834. 57.
Verhandlungen des Schlesischen Forstvereins. 1852.
Kritische Blätter. 34ster Bd. 2tes Heft.

Ph. Tortrix dorsana.

Kritische Blätter. 32ster Bd. 1stes Heft.

Ph. Tortrix Buoliana.

Kritische Blätter. 7ter Bd. 1stes Heft.

Tinea rorella.

Kritische Blätter. 34ster Bd. 2tes Heft.

Cecidomyia pini.

Kritische Blätter. 9ter Bd. 1stes Heft. 9ter Bd. 1stes Heft.

Ph. Tinea Laricinella. **Lerchenmotte.**

Sylvan. 1816.
Andrée Abhandlungen. 1ster Bd.
Wedekind neue Jahrbücher. 29stes Heft. S. 91.

Ph. Tortrix strobilana. **Tannzapfen-Wickler.** Bechst. (auch Ph. Tinea strobilella.)

Krünitz Encyklopädie. Bd. 100. S. 121.
Ledermüller mikroskop. Gemüths- und Augen-Erzählungen. Nürnberg, Winterschmid. S. 122. Tab. LXV.

Cynips Quercus. **Eichen-Gallwespe.**

Sylvan. 1814.

Cynips Quercus calicis. **Knoppern-Gallwespe.**

Schriften der Berliner naturforsch. Freunde. 4ter Bd.
Burgsdorf Naturgeschichte der Eiche. S. 207.
Physikalische Zeitung. 1781. S. 35.

Tenthredo pini. **Kiefer-Blattwespe.**

Hartig die Familie der Blattwespen. Berlin 1837. Spenersche Buchhandlung.
Müller Afterraupenfraß. Aschaffenburg 1821.
Andrée Abhandlungen. 1ster Bd. 2ter Bd.
Laurop Annalen. 6ter Bd. 2tes Heft.
Allgem. Anzeiger der Deutschen. 1819. 372.
Abhandl. der schwed. Akademie der Wissenschaften. 1763.
Hennerts Raupenfraß. S. 45.
Klug Abhandlungen der naturforsch. Gesellschaft in Berlin.
Kritische Blätter. 6ter Bd. 1stes Heft.
Forst- und Jagdzeitung. 1853. 112.

Tenthredo Abietis. **Rothtannen-Blattwespe.**

Andrée ökonom. Neuigkeiten. 1811. 1813.
Tharanter Jahrbuch. 1852. 247.

Tenthredo juniperi.

Laurop Annalen. 6ter Bd. 2tes Heft.

Vespa Crabro. **Hornis.**

v. Lobkowitz praktische Anweisung zur Forstwissenschaft. Erfurt 1802. S. 33.
Gemeinnützige Arbeiten der Lausitzer Bienengesellschaft. Bd. 1.

Lyda pratensis. **Wiesen-Blattwespe.**

Zeitschrift für Baiern. 6ten Bds. 4tes Heft. 1829.

Lyda Tenthredo.

Kritische Blätter. 23ster Bd. 1stes Heft. 28ster Bd. 1stes Heft.

Tenthredo laricis.

Würtembergische Monatsschrift. 1851. 304.

* Gryllus grillotalpa. **Werre.** (In Pflanzenkämpen sehr schädlich.)

Oekonom. Nachrichten der Gesellschaft in Schlesien. 1ster Bd.
Abhandlungen der ökonom. Gesellschaft in Bern. 1766.
Sammlungen der ökonom. Gesellschaft in Bern. 2ter Theil. S. 409.
Hannöversche nützliche Abhandlungen. 1758. S. 1018.
Krünitz Encyklopädie. 85ster Bd. S. 702.
Kritische Blätter. 10ter Bd. 1stes Heft. 14ter Bd. 1stes Heft.
Buhle die Maulwurfsgrille. Halle. 1835.

Ichneumones. **Schlupfwespen.**

Ratzeburg Ichneumonen der Forstinsekten. Berlin, Nicolai.
Ichneumonologia Europaea. Auct. Prof. Grafenhorst. III. Vol.

Acheta campestris **Feldgrille.**

Sylvan. 1815.

Behandlung des durch Insekten beschädigten Holzes.

Pfeil über Insektenschaden in den Wäldern. Berlin 1827.
Franz Versuch über die Rettungsmittel der Voigtländischen Waldungen. Leipzig, Supprian. 1798.
Hennerts Raupenfraß und Windbruch. Berlin 1797. 4.

Insekten=Kalender.

Pfeil Insekten=Schaden.
Neue Abhandlungen der schwed. Akad. der Wissenschaften. 3ter und 5ter Bd.
Schotts Raupen=Kalender. Frankfurt 1830.

Anlegung und Erhaltung von Insekten=Sammlungen.

Bechstein Insektologie.
Krünitz Encyklopädie. 30ster Bd. S. 311. ꝛc.
Abhandlungen der schwed. Akademie der Wissenschaften. 1755. 1761.
Suckow Vademekum für Naturaliensammler. 1831.
Miscell. Acad. Nat. Curios. Dec. 2. A. 8.
Schriften der Berliner naturforschenden Freunde. 1ster Bd.

Von den den Herbarien schädlichen Insekten.

Neue Abhandlungen der schwed. Akademie der Wissenschaften. VII. Bd. S. 267.

Rechtswissenschaft.

In der ältern Zeit werden das Forstrecht, oder die Rechtswissenschaft, als Hülfswissenschaft des Forstmannes, vorzüglich nach der Ansicht behandelt, daß der Forstmann dadurch den Umfang der Regalien, die Befugniß der Regierung hinsichts der Einwirkung auf die Privatforstwirthschaft ꝛc. kennen lernen sollte. Nach dieser Ansicht schrieben Spangenberg, Seckendorf, Bock, Riccius, Beust, Stisser, Pietsch u. a. m., deren Schriften man vollständig im Moser'schen Forstarchiv 18ten u. 19ten Band verzeichnet findet. Sie gingen mehr den eigentlichen Juristen, vorzüglich für die Praxis bei dem Reichskammergerichte, wo die Forsthoheits-Sachen entschieden wurden, an, als den Forstmann, und berührten höchstens die Forstdirections-Behörden.

In der neuern Zeit hat man diesen Gegenstand nach einem andern Gesichtspunkte aufgefaßt. Man hat die Ueberzeugung erlangt, daß in einem gut geordneten Staate keine Forstverwaltung sich der Unterordnung unter die Gesetze, auch hinsichtlich des Privatrechtes entziehen dürfe, daß die Erhaltung eines rechtlichen Zustandes die erste Grundlage des Saats sei. Deshalb ist auch der Staatsforstwirth verpflichtet worden, stets die Forstverwaltung so zu führen, daß kein fremdes Recht irgend einer Art verletzt wird, während er früher mehr darauf zu sehen hatte, daß die Rechte des Fiscus möglichst ausgedehnt wurden.

Es muß deshalb von jedem Forstbeamten, der irgend einen selbständigen Wirkungskreis hat, verlangt werden, daß er sowohl die Rechte des Forstes selbst, als die derjenigen, welche irgend Ansprüche daran haben, kennt und beurtheilen kann. Außerdem ist auch noch die Kenntniß der rechtlichen Formen der Handlungen, die er als Beamter vorzunehmen hat, zu fordern.

Es ergiebt sich hieraus die Nothwendigkeit der Gesetzeskenntniß.

So sehr auch die Gesetzgeber, oft mehr zum Nachtheile als Vortheile eines vollkommenen Rechtszustandes, in Forst- und Jagdsachen in das Detail eingegangen sind, so ist es doch unmöglich, für jeden einzelnen Fall eine rechtliche, vollkommen auf ihn passende Vorschrift zu geben. Es muß vielmehr sehr oft die Beurtheilung und Entscheidung eines Falles aus den allgemeinen rechtlichen Grundsätzen und Bestimmungen erfolgen. Auch ist es schwer, die passende Gesetzstelle eines Gesetzbuches aufzufinden, ohne im Besitz allgemeiner rechtlicher Kenntniß zu sein. Eine allgemeine Rechtskenntniß etwa, wie sie die Encyklopädieen der Rechtswissenschaft andeuten, mit Heraushebung der Gegenstände, welche den Forstmann in der Verwaltung vorzüglich berühren, wie z. B. die Lehre von den Servituten (Grundgerechtigkeiten), Grenzen 2c. ist daher wenigstens für den höhern Forstbeamten dringendes Bedürfniß.

Wollen wir es noch weiter ausdehnen, so ist nicht zu läugnen, daß der Forstverwalter häufig in die Lage kommt, dem eigentlichen Juristen die nöthigen Thatsachen, Beweise 2c. zur Führung von Prozessen zu liefern, wozu eine Kenntniß des gerichtlichen Verfahrens dabei immer mehr oder weniger nöthig ist.

Wir gestehen gern zu, daß dies eine ziemliche Ausdehnung des Rechtsstudiums herbeiführt, die jedoch nicht neu ist, sondern z. B. in Hannover für die höhern Forstbeamten schon längere Zeit bestehet. Wir können auch nicht verhehlen, daß uns die Ausdehnuug dieser Hülfswissenschaft viel fruchtbringender für die praktische Verwaltung erscheint, als die mancher anderen, z. B. der Mathematik und Mineralogie, die weit mehr in die Kategorie der allgemeinen Bildungswissenschaften gehören.

Es ist jedoch durchaus der ganzen Tendenz dieser Schrift fremd, die eigentliche Literatur des Recht darin aufzunehmen, wir übergehen sie vielmehr ganz. Die Rechtfertigung liegt darin: daß durchaus jeder, welcher eine juristische Bildung erlangen will, Vorträge auf Universitäten hören muß, und dort die Literatur nachgewiesen erhält, daß demjenigen Forstmanne, welcher sich allein an die Encyklopädieen der Rechtswissenschaft, auf die man sich doch hier beschränken müßte, halten wollte, um die angedeutete juristische Bildung zu erhalten, seinen Zweck ganz verfehlen würde, da sie gerade das, was er specieller bedarf, gewöhnlich sehr kurz behandeln. Wir begnügen uns deshalb diejenigen Schriften, welche über Forstrecht uud besonders für den Forstmann geschrieben sind, anzuführen, obwohl keines dem Bedürfnisse desselben ganz genügt, und eigentlich nur das von Schenk bedingt zu empfehlen ist.

Böttcher Beiträge zur Erläuterung des Forst- und Jagdrechts. Gießen 1802.

K. F. Hartig Forst- und Jagdstaatsrecht. (2ter Bd. der Hoch- und Niederwaldzucht.) Leipzig 1809.

Mosers Forstrecht. Baireuth 1813.

Eggerers Grundsätze des Forstrechts. Aschaffenburg 1818.

Schilling Lehrbuch des Forst- und Jagdrechts. Dresden 1822.

† Schenk Handbuch über Forstrecht und Forstpolizei. Gotha, Hennings. 1825.

Viele gesetzliche Bestimmungen, vorzüglich in Bezug auf privatrechtliche Verhältnisse, müssen, wie sich von selbst versteht, aus der allgemeinen Gesetzgebung auch auf die Forsten Anwendung finden. Es darf deshalb diese dem Forstmanne nicht fremd bleiben. Vorzüglich im 17ten und 18ten Jahrhundert hat man aber auch eine Menge, die Forsten und ihre Bewirthschaftung berührenden, Vorschriften in den Forstordnungen zusammengestellt. Eigentlich kann eine solche nur die Forstpolizeigesetzgebung umfassen, da das Privatrecht außer ihrem Kreise liegt, noch viel weniger aber die reinen Administrationsverfügungen für die Staatsforsten hineingehören, um so weniger, als beinahe alle Staaten in der neuern Zeit eine besondere Cultur-Gesetzgebung erhalten haben. Dies wurde früher nicht genug beachtet, und deshalb ist in den mehrsten Forstordnungen ein Gemisch von Gesetzen zur Erhaltung der Regalien, von rein polizeilichen Bestimmungen, zuweilen wohl gar von privatrechtlichen Gegenständen, vorzüglich aber auch von längst abgeänderten Verwaltungsvorschriften in den Staatsforsten und ganz unbrauchbaren Instruktionen. Dazu kömmt, daß die Jagdsachen in den ältern stets sehr überwiegend sind, daß der Geist der Verwaltung und vorzüglich der fiscalische Sinn der frühern Forstgesetzgebung sich sehr geändert hat, so daß diese ältern Forstordnungen, welches die eigentlichen Forstgesetzbücher sein sollten, selten noch anders benutzt werden können, wie als subsidiarisches Recht, d. h. um von ihren Bestimmungen in den wenigen Fällen Gebrauch zu machen, wo nicht ausdrückliche geänderte Vorschriften, oder eine stillschweigende Verwerfung durch längere Nichtachtung, sie außer Kraft gesetzt haben. Von den ältern Forstordnungen ist eine ziemlich vollständige Nachweisung in Mosers Literaturnachweisung (Forstarchiv 18ter und 19ter Bd.) enthalten, und auch in Krünitz Encyklopädie 14ter Bd. S. 627. u. f. ist ein reichhaltiges Verzeichniß. Wir hielten es deshalb für unpassend, sie hier abermals abdrucken zu lassen. Die wenigen seitdem erschienenen sind aber gewiß in den Händen jedes Forstmannes, den sie angehen.

Was die allgemeine Gesetzgebung betrifft, so ist es beinahe unmöglich, für ganz Deutschland eine Nachweisung der zu benutzenden Gesetzsammlung &c. zu geben, weil die unendlich vielen Provinzialrechte ein solches Chaos von rechtlichen Bestimmungen erzeugt haben, daß oft der örtliche Richter bei ihrer Anwendung in Verlegenheit ist. Nur einige deutsche Staaten haben ihre geordneten Gesetzbücher, in den mehrsten ist ein Gemisch von römischen, germanischen und Provinzialrechten, daß nur der eigentlich gelehrte Jurist daran denken kann, sich eine allgemeine Zusammenstellung zu entwerfen. Der Beweis für die Richtigkeit dieser Behauptung wird schon dadurch geführt, daß Preußen, welches erst am Ende des 18ten Jahrhunderts ein neues Gesetzbuch erhalten hatte, schon wieder genöthigt ist, eine gänzliche Revision desselben vorzunehmen, um die Verwirrung zu lösen, welche durch vielfache Aenderung und durch neu zugekommene Länder entstanden ist. Wir wollen jedoch als Beispiel, wie unmöglich es sein würde, eine Nachweisung der deutschen Gesetzbücher und Gesetzsammlungen zu geben, die dem preußischen Forstmanne, nach Verschiedenheit der Provinz, wo er wirkt, nöthig sind, anführen, auch die Sammlungen der Forstgesetze anderer deutschen Staate, so weit sie in den Buchhandel gekommen sind, nachweisen.

a) Allgemeine Gesetzgebung.

Für die östlichen Provinzen.

Das allgemeine Landrecht.

Gerichtsordnung, nebst Ergänzungen von Gräff (s. Ergänzungen der Preußischen Rechtsbücher. 5ter Bd.).

Gesetzsammlung von 1806. 1829. ꝛc.

Ergänzungen und Erläuterungen der Preußischen Rechtsbücher von Gräff ꝛc. (das sogenannte Fünf=Männer=Buch). 3te Aufl. Breslau. Aderholz. Bis 1853. 13 Bde.

Die in den Preußischen Staaten bestehenden allgemeinen Polizei=Gesetze und Verordnungen, im Auftrage des Königl. Ministeriums des Innern zusammengestellt von Rauer. Berlin 1853. Gebauersche Buchhandlung.

Für die Marken, Pommern, Preußen, Magdeburg u. Halberstadt, die älteren Westph. Landestheile.

Mylius Gesetzsammlung, ältere und die neuere von 1751—1806.

Für Schlesien.

Die Gesetzsammlung für Schlesien und die Grafschaft Glatz von 1740—1805.

Die Amtsblätter jedes Regierungsbezirks.

Kamptz Annalen der innern Staatsverwaltung, bis 1839.

Ministerial-Blatt für die gesammte innere Verwaltung in den Königl. Preuß. Staaten. Berlin, vor 1840. Verlag des Königl. Zeitungs-Comptoirs.

Sammlung der Preußischen Forstgesetze bis 1804.

Hoffmanns Repertorium der für die Kurmark rc. geltenden Gesetze. 3te Fortsetzung. Züllichau, Darnmann.

Das Domainen-Forst- und Jagdwesen des Preußischen Staates von v. Rönne. Berlin, Veit u. Comp. 1854.

Systematisches Lehrbuch der Polizeiwissenschaft von Zeller. Quedlinburg 1834. Basse. (Der 7te, 8te und 9te Bd. enthalten die Forst-, Jagd- und Fischereigesetze.)

Hahn das Holzdiebstahl-Gesetz vom 21. Juni 1852. Breslau, Aderholz. 1852.

Müller das Holzdiebstahlsgesetz von 1852. Berlin, Hempel. 1852.

Für die zu Frankreich gehörig gewesenen Rheinischen und Westphälischen Landestheile.

Das Französische Gesetzbuch (Code civil, übersetzt von Erhard Leipzig 1811, und von Daniels. Köln 1812.)

Hermes Handbuch der Forst-, Jagd- und Fischerei-Gesetzgebung in der Preuß. Rheinprovinz am linken Rheinufer. Aachen, 1830. La Ruelle und Deslezsche Buchhandlung.

Foelix über Waidgang und Waidgerechtigkeit nach der in den Rheinlanden bestehenden Gesetzgebung. Köln 1818, bei Du Mont-Schauberg.

Mohr die Anwendung der Forststrafgesetze am linken Rheinufer. Trier 1834, bei Lintz.

(Die von den einzelnen Regierungen erlassenen neuesten Forstpolizei-Verordnungen findet man in dem Preußischen Forstkalender von 1854 nach ihrem Inhalte zusammengestellt.)

b) Besondere Forstgesetzgebung.

Mark Brandenburg.

Forstordnung für die Kur- und Neumark findet sich mit allen Abänderungen bis zum Jahre 1804 im Repertorio der Preuß.

Brandenburg. Landesgesetze. 3te Fortsetzung, von Hoffmann. Züllichau 1804.

Schlesien.

Schlesische Forstordnung von 1756.
Regulativ für die schlesischen Forsten von 1788.

Magdeburg und Halberstadt.

Magdeburger und Halberstädter Forstordnung von 1743.

Ostpreußen und Litthauen.

Forstordnung für Preußen von 1739.
Forstordnung für Lithauen und Ostpreußen von 1775.
Declaration derselben vom 28. Dezember 1791.

Westpreußen.

Forstordnung f. W. vom 8. October 1805.

Pommern.

Forstordnung f. P. von 1777.

Cleve-Mark.

Neu verbesserte Cleve-Märkische Jagd- und Wald-Ordnung vom 30. Nov. 1742. (Siehe Stahls Forstmagazin VIII. Bd.)
Forstordnung für Cleve, Geldern und die Grafschaft Mark vom 13. Juli 1765.

Eichsfeld.

Chur-Mainzische Forst- und Holzordnung für das Eichsfeld vom J. 1700.

Herzogthum Berg.

Chur-Pfalzbairische Anordnungen für Jülich und Berg. (Siehe Mosers Forstarchiv. Bd. 11. 13.)

Grafschaft Henneberg.

Fürstlich Hennebergsche Wald-,Holz- und Forstordnung von 1643 und deren spätere Declarationen. (S. Mosers Forstarchiv. 8ter Bd.)

Minden.

Forstordnung für das Fürstenthum Minden von 1738.

Die von Sachsen 1815 erworbenen Landestheile.

Codex Augusteus systematicus venatorio-forestalis oder Jagd-

und Forstrecht nach Chursächs. Gesetzen mit 67 Forstordnungen. Leipzig 1802.

Schilling Handbuch des im Königreich Sachsen gültigen Forst- und Jagdrechts. Leipzig 1827.

Schmid Handbuch der Forst- und Jagdgesetze des Königreichs Sachsen. 1ster Theil Forstgesetze, 2ter Theil Jagdgesetze. Meißen 1839. 1844. Goedsche.

Gesetzgebung des ehemaligen Königreichs Westphalen.

Königl. Westphäl. Dekret, die General-Administration der Domainen, Gewässer und Forsten betreffend, vom 29. März 1808, in Sammlung aller Instruktionen der Staatsverwaltung des Königreichs Westphalen. 2ter Bd. Marburg, Krieger. 1804. 1812.

Im Auszuge Laurop Annalen. 1ster Bd. 2tes, 3tes Heft.

Trier.

Chur-Triersche Wald- und Forstordnung vom 31. Juli 1786, und deren Deklaration vom 10. Juli 1790.

Rheinprovinzen unter franz. Herrschaft.

Heinze die Forstverwaltung Frankreichs. Köln 1808.

(Die älteren Ordonanzen sind abgedruckt in Duhamel von Fällung der Wälder, Stahl Forstmagazin ꝛc.)

Forstregulativ für das General-Gouvernement des Mittelrheins. Koblenz vom 28. Mai 1814.

Im Auszuge Laurop Annalen. 4ter Bd.

Vom Forstregale handeln

Bergius Cameralmagazin. 3ter Bd. 318.

Schenk Forstrecht. §. 62.

Rechtskunde für Forst- und Landwirthe des Königreichs Sachsen von L. Fritzsche. Dresden, Arnold. 1847.

Gesetzgebung anderer deutscher Staaten außer Preußen.

Oesterreich.

Schroefl allgemeine Forstordnung. Wien und Triest 1815.

Müllenkamps Sammlung von Forstordnungen. Salzburg, Mayrsche Buchhandlung. 1796. 2 Bde. (Breisgau und österr. Alpenländer.)

Kostetzky praktisches Handbuch der Gesetze in Landwirthschaftssachen für das Königreich Böhmen. Prag, Enders. 1817.

Schopf, die österreichische Forstverfassung, Forstrecht und Forstpolizei. Wien 1835, bei Sollinger.

Schopf Waldordnung für Steyermark. Grätz 1843, bei Kinnerich.

Baiern.

Gesetzblatt für das Königreich Baiern. 1852. Nr. 13., mit dazu gehörige Motiven.

Handbuch der Forst- und Jagdgesetzgebung des Königreichs Baiern. Von Behlen und Laurop. Karlsruhe und Baden, Marrsche Buchhandlung. 1831.

Sachsen.

(Siehe oben Handbuch von Schmid.)

Würtemberg.

Schmiedlin Handbuch der Würtemb. Forstgesetzgebung. Stuttgart, Metzler. 1821. 2 Bde.

Forstliche Blätter für Würtemberg. VIII. Heft. Von Tscherning Tübingen, Fues. 1842.

Baden.

Handbuch der Forstgesetzgebung des Großherzogth. Baden von Behlen und Laurop. Mannheim, Schwan und Goetz. 1827.

Baier Handbuch des Badischen Forst- und Jagdrechts. Karlsruhe, Groos. 1838.

Das Forstgesetz für Baden. Karlsruhe 1836, bei Groos.

Kurhessen.

Genckel Sammlung der auf das Forstwesen ꝛc. in Kurhessen Bezug habenden Landesordnungen ꝛc. Cassel 1845, bei Fischer.

Hessen-Darmstadt.

Das Hessische Staats-Recht. Neuntes Buch. Vom Forstwesen. Darmstadt bei Leske. 1836.

Mecklenburg.

Sammlung aller für das Großherzogthum Mecklenburg-Schwerin gültigen Landesgesetze. 5 ter Bd. Forst-, Kameral- und Medicinalgesetze. Wismar 1839. Schmidt und Cosel.

Eine sehr schätzbare Sammlung der neueren Forst- und Jagdgesetze der deutschen Bundesstaaten enthält:

Behlens Archiv der Forstgesetzgebung der Deutschen Bundesstaaten. Frankfurt a. M., Sauerländer. — In vielen Bänden.

Busch Bienen-Recht. Arnstadt bei Hildebrand. 1830. (Ist in Bezug auf Benutzung der Waldbienen beachtungswerth.)

Staats- und Polizeiwissenschaften.

(Kameralwissenschaften.)

Die sogenannten Kameralwissenschaften sind schon seit langer Zeit als Hülfswissenschaften für den Forstbeamten in den höhern Verwaltungsstellen betrachtet worden. Sie erhielten ihren Namen davon, weil man durch sie das von einem Mitgliede der Kammer zu fordernde Wissen bezeichnen wollte.

Unter Kammer (Rentkammer) verstand und verstehet man diejenige Behörde, gewöhnlich kollegialisch besetzt, welche die fürstlichen Einkünfte verwaltet. Früher wurden diese allein aus den Domainen erhoben, und es waren die Kammern demgemäß nichts als Verwaltungsbehörden für Domainen und Forsten. Später, als die directen und indirecten Steuern die Hauptquelle des fürstl. Einkommens wurden, mußte deren Anordnung und Erhebung eines der wichtigsten Attribute der Kammern werden, wo nicht die ständische Verfassung durch ein besonderes Steuer-Kollegium das Landes-Einkommen von dem Domainen-Einkommen schied. Sehr gewöhnlich wurde auch den Kammern die allgemeine Landespolizei übertragen, in den kleinern Staaten, welche nicht so viel verschiedene Behörden haben konnten, auch wohl alle Geschäfte der Landesadministration überhaupt, da sich die Souveränetäten in Deutschland oft kaum von einem großen Gutsbesitze im Umfange der Länder unterschieden. Dadurch bildete sich der Begriff der Kameralstudien ganz natürlich aus. Eine in kollegialischer Form zusammengesetzte Behörde, die aber oft nur wenig Mitglieder zählte, welche die Domainen, Bergwerke, Regalien und alles nutzbare Eigenthum des Fiscus verwalten sollte, dabei die Polizei in letzter Instanz anordnen, Handel und Gewerbe schützen, beleben und regeln sollte, welcher die Verpflichtung oblag, die den Land-, Wasser- und Wegebau berührenden Gegenstände zu entscheiden, die wohl gar landesherrlichen Gewerbsanstalten vorstand, die Kunst, Steuern ohne Widerspruch der Stände aufzulegen, verstehen mußte u. s. w., mußte Menschen in sich fassen, die von dem allen Kenntniß hatten. Da es nicht möglich war, sie so zahlreich zu besetzen, daß für jeden Zweig der Administration ein besonderer Techniker oder Geschäftsmann angestellt wurde, da bei der Kleinheit der Länder jeder alles übersehen zu können glaubte, auch oft Entscheidungen vom Pleno des Kollegii verlangt wurden, forderte man von jedem Mitgliede der Kammer, daß es Kenntniß von allen den Dingen haben sollte, die zur Berathung kamen. Da es unmöglich war, daß ein Mensch dies alles gründlich hätte lernen können, so begnügte man sich mit oberflächlichen theoretischen Vorträgen, welche nur die Hauptsachen kurz berührten. Den Beweis davon liefern:

Schmalz Encyklopädie der Kameralwissenschaften. Königsberg 1819.

Walther Versuch eines Systems der Kameralwissenschaften. Gießen 1804.

Kameralistische Encyklopädie von Baumstark. Heidelberg und Leipzig bei Groos. 1835.

Nur in den kleinern Staaten, deren Haushalt mehr einer großen Gutswirthschaft als einem Staatshaushalte gleicht, hat sich diese Ansicht von den Kameralstudien noch erhalten. Die größern stellen für die eigentlichen technischen Zweige der Verwaltung auch Techniker, welche sich auf ihr Fach beschränken, an, und verlangen nur, daß sie diejenige allgemeine staatswirthschaftliche und juristische Bildung haben, welche erfordert wird, um den einzelnen technischen Zweig der Verwaltung in Uebereinstimmung mit den Grundsätzen, wonach der Staatshaushalt überhaupt geführt wird, leiten zu können, ohne fremde Rechte durch ihre Maaßregeln zu verletzen. Es sind aber auch jetzt weniger reine technische Mitglieder der Kammer erforderlich, weil sie die Verwaltung der größern Staaten von den Gewerbsanstalten und manchem nutzbaren Eigenthum, wie Mühlen, Ziegelleien ꝛc. möglichst frei gemacht hat, da man erkannte, daß diese nicht mit Vortheil administrirt werden konnten.

Wir betrachten daher die von dem Forstmann zu verlangenden, sogenannten Kameralstudien, lediglich nach der Ansicht, daß wir diejenigen allgemeinen Administrationskenntnisse darunter verstehen, welche er in einer höhern Stellung bedarf, um die Forstverwaltung im Einklange mit den allgemeinen staatswirthschaftlichen Grundsätzen und dem Verwaltungsprincipe des Staats überhaupt, zu leiten, nöthigenfalls ein Votum im Kollegio abzugeben, wobei es bloß auf allgemeine Bildung hinsichts der Administration ankömmt.

Wir begreifen darunter:

Kenntniß der Landesverfassung und Verwaltungsgrundsätze,
Allgemeine Statistik,
Staatswirthschaftslehre und Finanzwissenschaft,
Polizeiwissenschaft,

nachdem von der nothwendigen juristischen Ausbildung jedes höhern Verwaltungsbeamten schon oben gehandelt wurde.

Um die nöthige Kenntniß der Landesverfassung und Verwaltungsgrundsätze zu erwerben, sind keine bestimmten Bücher zu empfehlen, indem von wenigen oder gar keinen Staaten vollständige Zusammenstellungen in dieser Hinsicht existiren. In sogenannten konstitutionellen Staaten, welche eine geschriebene Verfassung besitzen, wird diese ohnehin in den Händen jedes Staatsbürgers und Beamten sein, und es wäre überflüssig sie nachzuweisen. Oft entscheidet aber mehr die Verwaltungs-Praxis über die dabei zu beobachtenden Maximen, als die Verfassung oder eine ausdrückliche Vorschrift, indem die Verfassungsurkunde sich theils gar nicht auf die Administration erstreckt, theils nicht in das Einzelne eingeht, sondern nur im Allgemeinen das Verhältniß der Regierung zu den Unterthanen ordnet. Dies berührt aber den Forstwirth, als solchen, in der Regel weit weniger, als die Ansichten, welche die Regierung davon hat, auf welche Weise der Nationalhaushalt am vortheilhaftesten zu regeln sei, die Nationalwohlfahrt am mehrsten befördert werden könne. Hierüber werden aber keine geschriebenen oder gedruckten Erklärungen erlassen, sondern man muß die Ansichten der Regierungen nur aus den erlassenen Kulturgesetzen, Zollordnungen, Domainenverwaltungs-Ordnungen, Forstordnungen und ähnlichen auf den innern Staatshaushalt Bezug habenden Gesetzen errathen. Vorzüglich ist auf den Gang, den die Verwaltung von Zeit zu Zeit genommen hat, die Aenderungen, die darin vorgenommen sind, zu achten, indem aus der historischen Entwickelung derselben sich am deutlichsten erkennen läßt, welche Grundsätze geändert und welche dagegen angenommen worden sind. Zwar ist unstreitig dabei die Administrations-Geschichte des eignen Vaterlandes bei weitem die wichtigste; aber auch die der fremden Staaten, vorzüglich derjenigen, welche sich durch Wohlstand und Betriebsamkeit auszeichnen, kann nicht übergangen werden.

Eine bloße Kenntniß von Zahlen, welche die Statistik giebt, nützt wenig, wären sie auch noch so genau und richtig, wenn man nicht weiß, wozu man sie gebrauchen soll. Darum soll das Studium der Statistik weniger darauf gerichtet werden, diese Zahlen in den Kopf zu bekommen, die, wenn sie bedurft werden, leicht im Buche aufzufinden sind, als zu lernen, welche Schlußfolgen daraus zu ziehen sind, und wie diese Zahlen dazu dienen müssen, Auskunft über den Erfolg der verschiedenen Verwaltungsgrundsätze zu geben. Obwohl auf verschiedenen Universitäten über Statistik in diesem Sinne gelesen wird, so haben wir doch leider noch kein Lehrbuch, welches sie nach dieser Ansicht vorzüglich behandelte, vielmehr haben mehr die Staatswirthschaftslehrer die Zahlen nach derselben aus der Statistik entnommen, um ihre Theorieen mit praktischen Beispielen zu belegen. — Schätzbare Andeutungen darüber findet man in:

Büsching Vorbereitung zur Länder- und Staatenkunde. Hamburg bei Campe.

so wie auch des bekannten Düpins statistische Schriften, vorzüglich seine Darstellung der Kräfte Englands, Beispiele liefern, wie man Zahlen benutzen kann, um daraus Folgerungen zu ziehen. In der neuern Zeit haben sich besonders von Reden und Otto Hübner mit der deutschen Statistik beschäftigt, und die Resultate ihrer Forschungen in zahlreichen Schriften niedergelegt.

Auch die Mittheilungen des Preußischen statistischen Büreaus enthalten vielfach interessante Mittheilungen.

Die Staatswirthschaftslehre und Finanzwissenschaft berühren den Forstmann unmittelbar, und nächst der eigentlichen Technik und einer allgemeinen juristischen Bildung sind sie ohne Zweifel für den dirigirenden Forstbeamten, oder den, welcher in einer Stellung ist, die ihm erlaubt, auf die Directionsbehörden einzuwirken, die wichtigsten von allen Hülfswissenschaften. Es müssen aus der ersten sowohl die Grundsätze der Benutzung und Behandlung der Staatsforsten, wie die der Waldordnung für die Privatforsten entwickelt werden und kaum läßt sich eine Anordnung denken, so rein technisch sie oft auf den ersten Blick zu sein scheint, die nicht ihre letzte Begründung in der Staatswirthschaftslehre finden müßte. Man kann deshalb auch nicht dringend genug zum Studium derselben auffordern, um die Ansichten über Staatsforstwirthschaft mehr zu läutern. Dasselbe gilt hinsichts der Finanzwissenschaft, da es stets sehr wichtig ist, die Erhebung des öffentlichen Einkommens aus den Forsten rationell zu begründen. — Reichen die Kräfte des Menschen nicht hin, um neben den andern Hülfswissenschaften auch hierin viel zu leisten, so ist von manchen derselben dem höhern Beamten lieber etwas zu erlassen, als daß dieselben hierbei oberflächlich bleiben. Die Schriften in beiden Disciplinen sind höchst zahlreich und oft von sehr verschiedenen Ansichten ausgehend. Wir begnügen uns, die beachtungswerthesten anzuführen, die weniger bezwecken, ganz neue Systeme aufzustellen, als das für wahr empfehlenswerthe systematisch zusammengestellt, zu lehren.

Staatswirthschaftslehre.

Als kurze Encyklopädie der Hauptsachen, leicht faßlich vorgetragen, ist zu empfehlen:

†Say Katechismus der National=Wirthschaft, übersetzt von Fahnenberg. Karlsruhe, Braun. 1826.

Vollständiger, und einen Ueberblick sämmtlicher abweichenden Grundsätze gebend, zum Selbstunterrichte sehr geeignet ist:

†Storch Handbuch der Nationalwirthschaftslehre, übersetzt und mit Zusätzen versehen von Rau. Hamburg 1819.

Die wichtigsten Hand- und Lehrbücher sind außerdem folgende:

A. Smith Untersuchungen der Natur und Ursachen des Nationalreichthums, übersetzt von Garve. Breslau, Korn. 1810. 3 Bde.

Rau Ansichten der Volkswirthschaft, mit besonderer Beziehung auf Deutschland. Leipzig 1821.

Lotz Handbuch der Staatswirthschaftslehre. Erlangen 1821.

Jakob Grundsätze der National-Oekonomie. Halle und Leipzig 1809.

Gr. v. Soden die National-Oekonomie. Leipzig 1805.

Pölitz die Staatslehre. Leipzig 1808.

Oberndorfer System der National-Oekonomie. Landshut 1822.

†Say vollständiges Handbuch der praktischen National-Oekonomie, übersetzt von Rüder. Leipzig, Hartmann. 1829.

†Rau Lehrbuch der politischen Oekonomie. Heidelberg, Winter. 1826. 1828.

Thünen der isolirte Staat in Beziehung auf Landwirthschaft und Nationalökonomie. Rostock, Universitätsbuchhandlung. 1842. 2tes Heft.

Riedel die Nationalökonomie. Berlin bei Morin. 1838. 3 Bände.

Controle der Staatslasten durch die Kammern. Krit. Bl. 32ster Bd. 1stes Heft.

Aufhebung der Lehen und Fideicommisse in Bezug auf die Waldungen. Kr. Bl. 32ster Bd. 2tes H.

Hoffmann die Lehre von den Steuern. Berlin, Nicolai. 1840.

Dessen Sammlung kleiner Schriften. Ebendaselbst 1843.

Finanzwirthschaft.

v. Jakob die Staatsfinanzwissenschaft. Halle 1821.

Stokar von Neuforn vollständiges Handbuch der Finanzwissenschaft. Rothenburg a. d. T. bei Claß. 1808.

Harl vollständiges Handbuch der Staatswirthschaft und Finanzwissenschaft. Erlangen 1811.

Harl vollständiges Handbuch der Steuer-Regulirung, mit Rücksicht auf Geschichte und Literatur des Steuerwesens Erlangen 1814.

†Rau Grundsätze der Finanzwissenschaft. Heidelberg, Winter. 1837.

Schoen Grundsätze der Finanzwissensch. Breslau, Korn. 1832.

Eine praktische Anwendung der Staatswirthschaft und Finanzwissenschaft auf die Forstverwaltung und Forstgesetzgebung ist versucht in:

Pfeil Grundsätze der Forstwissenschaft, in Bezug auf die National-Oekonomie und Staatsfinanzwissenschaft. 2 Bde. Züllichau 1824. (Jetzt Berlin, Reimer.)

Einzelne Abhandlungen über national-ökonomische Rücksichten bei Bewirthschaftung der Forsten findet man in den:

Krit. Blättern 3ter Bd. 2tes Heft. 4ter Bd. 2tes Heft. 6ter Bd. 2tes Heft. 8ter Bd. 2tes Heft. 10ter Bd. 2tes Heft. 13ter Bd. 1stes Heft. 15ter Bd. 2tes Heft. 19ter Bd. 1stes Heft. 22ster Bd. 2tes Heft. 24ster Bd. 2tes Heft. 26ster Bd. 2tes Heft. 27ster Bd. 2tes Heft. 28ster Bd. 2tes Heft. 29ster Bd. 1stes Heft. 30ster Bd. 2tes Heft. 31ster Bd. 1stes Heft.

Hinsichtlich der Besteuerung der Forsten sind erschienen:

Pfeil Anleitung zur Feststellung der vom Forstgrunde zu erhebenden Grundsteuer. Leipzig, Baumgärtner. 1835.

Papius die Grundsteuer von der Holzwirthschaft. Frankfurt, Sauerländer. 1842.

Benzenberg der Kataster. Bonn, Weber. 1824.

Harl Handbuch der Steuerregulirung. Erlangen 1816.

Malchus Handbuch der Finanzwissenschaft. Stuttgart, Cotta. 1830.

Polizeiwissenschaft.

Allgemeine.

Der Forstwirth muß bei der Gesetzgebung über forstpolizeiliche Gegenstände wenigstens mitwirkend sein, wenn sie auch nicht von ihm allein ausgehen kann. Es darf ihm dabei das Allgemeine der Polizeiwissenschaft nicht fremd bleiben, denn die besondere Forstpolizei muß darin ihre Begründung finden.

Schriften, welche die Polizeiwissenschaft im Allgemeinen behandeln, sind:

Harl vollständiges Handbuch der Polizeiwissenschaft, ihrer Hülfsquellen und Geschichte. Erlangen 1808.

Behr System der angewandten Staatslehre. Frankfurt a. M. 1810. 3ter Band.

Pölitz Staatslehre. Leipzig 1808, 2ter Bd.

Schriften über Forstpolizei.

v. Cyriacy von der Waldwirthschaft und Forstpolizei. 2 Theile. Coburg 1798.

Hatzels Grundsätze der Forstpolizei. Heilbronn 1802.

E. D. Müller Begründung eines allgemeinen Forpolizeigesetzes. Nürnberg 1825.

v. Wedekind Anleitung zur Forststrafgesetzgebung, in dessen neuen Jahrbüchern der Forstwissenschaft.

Dessen Forstverfassung im Geiste der Zeit. Leipzig 1821 bei Baumgärtner.

Zeitschrift für das Forstwesen in Baiern. 1818.

Papius über Forstpolizei. Programm. Aschaffenburg.

v. Seutter die Forst-Polizei-Strafgesetzgebung. Mannheim, Schwan und Goetze. 1831.

Brumhard Versuch zur Begründung einer zeitgemäßen Forst-Straf-Gesetzgebung. Offenbach, Bredesche Buchdruckerei. 1833.

Krause über die Forstgesetzgebung in Deutschland. Gotha, Hennings und Hopf. 1834.

Müller, Dr. D. E., Versuch zur Begründung eines allgemeinen Forstpolizeigesetzes. Nürnberg, Riegel und Wiesener.

Pfeil die Forstgesetze Deutschlands und Frankreichs. Berlin, Veit und Comp. 1834.

Hundeshagen Lehrbuch der Forstpolizei (Encyklopädie 3te Abthl. 2te Aufl.). Tübingen, Laup. 1831.

Pfeil Forstschutz und Forstpolizeilehre. 2te Aufl. Berlin, Veit und Comp.

Schultze die Forstpolizei in Verbindung mit der Forstbenutzung. Lüneburg, Herold und Wahlstab. 1841.

Zierl über Entwaldung und Holztheurung. München bei Fleischmann. 1843.

v. Gehren die zweckmäßigste Verwendung des Holzes in Kurhessen. Kassel, Luckhardt. 1840.

Papius die Holznoth und die Staatsforsten. München, Lindauer. 1840.

Grebe, die Beaufsichtigung der Privatwaldungen von Seiten des Staates. Eisenach, Baerecke. 1845.

Smolers Vereinsschrift über denselben Gegenstand. 2tes Heft.

Forstliche Zeitschrift für Baden. 1ster Bd. 1ster Th. desgleichen.

Krit. Blätter 19ter Bd. 1ster Th. S. 63.

Anmerk. Die speciellen forstpolizeilichen Vorschriften sind in den verschiedenen Forstordnungen enthalten, so wie unter Forstschutz diejenigen Schriften nachgewiesen werden, welche über einzelne Gegenstände der niedern Forstpolizei geschrieben sind.

Kassen- und Rechnungswesen.

Es ist nicht nur in der Verwaltung von ganz außerordentlicher Wichtigkeit, daß das Kassen- und Rechnungswesen gut geordnet ist, sondern die Theorie desselben kann auch unläugbar als eine wichtige Hülfswissenschaft betrachtet werden. Gewöhnlich geht man von der Idee aus, daß beides in der Praxis empirisch gelernt werden müsse, und die Theorie sich von selbst daraus entwickeln werde. Selbst wenn der künftige Forstverwalter, wie allerdings vorauszusetzen ist, auch vor einer selbständigen Anstellung als Gehülfe in Kassen- und Rechnungssachen gearbeitet hat, so lernt er dadurch noch nicht immer beide in ihrem Zusammenhange übersehen. Fällt nun eine Abänderung in dem mechanisch Angelernten vor, so ist er aus dem Zusammenhange gerissen, und alles kömmt ihm neu und fremd vor, während doch häufig weniger das Wesentliche als die Form geändert wird. Auch weiß er sich seine Geschäfte nicht zu erleichtern, weil er sie nicht nach ihrem ganzen Zusammenhange übersiehet. Daher zum Theil die ganz unbegründeten Klagen über weitläuftiges und verwickeltes Rechnungswesen, die zum Theil ihren Grund darin haben, daß die Leute, die Rechnungsführung nicht gründlich verstehen, was zuweilen eben so gut die trifft, welche sie entwerfen und vorschreiben, als die, welche als rechnungsführende Beamte wirken sollen. So gut als der Kaufmann, bedarf auch der Forstbeamte einer Anleitung zur Kenntniß des Rechnungswesens.

Schriften, welche vom Rechnungs= und Kassenwesen handeln, sind:

Rudolphs Bruchstücke aus dem praktischen Forst= und Kameralwesen. Weimar 1794.

Handbuch der grundsätzlichen Forstwissenschaft (von Griesheim). Altenburg in der Hofbuchdruckerei, ohne Jahreszahl.

Walther Versuch eines Systems der Kameralwissenschaften 2ter Bd. §. 27. 93.

Wöhners Handbuch über das Kassen= und Rechnungswesen (für Preußen). 2te Aufl., bearbeitet von Symansky. Berlin 1824, bei Duncker u. Humblot.

Malchus Organismus der Behörden für die Staatsverwaltung. Heidelberg 1821.

Compendium der höhern Forstwissenschaft von Krause. Leipzig bei Fleischer. 1824.

Andrée Abhandlungen. 3ter Bd. 169.

Mayer Forstdirectionslehre. (3ter Th. Formulare.)

Bergius Kameralmagazin. 3ter Bd. 339.

Lehrbuch für Kassen= und Rechnungswesen. Quedlinburg, Basse. 1824.

Graaf, Handbuch des Kassen= und Rechnungswesens im Preuß. Staate. Berlin, Rücker 1831.

v. Wedekind Anleitung zur Forstverwaltung. Darmstadt, Leske. 1831.

Dessen neue Jahrbücher. 8tes Heft. Mainz 1830.

Dessen Darstellung des Preuß. Rechnungswesens. Allgem Jahrbücher 2ter Bd. 2tes Heft. 1832. Leipzig bei Reichenbach.

v. Jacob die Staatsfinanzwissenschaft. Halle, Hemmerde und Schwetzschke. 1820. 2ter Bd. S. 1284.

Ueber Einrichtung einer zweckmäßigen Forst-Registratur handeln:

Hartig K. F. vermischte Forstschriften. Leipzig, Baumgärtner. 1812.

Sintzel in der Zeitschrift für Baiern von Behlen. 5ter Band. 2—4tes Heft.

v. Wedekind Anleitung zur Forstverwaltung. Wedekinds neue Jahrbücher. 8tes Heft. S. 49.

Baukunst.

Die Kenntnisse, welche von dem Forstmanne aus der Baukunst verlangt werden können, müssen wir unter drei Abtheilungen betrachten, in sofern sie den Civil-Landbau, den Wasserbau und den Wegebau betreffen.

Die Errichtung von Gebäuden, sowohl der hölzernen als noch mehr der massiven, liegt ganz außer dem Wirkungskreise des Forstmannes. Selbst wo ihn als Forstverwalter die Verpflichtung trifft, im Walde Schuppen, Brücken, kleine Stauschleusen u. dgl. erbauen zu lassen, ist die Ausführung mehr Sache des Zimmermanns als des Forstwirths, so daß er mit der Konstruktion, dem Verbande rc. solcher Gebäulichkeiten nichts zu thun hat. Dagegen trifft ihn die Verpflichtung, 1) die Tauglichkeit des abzugebenden Holzes für bestimmte Zwecke richtig beurtheilen zu können, 2) in einzelnen Fällen, vorzüglich bei der Abgabe von freiem Bauholze, den Holzbedarf kontroliren und gutachtlich beurtheilen zu können. Nur nach dieser Ansicht sind die angeführten Schriften ausgewählt.

Schon größer ist der Bedarf an Kenntnissen vom Wasserbau, jedoch mehr für einzelne Reviere, so daß es mehr als eine zufällige Forderung angesehen werden kann, die an ihn gemacht wird, denn als eine solche, die an jeden Forstwirth ohne Ausnahme gemacht werden muß. Hier ist ihm oft die Ausführung nicht unwichtiger Bauwerke übertragen, die er leiten muß. Er wird sich dazu nur praktisch ausbilden können, doch erleichtert ihm das vorhergehende, oder besser, das damit verbundene theoretische Studium dies bedeutend.

Eine gewisse Kenntniß des Wegebaues muß man dagegen von jedem Forstmanne fordern, da ihn sehr häufig, wo nicht immer, die Herstellung der Waldwege trifft. Dabei dürfen ihm auch die gesetzlichen Vorschriften über Wegepolizei nicht fremd sein. Daß sich dies aber nicht auf den Bau von Kunst- oder auch nur von großen Landstraßen erstrecken kann, wird kaum einer Bemerkung bedürfen.

Landbau.

Triest Grundsätze richtiger Anfertigung der Anschläge, welche die Baukunst in sich begreift. Berlin 1815. 3 Bde.

†Triest Handbuch zur Berechnung der Baukosten, 2te Abtheilung: Zimmermannsarbeiten. 4. Berlin 1825.

Krause Compendium der niedern Forstwissenschaft. Berlin, Frölich. 1806.

†Hundeshagen Anleitung zur Entwerfung von Bauholzanschlägen. Tübingen 1818.

Krünitz Encyklopädie. 3ter Bd. Art: Baupolizei und Bauordnung, 22ster Bd. S. 310. (den Raum für Bauergehöfte betreffend.)

v. Trautschen Baukunst für den Forstmann. Dresden 1823.

Anmerk. Es ist zwar eine besondere Landbaukunst für den Forstmann, von Rommerdt, geschrieben (Bechstein-Laurop Forst- und Jagdwissenschaft 13ter Theil 1ter Band.); es ist dies jedoch ein so durchaus verfehltes Buch, daß wir es nicht anführen zu können glauben.

Wasserbaukunst.

Silberschlag ausführliche Abhandlung der Hydrotechnik. 2 Bde. Leipzig, Fritsche. 1772.

Joh. Georg Scheyers praktisch ökonomische Wasserbaukunst. 3te Aufl. Leipzig 1820.

Eytelwein praktische Anweisung zur Wasserbaukunst. 4 Hefte. Berlin, Reimer.

Dessen Anweisung zur Bauart der Faschinenwerke. Berlin, Reimer.

Handbuch der Wasserbaukunst von Rommerdt (13ter Theil 2ter Bd. der Bechstein-Lauropschen Forst- und Jagdwissenschaft). Gotha 1828.

Gudme Handbuch der Wasserbaukunst. Berlin bei Rücker.

Bergius Kameralmagazin. 2ter u. 9ter Bd.

Krünitz Encyklopädie. 8ter Bd. Art: Damm. 12ter Bd. S. 259. Art: Faschine.

† Wagner Anweisung zur Erhaltung der Dämme. Grimma 1827.

† Zeitter die forst- und landwirthschaftliche Wasserbaukunde. Stuttgart, Scheible. 1832.

König Waldpflege. Gotha, Beckersche Buchhandlung. 1849. S. 16.

Wegebaukunst.

Ein vollständiges Lehrbuch des Wegebaues für den Bedarf mangelt zwar noch, jedoch sind in folgenden Schriften hinreichende Materialien dazu vorhanden, und dürften nur von einem Sachverständigen, der aber vor Allem darauf denken muß, diesen Bedarf nicht zu überschreiten, zusammengestellt werden.

† Jägerschmid Handbuch für Holztransport und Floßwesen. 2 Bde. Karlsruhe, Müller. 1827.

Krünitz Encyklopädie. 62ster, 63ster Bd. Art. Landstraße.

Wie kann der Landmann seine Dorfwege verbessern. Cassel 1801.

Eickmayer über den Straßenbau in Sandgegenden. Frankfurt a. M. 1789.

La Motte Preußische Landesgesetze, den Wegebau betreffend. Leipzig 1789.

Fredersdorf praktische Anleitung zur Landpolizei. Pyrmont 1800.

Memoiren der Akademie der Wissenschaften zu Berlin 1768. S. 12.
Oeconomia forensis von Benkendorf. Berlin, Pauli. VII. Bd. S. 366.
Journal für das Forst- und Jagdwesen. Bd. IV. Heft 2. S. 153.
Monatsblatt der Königl. Märkisch ökonomischen Gesellschaft. 1824 1stes Stück.
Rietsch Forst- und Jagdneuigkeiten. 1826. Juni, Juli.
Bairisches Monatsblatt für Bauwesen. 1825. Nr. 11.
Forst- und Jagdzeitung. 1826. Nr. 22.
Bergius Kameralmagazin. 6ter Bd. Art. Landstraße.
Blumenwitz Anleitung zum Straßenbau durch Weidenzweige. Gießen. 1821.
Tarif der Wegebaukosten in Baiern. Mittheilungen aus dem Ministerial-Forstbüreau. 4tes Heft. S. 135.
† Karl Anleitung zum Waldwegebau. Stuttgart, Cotta. 1842.
Neidhardt der Waldwegebau. Frankfurt a. M., Hermannsche Buchhandlung. 1852.
Pfeil (E, Major a. D.) Preußens Kunststraßenbau. Berlin, 1845. Duncker u. Humblot.
König Waldpflege. Gotha, Beckersche Buchhandlung. 1849. S. 2.
Scheyer practisch-ökonomische Straßenbaukunst. Leipzig, Fleischer. 1796.
v. Wedekind neue Jahrbücher. 2te Folge. 2ter Jahrgang. 1stes Heft. S. 20.

Erhaltung der Alleebäume.

Annalen der Märkisch ökonom. Gesellschaft. Bd. 1. Heft 1.
Abhandlung des Berliner Gartenvereins. Berlin, Nicolai.
Erziehung von Alleebäumen. Behlens Zeitschrift für Baiern. Neue Folge. 11ten Bandes 3tes Heft. Erfurt 1840. S. 76.

Anmerk. Ueber den Sandbau unter Forstschutz.

Landwirthschaft.

Thaer Grundsätze der rationellen Landwirthschaft. Berlin, Reimer.

† Putsche Allg. Encyklopädie der gesammten Land- und Hauswirthschaft der Deutschen. Leipzig, Baumgärtner.

Loudon Encyklopädie der Landwirthschaft.

Geier Lehrbuch der Landwirthschaft. Sulzbach, Seidel. 1828. S. 106.

Papst Lehrbuch der Landwirthschaft. Darmstadt, Leske. 2te Aufl. 1826.

Kreyssig Handbuch der Landwirthschaft. Königsberg, Bornträger. 2te Aufl. 1840.

Schmalz Anleitung zum Bonitiren und Klassificiren des Bodens. Leipzig, Fleischer.

Loebe Encyklopädie der gesammten Landwirthschaft ꝛc. Leipzig, Wiegand 1854.

Eigentliche Forstwissenschaft.

Lehrbücher.

Es ist hier nicht der Zweck, die große Masse von Lehrbüchern anzuführen, welche seit 100 Jahren erschienen sind, da die Repertorien, z. B. das von Enslin, welches nur 5 Sgr. kostet, sie genügend nachweisen. Wir begnügen uns, die neuern wichtigern zu bezeichnen, wogegen bei den Artikeln jedes angeführt werden soll, welches den Gegenstand von einer beachtungswerthen Seite behandelt.

Hartig Lehrbuch für Förster. Tübingen, Cotta. 9te Aufl.

Klein Forsthandbuch für praktische Forstmänner. Frankfurt a. M. 1826.

† Hundeshagen Encyklopädie der Forstwissenschaft. Tübingen, Laupp. 1828. 2te Aufl.

†Pfeil neue vollständige Anleitung zur Behandlung der Forsten. 4te Ausgabe. Berlin 1854. Veit u. Comp.
†Cotta Waldbau. Dresden, Arnold. 3te Aufl.
Lehrbuch der Forstwissenschaft von Schultze. 1ster Bd. Lüneburg, Herold und Wahlstab. 1841. (3 Bde.)
Die Walderziehung von Schultze. Leipzig, Baumgärtner. 1839.
Feistmantel die Forstwissenschaft nach ihrem ganzen Umfange. 4 Bde. Wien, Beckſche Universitätsbuchhandlung. 1835.
Liebich Compendium der Forstwissenschaft. Wien, Braumüller. 1854.
Schwarz die Forstwissenschaft in kurzen Umrissen. Wien, Gerold. 1852.
Rothkögel Anleitung zur Kenntniß der Forstwissenschaft. Pest, Geibel. 1854.
†Cotta Grundriß der Forstwissenschaft. Dresden, Arnold. 3te Auflage.
†Gwinner der Waldbau. Stuttgart 1834.
König die Forstwissenschaft für den Forstdienst. Gotha 1834.
†Pfeil die Forstwirthschaft nach practischer Ansicht. Leipzig, Baumgärtner. 4te Aufl 1851.
G. L. Hartig die Forstwissenschaft nach ihrem ganzen Umfange. Berlin 1831.
Leinböck die Forstwirthschaft mit Beziehung auf Bergbau und Gebirgsforstwirthschaft. Leipzig 1834.
Stumpf Anleitung zum Waldbau. Aschaffenburg, Krebs. 1849.
Zoetl Handbuch der Forstwirthschaft im Hochgebirge. Wien, Gerold. 1831.

Privat-Forstwirthschaft.

Poock Anweisung zur Erziehung und Behandlung der Privatforsten. Rieten und Müllerhof in Mühlheim an der Ruhr.
Maron Anleitung für Privatwald-Eigenthümer. Posen bei Mittler. 1841.
Maron die Privatforstwirthschaft in kurzem Umblick. Breslau, Graß, Barth u. Comp. 1848.
Bode Handbuch der Bewirthschaftung der Forsten in den Ostseeprovinzen Rußlands. Mitau, Lucas. 1840.

Jäger die Privatforstwirthschaft des Odenwaldes. Darmstadt bei Kühler. 1848.

Aeltere beachtungwerthe:

Däzel Anleitung zur Forstwissenschaft. München, Lindauer. 1802.

Späth Handbuch der Forstwissenschaft. Nürnberg 1801—1805. Raspe.

Burgsdorf Forsthandbuch. 3te Aufl. Berlin 1800.

Walther Lehrbuch der Forstwissenschaft. 2 Theile. Gießen 1803.

Anmerk. Nach Bechsteins Plan sollte der Forstmann eine vollständige Encyklopädie der Forst- und Jagdwissenschaft unter dem Titel: die Forst- und Jagdwissenschaft in allen ihren Theilen, Gotha bei Hennings, erhalten. Die Ausführung des Planes ist aber gänzlich verfehlt. Das Ganze ist so theuer, einzelne Abtheilungen sind so schlecht, während andere gut sind, daß wir nur die einzelnen Abtheilungen, durchaus nicht das ganze Werk empfehlen können.

Wörterbücher.

Sachliche.

Onomatologia forestalis, oder Forst-, Fisch- und Jagdlexicon. Leipzig 1772—80. 4 Bde. (Für die damalige Zeit sehr gut, noch jetzt zuweilen benutzbar.)

Handbuch für praktische Forst- und Jagdkunde in alphabetischer Ordnung. 3 Bde. Leipzig 1796—97.

v. Bose neues allgem. praktisches Wörterbuch des Forstwesens. Leipzig 1810. 2 Bde.

Wald-, Forst- und Jägerei-Lexicon. 1764.

Thon nützliches Handwörterbuch für angehende Forst- und Waidmänner. Marburg, Krieger.

Mayers Zeitschrift für Baiern. 2ter Bd. 1814.

Harls alphabet. Repertorium des Neuesten 2c. aus der Land-, Haus- und Forstwissenschaft. Erlangen 1818. Expedition des Kameral-Correspondenten.

Behlen Real- und Verbal-Lexicon der Forst- und Jagdkunde mit ihren Hülfswissenschaften. Frankfurt a. M., Sauerländer. 1840. 6 Bde.

Hartig Forstliches Conversations-Lexicon. Berlin 1834. Nauckische Buchhandlung.

Forst-Terminologie.

Hartigs Anleitung zur Forst- und Waidmannssprache. Tübingen, Cotta. 1809.

Mayers Zeitschrift für Baiern. 1814. 2ter Bd.

Kurzgefaßte Beschreibung sämmtlicher Kunstwörter des Forst- und Jagdwesens. Leipzig, Köhler. 1803.

Die Bearbeitung der deutschen Forstsprache. Forst- und Jagdzeit. 1845. S. 241. 1846 ꝛc.

Forstliche Holzkenntniß.

Im Allgemeinen.

Siehe oben Forstbotanik und sind hierzu folgende Forstlehrbücher anzuführen, welche außer den daselbst nachgewiesenen diesen Gegenstand beachtungswerth behandeln.

Burgsdorf Forsthandbuch. Berlin, Pauli. 1800. 3te Aufl.

Medicus Forsthandbuch. Stuttgart 1802.

Niemann Inbegriff der Forstwissenschaft. Altona 1814. Hammerich. 1ster Bd.

Späth Handbuch der Forstwissenschaft. Nürnberg, Raspe. 1801.

v. Seutter Versuch einer Darstellung der allgemeinen Grundsätze der Forstwissenschaft. Ulm 1804.

Walther theoretisches praktisches Handbuch der Naturgeschichte der Holzarten. Baireuth 1793.

Mosers Kennzeichen der deutschen und nordamerikanischen Holzarten und Forstkräuter. Leipzig, Wienbrack. 1795.

Mosers praktische Forstnaturgeschichte. 2 Bände. Leipzig 1794. Dyk.

v. Wangenheim Beitrag zur deutschen holzgerechten Forstwissenschaft. Göttingen, Dieterich. 1787.

du Roi-Harbkesche wilde Baumzucht von Pott. Braunschweig 1795—1800. 3 Bde.

v. Werneck Anleitung zur Kenntniß der Holzpflanzen. Frankfurt a. M. 1791.

Das Verhalten der Waldbäume auf verschiedenem Boden. (Krit. Bl. mehrere Hefte. Siehe Bodenkunde.)

Pfeil das forstliche Verhalten der deutschen Waldbäume. 4te Aufl. Berlin, Veit u. Comp. 1854.

Heyer (Dr. Carl) der Waldbau oder die Forstproduktenzucht. Leipzig, Teubner. 1854.

Monographien und Behandlung der einzelnen Holzgattungen.*)

Die Eiche.

(Aeltere Literatur Mosers Forstarchiv. 19ter Bd. S. 15.)

Monographieen (und Kultur).

Burgsdorf Versuch einer Geschichte der Holzarten. 2ter Bd. Berlin, Pauli. 1787. 4.

Sierstorpf über die forstmäßige Erziehung, Erhaltung und Benutzung der vorzüglichsten inländischen Holzarten. 1ster Theil. Hannover, Hahn. 1797. 4.

Krünitz Encyklopädie 10ter Band. Art. Eiche.

Fuchs vollständiges Lehrbuch, die Eiche zu erziehen. Wien 1824.

Weiß forstbotanische Hefte. 1stes Heft die Eichen. Weimar 1800.

Hartig Forst- und Jagdarchiv. 1818.

Behandlung der Eichenwälder und Anbau derselben.

Außer den angeführten Forstlehrbüchern:

Kropf System und Grundsätze. Berlin bei Decker. 1807.

Laurop Beiträge zur Kenntniß des d. F. S. 479.

Dessen Briefe eines in Deutschland reisenden Forstmannes. 2ter Bd.

Ueber Schälwaldung.

Mayers Zeitschrift f. Baiern. 1813. 1stes, 3tes, 9tes Heft.

Laurop forstwissenschaftliche Hefte. 2tes Heft.

Forst- und Jagdzeitung. 1826.

v. Ußlar forstwissenschaftl. Bemerkung. Braunschweig 1791.

---

*) Die oben angeführten Forstlehrbücher, Handbücher der Forstbotanik, und Beschreibungen der Holzarten, werden hier zur Ersparung des Raumes nicht nochmals aufgeführt, obwohl sie alle von den wichtigern Holzgattungen handeln.

Slevogt Sammlung neuer Entdeckungen S. 110. 162.

Zanthier Abhandlungen, herausgegeben von Hennert. Berlin 1799. S. 198 ꝛc.

Wedekind neue Jahrbücher. 31stes Heft. S. 128.

Ebendaselbst 29stes Heft. S. 110.

Ebendaselbst 6tes Heft. S. 86.

Massaloup Anleitung zur Anlage von Eichen-Schälwald. Graß, Barth u. Comp. Breslau 1851.

Tharanter Jahrb. 4 Bde. S. 131.

Eichenschälwaldungen in Baiern. Mittheilungen aus dem Ministerial-Forstbüreau. 4tes Heft.

Wedekind neue Jahrbücher. 31stes Heft. S. 138.

Forst- und Jagdzeitung 1830. 150. 159.

Müller die Anlage von Eichen-Schälwaldungen. Verhandl. des Schles. Forstvereins 1850. 238.

Krit. Blätter 34ster Bd. 1stes Heft. S. 184. 32ster Bd. 2tes Heft. 236.

Eichensaaten und Pflanzungen.

Jacobi von der rechten Art, Eichbäume zu säen. Halle 1762.

Saurauw über die Eichensaat. Göttingen 1801.

Annalen der ökonomischen Gesellschaft in Potsdam. Band 1. Heft 1.

Abhandlungen der ökonomischen Gesellschaft in Bern. 1767

Nachrichten der Braunschweig-Lüneburger landwirthschaftl. Gesellschaft. 2te Sammlung S. 179.

Brumhard Beiträge. Frankfurt a. M., Sauerländer. 1sten Bds. 2tes Heft. S. 158.

Wedekind neue Jahrbücher. 22stes Heft. S. 89. 24stes Heft. S. 128.

Bairische Zeitschrift. Neue Folge 10ten Bds. 3tes Heft. Erfurt, Hennigs. 1839. S. 100.

Gedenkbuch der sechsten Versammlung der Land- und Forstwirthe von Löffelholz und Colberg. Stuttgart, Metzler. 1843.

Cotta Album 147.

Anzucht der Eiche.

Tharanter Jahrbuch. 5ter Bd. S. 113.

Mittheilungen aus dem Bairischen Ministerial-Forstbüreau. 1stes Heft. S. 42.

Ebendaselbst 3tes Heft. S. 102.
Verhandl. des Harzer Forstvereins. 1846. S. 130.
Wedekind neue Jahrbücher. Zweite Folge. 1851. S. 321.
Forst- und Jagdzeitung 1831. 444. 445.
Hundeshagen Beiträge III. 1. 134.
Verhandl. des Schles. Forstvereins. 1850. S. 152. 1852. 198.
Krit. Blätter 9ter Bd. 1stes Heft. 12ter Bd. 1stes Heft. 19ter Bd. 1stes Heft. 20ster Bd. 2tes Heft. 27ster Bd. 2tes Hft.
Würtembergsche Monatsschr. 2ter Bd. 146.
Krit. Blätter 32ster Bd. 2tes Heft. 33ster Bd. 1stes Heft.
Forst- und Jagdzeitung. 1835. S. 91. 1848. S. 88. 1850. S. 408.
Mayer Zeitschrift für Baiern. 3ter Band. 1815. 1823 1stes Heft.
Hartig Forst- und Jagdarchiv.
Laurop Jahrbücher. 1824. 2ter Jahrg. 1stes Heft.
W. Finger über die Anlegung von Eichengärten und Pflanzung der Eichen. Neue Aufl. Nürnberg 1802.
Stahl Forstmagazin. III. 105. IX. 16.

Buche.

(Aeltere Lit. Moser Forstarchiv. 19ter Bd. S. 19.)

Monographie.

Burgsdorf Naturgeschichte der Holzarten. 1ster Bd.

Verbreitung.

Schouws Pflanzengeographie. Berlin, Reimer.
Krit. Blätter 31ster Bd. 1stes Heft S. 236.

Behandlung der Anzucht.

Sauraum Beiträge zur Bewirthschaftung der Buchenhochwaldungen. Göttingen 1801.
v. Seutter Bewirthschaftung der Buchenwaldung. Ulm 1799.
v. Witzleben über die rechte Behandlung der Rothbuchenhoch- und Samenwaldungen. Leipzig 1805.
Maurers Betrachtungen. Leipzig 1783. S. 78.
Hartigs Journal für das Forst- und Jagdwesen. 1807. 4tes Heft. 1808. 2tes Heft.
Stahl Forstmagazin. 2ter Bd. S. 6.
Gießener wöchentl. gemeinnützige Anzeigen. 1764.

Münchhausens Hausvater. 3ter Theil. Hannover 1768.
Hannöversches Magazin 1768. 75—77stes Stück.
Sammlungen der ökonom. Gesellschaft in Bern. Th. 1. S. 3. u. 682. Th. 2. S. 235.
Hundeshagen Beiträge. 2ten Bds. 2tes Heft.
Forst- und Jagdzeitung. 1825. 1826.
Behlen neue Zeitschrift für Baiern. 1sten Bandes 2tes Heft. (1823.)
Laurop Annalen. 4ter Bd.
Mosers Forstarchiv. 24ster Bd.
Pfeil Behandlung des Mittelwaldes. Züllichau, Darnmann.
Laurop Jahrbücher. 1823. 1stes Heft.
Hartig Journal für das Forst- und Jagdwesen. 1806. 3tes Heft. 1807. 4tes Heft.
Forst- und Jagdzeitung. 1825. Nr. 14. 20.
Klauprecht Sylvaneion. 3tes, 4tes Heft.
Niemann Waldberichte. 1sten Bandes 3tes Stück. S. 545.
Linz Grenze zwischen Feld- und Waldkultur. Tabelle 13.
Th. Hartig vergleichende Untersuchungen des Ertrags der Rothbuche. Berlin, Förstner. 1847.
Wedekind neue Jahrbücher. Neue Folge. 4ten Bandes 2tes Heft. S. 272.
Desselben neue Jahrb. 22stes Heft. S. 121.
Brumhard Beiträge. 1sten Bds. 1stes Heft. S. 1.
Krit. Blätter. 6ter Bd. 1stes Heft. 5ter Bd. 2tes Heft. 9ter 2tes Heft. 10ter Bd. 2tes Heft. 12ter Bd. 2tes Heft. 13ter Bd. 1stes Heft. 17ter Bd. 1stes, 2tes Heft. 15ter Bd. 1stes Heft. 18ter Bd. 1stes Heft. 20ster Bd. 1stes, 2tes Heft. 21ster Bd. 1stes Heft. 22ster Bd. 1stes Heft. 29ster Bd. 1stes, 2tes Heft. 35ster Bd. 2tes Heft.
König Grundzüge der Buchenanerziehung, rein aus der Natur und Erfahrung gegriffen. (Als Manuscript gedruckt.)
Cotta Album. S. 64. 231.
Hartig Abhandlungen über interessante Gegenstände. Berlin 1830. S. 91.
Hundeshagen Beiträge. III. 1. Miscellen, 2tes Heft.
Sprengel forstliche Zeitschrift. II. 1. 223.
Braunschweiger Magazin. 1833. 3te Sect.
Tharanter Jahrbuch. 5ter Bd. S. 78.

Hundeshagen Beiträge. 3ter Bd. 1stes Heft S. 1, 78. (Tübingen, Laupp. 1833.)
Verhandlungen des Harzer Forstvereins 1849—52. S. 192, 2330.
Wedekind neue Jahrb. 2te Folge. 3ter Bd. S. 53.
Tharanter Jahrbuch 1ster Bd. (Buchenpflanzkämpe.)
Verhandlungen des Schles. Forstvereins 1851. 145.
Forst- und Jagdzeitung. 1846. 446. 1843. 293.

Ahorn. Behandlung und Anzucht.

F. Schmidt Anleitung zur Erziehung des Ahorns. Wien 1812.
v. Werneck Anleitung zur Ahornzucht. Marburg 1815.
v. Sponek über den Anbau des spitzblättrigen Ahorns. Mannheim 1800.
Laurop Annalen. 2ten Bandes 2tes Heft. 3ten Bandes 7tes Heft.
Kröne vom Anbau des Ahorns. Leipziger Intelligenzblatt 1770. S. 279.
Schriften der Berliner naturforschenden Freunde. 5ter Bd.
Mémoires d'Agriculture A. 1783. Trimestre de Printems.
Thunberg de Acero. Upsala 1798.
Lauth dissert. inaug. de Acero. Argent. 1781. 4.

Hainbuche.

Nachrichten der Lüneburg. landwirthschaftlichen Gesellschaft. 1ster Band. Zelle 1769.
Hartigs Journal für das Forst- und Jagdwesen. 1806. 1stes Heft. 1808. 2tes Heft.
Forst- und Jagdzeitung 1827. Nr. 85. (Ertrag der Hainbuche.)
Niemann Waldberichte. 1ster Bd. 163.
Forst- und Jagdzeitung. 3ter Bd.

Esche.

Moser Forstarchiv. 19. S. 22.
Hannöversches Magazin. 1768. 20stes Stück.
Hadlich Uebersetzungen und Abhandlungen. Langensalze 1763. S. 169—298.
Leipziger Intelligenzblatt. 1770. Nr. 29.

Abhandlungen der Mainzer Akademie der Wissenschaften. 2ter Bd. S. 177.
Mém. de Paris. 1767.
Riemann Waldberichte. 1ster Bd. 159.

Ulme.

(Moser Forstarchiv. 19ter Bd. S. 22.)
Spitz Erziehung der Ulme. Erfurt 1796.
Leipziger Intelligenzblatt. 1764. Nr. 33. 1767. S. 87.
Hartigs Archiv für Forst- und Jagdwissenschaft. 6ter Bd.
Mém. de l'Inst. Nat. des Sc. et des Arts. Tom. 2. Sect. Math. et Physic. p. 23.
Soc. Phylomath. Tom. 1. A. 8.
Mém. de Toulouse. T. 3. (Krankheiten der Ulme.)
Krünitz Encyklopädie. 129ster Bd. S. 68. (S. 103 ist die Literatur der Ulme ziemlich vollständig nachgewiesen.)
Forst- und Jagdzeitung. 1828. Nr. 55. (Krankheiten d. U.)
Zanthier Abhandlungen, herausgegeben von Hennert. Berlin 1799. 2te Samml.
Kasthofer Bemerkungen auf einer Alpenreise. 129. 150. 190. 192.
Andrée Abhandlungen. 2ter Bd. S. 127.
Stahl Forstmagazin. VI. 207. XI. 73.
Krit. Blätter. 6ter Bd. 2tes Heft. 17ter Bd. 1stes Heft. 19ter Bd. 1stes Heft.

Pappel. Populus.

(Moser Forstarchiv. 19. 23. 24.)
Annalen der Mecklenburger Landwirthschaftsgesellschaft. 1ster Theil. S. 180. 203. 219.
Schreiber neue Kameralschriften. 3ter Theil. Halle 1766. S. 540.
Uebersetzung der Mainzer Akademie der Wissenschaften. 2ter Bd. S. 171.
Mém. d'Agriculture. 1786.
Leonhardi über die Erziehung und Pflanzung der Pappeln. Leipzig, Baumgärtner. 1798.
Beckmanns ökonom. Bibliothek. XXI. S. 272.
Stahl Forstmagazin. VI. 235.

Moser Forstarchiv. 5ter Bd. S. 1.
Liebich Forstjournal 1833. Nr. 5.

Birke.

(Moser Forstarchiv. 19ter Bd. S. 21.)
Hannöversche nützliche Sammlung. 1754. 16tes Stück. 1755. 6tes Stück.
Stahl Forstmagazin. 1ster Bd. 281.
Hannöversches Magazin. 1767. 56stes Stück.
Leipziger Intelligenzblatt. 1770. Nr. 29.
Oekonom. Nachrichten der Gesellschaft in Schlesien. 3ter Bd. S. 410. 7ter Bd. 410.
v. Seckendorf über die höchste Benutzung der Birke. Leipzig 1800. Compt. für Literatur.
Laurop Annalen. 5ter Bd. 3tes Heft.
Kropf System und Grundsätze. S. 176.
Niemann Waldberichte. 1stes Stück.
Laurop vom Anbau der Birke. Leipzig 1790.
Gotthard Cultur der Birke ꝛc. Mannheim, Herold. 1798.
Laurop Jahrbücher. 1824. 2ter Jahrg. 1stes Heft.
Hartig Journal für die Forst- und Jagdwissenschaft. 1806. 4tes Heft.
v. Zanthier Abhandlungen, herausgegeben von Hennert. 2te Samml.
Moser Forstarchiv. 4ter Bd. 264.
Pfeil Anleitung zur Behandlung der Forsten. 2ter Bd.
Verhandl. des Schles. Forstvereins. 1841. 1842.
Laurop über den Anbau der Birke. Journal für das Forst- und Jagdwesen. II. 2. 32. IV. 2. 17.
Forst- und Jagdzeit. 1826. Nr. 73. 74. 1827. S. 327.

Erle. (Alnus glutinosa.)

Moser Forstarchiv. 19ter Bd. S. 21.
Weigel Magazin für Freunde der Natur. Berlin 1794.
Stahl Forstmagazin. 5ter Bd. S. 1. 11ter Bd. S. 88.
Hannöversches Magazin. 1767. 35stes, 36stes Stück. 1766.
Leipziger Intelligenzblatt. 1769. Nr. 36. 1770. Nr. 29.
Guiot Forsthandbuch. Nürnberg 1771.

Abhandlungen der Schwedischen Akademie der Wissenschaften. Leipzig 1767. S. 222.

Reinhards vermischte Schriften. Leipzig und Frankfurt 1760. 2tes Stück.

Oekonomische Nachrichten der Gesellschaft in Schlesien. 3ter Bd. S. 84.

Nachrichten der Braunschweig-Lüneburg. landwirthschaftl. Gesellschaft. 5te Samml. S. 551.

Gedanken über den Anbau des Erlenholzes. Leipzig, Reinecke. 1797.

Biörn über Erlen und deren Behandlung. Danzig 1819.

Löwis Anleitung zur Forstwirthschaft für Liefland. Riga und Dorpat. 1814.

Gr. v. Sponeck forstl. Ansichten u. Bemerkungen. Mannheim und Heidelberg bei Schwan und Götz.

Zschocke Alpenwälder. S. 192.

Krit. Blätter. 9ter Bd. 1stes Heft. 11ter Bd. 1stes Heft. 17ter Bd. 1stes Heft.

Forst- und Jagdzeit. 1831. 560. 571. 1853. 121.

Nordische Weißerle. (B. Aln. incana.)

v. Löwis Anleitung (s. oben).

Schriften der Berliner naturforschenden Freunde. 9ter Band. S. 323.

Kasthofer Bemerkungen über die Alpenwälder. Aarau 1818.

Dessen Bemerkungen auf einer Alpenreise. Aarau 1822. S. 68. 95. 166.

v. Gall Anbau der Weißerle. Gießen bei Heyer. 1833.

Bergerle. (Betula alnus viridis montana.)

Stahl Forstmagazin. V. 4.

Zschocke Alpenwälder. S. 186.

Kasthofer Bemerkungen auf einer Alpenreise. S. 41.

Linde.

Münchhausens Hausvater. 5ter Bd.

Schreber Sammlungen verschiedener Schriften. Halle 1755—1764. 9ter Bd. 11ter Bd.

Germershausen ökonom. Real-Lexicon. Hannover, Hahn. 3ter Bd. S. 438.

Soc. Philom. A. 8.
Krünitz Encyklopädie. 78ster Bd. S. 238.
Andrée Abhandlungen. 2ter Bd. S. 26.
Ventenat Monographie du genre Tilleul. Paris 1802. 4.

Weiden.

Aufmunterung zum Anbau und zur Erhaltung der Saalweide von Zeitter. Stuttgart, Löfflund. 1798.
Vermischte physikalische Beiträge von Weißmantel. Leipzig 1777. 2tes Stück.
Weise Anweisung zur Behandlung der Kopfweide. Rudolstadt 1804.
Briefwechsel, die Mecklenburger Landwirthschaft betreffend. Schwerin 1787. 2ter Bd. S. 371.
v. Wedekind neue Jahrbücher. 5tes Heft.
Slevogt Sammlung neuer Entdeckungen. S. 98. 104.
Höks ökonomische Pflanzengeschichte der Weidenbäume. Hanau und Offenbach 1782.
v. Hobe Etwas vom Anbau 2c. der Weiden. Greifswald 1786.
Hoffmann Historia Salicum. II. Vol. Lipsiae 1787—1791.
Mey Anweisung zur wilden Baumzucht. Stettin 1792.
W. Finger praktische Abhandlung vom Schnadeln der Bäume und Anpflanzen der Kopfweide. Cassel 1797.
Forst- und Jagdzeitung. 1826. 61. 1827. 5.
Oekonomische Pflanzengeschichte derer Weiden und Pappelbäume. Hanau 1782.
Hoppmann Historia Salicum iconibus illustrata. Lipsiae 1785. II. Vol. c. icon.
Stahl Forstmagazin. III. 275.
Riemann Waldberichte. 1ster Bd. 35. 47.
Mosers Forstarchiv. 5ter Bd. 1.
Unterricht über die Pflanzung der Wasserweiden 2c. Salzburg 1797. (In Commission Leipzig bei Gräff.)
Biörn Uebersicht der vortheilhaftesten Behandlung und Benutzung der preuß. Weidenarten. Danzig, Kummer. 1804.

Die Hasel.

Annalen der ökonomischen Gesellschaft in Potsdam. Band 1. Heft 2.

Der Faulbaum. (Rhamnus frangula.)

Mosers Grundsätze der Forstökonomie.
Krünitz Encyklopädie. 12ter Band. 294.

Rheinweide. (Ligustrum vulgare.)

Schriften der Leipziger ökonomischen Societät. Michaelismesse. 1778. S. 27.
Krünitz Encyklopädie. 78ter Bd. S. 745.

Taxus.

Andrée Abhandlungen. 3ter Bd. S. 15.
Broehmer Diss. de Taxo baccata. Wittenb. 1796. 4.
Abbildung der deutschen Giftgewächse von Ratzeburg und Brand. 1ste Abth. Berlin 1834.

Berberitzen. (Berberis vulgaris.)

Abhandlungen der Schwed. Akademie der Wissenschaften. 1749.
Oekonomische Nachrichten der Gesellschaft in Schlesien. 1ster Bd. S. 39.
Andree Abhandlungen. 3ter Bd. Nr. 10.
Humphry Marshalls Beschreibung der Landwirthschaft in der Grafschaft Norfolk, übersetzt vom Gr. von Podewils. Berlin 1798.
Krünitz Encyklopädie. 4ter Bd. S. 194. (Siehe daselbst die zahlreiche Literatur.)

Gemeine Hülse. (Ilex aquifolium.)

Stahl Forstmagazin. I. S. 19.

Ginster. (Genista.) **(Anlegung von Hecken davon.)**

Berliner Intelligenzblatt. 1758.
Breslauer Sammlungen. Oktober 1728.
Allgemeine Haushaltungs= und Landwissenschaft. Leipzig 1759. 1ster Theil.
Physikalisch ökonomische Auszüge. Stuttgart 1762. 4ten Bds. 3tes Stück. 6ten Bds. 2tes Stück.
Schreber Sammlungen (s. oben). Halle 1760. 5ter Theil.
Krünitz Encyklopädie. 17ter Bd. S. 356 u. f.

Pinus.

(Aeltere Literatur der Nadelhölzer, Moser Forstarchiv. 19ter Bd. S. 9.)

Monographie der Pinus-Arten.

Lambert Description of the genus Pinus. London 1803. (Ein vortreffliches, nur sehr kostbares Werk, dessen Uebersetzung, wenigstens im Auszuge, mit Steindrucktafeln wohl zu wünschen wäre.)

Verbreitung. Schouws Pflanzengeographie.

Link, Verbreitung der Pinus-Arten. Abhandlungen der Berliner Akademie der Wissenschaften; physikalische Klasse. Jahrg. 1827. S. 151—197.

Kiefer. (Pinus sylvestris.)

Mémoires d'Agriculture 1785. Automne 1786. Hiver.

Abhandlungen der Schwedischen Akademie der Wissenschaften. 1746. 1769.

Abhandlungen der ökonomischen Gesellschaft in Bern. 1763. 4tes Stück.

Annalen der ökonomischen Gesellschaft in Potsdam. 1ster Band. 2tes Heft.

Slevogt Sammlung neuer Entdeckungen. S. 70.

Kropf System und Grundsätze. Berlin 1807.

Vorschläge zur Verbesserung der Kiefersaat, Berlin 1785.

Klauprecht Sylvaneion. 3tes Heft.

Hartig Forst- und Jagdarchiv. 1816. 1817. 1818. 1819. Dresden. 7ter Bd.

Pfeil kritische Blätter. 3ten Bds. 2tes Heft.

Hartig Kultur der Waldblößen. Berlin 1827.

Forst- und Jagdzeitung. 1826. Nr. 1. 22. Mai 1828.

Burgsdorf Forsthandbuch.

Krünitz Encyklopädie. 37ster Bd.

Mayers Zeitschrift für Baiern. 1813. 1814. 1823.

Laurop Annalen. 6ten Bds. 4tes Heft.

Kunze Anweisung zum Anbau des Nadelholzes. Dettmold bei Lauenburg. 1788.

Andrée Abhandlungen. 3ter Bd. Nr. 4.

Lindenthal forstwissenschaftl. Versuch über die Kiefernsaaten. Frankfurt a. d. O. 1800.

Laurop über Forstwissenschaft. Leipzig 1793.

Walther Forstwissenschaft. Gießen 1803. S. 159.

M. G. Käplers Gutachten vom Anbau und Benutzung eines Kiefernwaldes. Leipzig 1798. Hinrichs.
W. H. Käplers Gutachten wie bei dem An-, Fort- und Ausgang eines Waldes zu verfahren sei. Eisenach 1772.
Hartig Forstjournal. 1806 2tes Heft.
Hundeshagen Beiträge zur Forstwissenschaft. 2ter Bd.
Zanthier Abhandlungen, herausgegeben von Hennert. 1ste Samml. S. 235.
Büchner Dissertat. de Pinastro sive Pino sylvestri. Hal. 1754. 4.
Kurze Anweisung zum Anbau des Nadelholzes, insbesondere auf Gegenden gerichtet, wo Heide ist. Duisburg 1788.
Mosers Forstarchiv. 4ter Bd. 244. 16ter Bd. 1.
Pfeil Anleitung zur Behandlung der Forsten. 2te Abth. Berlin, Veit u. Co. 4te Aufl.
Monatsblatt der märk. öconomischen Gesellschaft in Potsdam. 1830. Nr. 3.
Hartig Abhandlungen über interessante Gegenstände. S. 195.
Wedekind allgem. Jahrb. Neue Folge 1830 u. 1831. 1stes u. 3tes Heft.
Liebig aufmerksamer Forstmann IV. 1. 11.
Liebig Forst- und Jagdjournal. 1833. Nr. 9.
Wedekind allgem. Jahrb. 1835. 4tes Heft.
Hundeshagen Beiträge. 11ter Bd.
Verhandl. des Schles. Forstvereins. 1842. 1843. 1846.
Krit. Blätter. 5ter Bd. 2tes Heft. 6ter Bd. 2tes Heft. 17ter Bd. 1stes Heft. 7ter Bd. 2tes Heft. 9ter Bd. 1stes Heft. 10ter Bd. 2tes Heft. 24ster Bd. 1stes Heft. 27ster Bd. 2tes Heft. 28ster Bd. 1stes Heft.
Forst- und Jagdzeit. 1843. S. 414. 1850. 401. 1852. 47.

Fichte. (Pinus. Abies Linné.)

Monographie.

Sierstorpf die Erziehung ꝛc. der vorzüglichsten inländ. Holzarten. Hannover, Hahn. 2ter Theil.

Erziehung, Behandlung ꝛc.

Krünitz Encyklopädie. 1ster Bd.
Stahl Forstmagazin. 1ster Bd.

Moser Forst- und Jagdarchiv. 5ter Bd. S. 62. 251. 255.
Behlen neue Zeitschrift für Baiern. 1sten Bds. 2tes Heft.
Laurop Jahrbücher. 1824. 2ten Bds. 1stes, 4tes Heft.
Friedels Lehrbuch der natürlichen und künstlichen Holzzucht Erlangen 1811.
Thiersch über den Waldbau. Leipzig 1823.
Hundeshagen Beiträge. 2ten Bds. 1stes Heft.
Forst- und Jagdzeitung. 1825. Nr. 64. 101. 1826. Nr. 11. 59. 1828. 29.
Pfeil kritische Blätter. 4ten Bds. 2tes Heft.
Laurop Annalen. 6ten Bds. 4tes Heft.
Hartig Journal für das Forst- und Jagdwesen. 1806. 1stes Heft.
Laurop Beiträge zur Kenntniß der deutschen Forsten (darin v. Wedekinds Beschreibung des Harzes).
Liebigs aufmerksamer Forstmann. 1ster, 2ter Bd.
Hartig Archiv f. d. F. u. J. W. 1818. 1.
Hundeshagen Beiträge z. F. 1sten Bds. 1stes Heft. 2ten Bds. 1stes Heft.
Zschocke Alpenwälder. S. 170.
Forst- und Jagdzeitung. 1829. S. 545.
Hartig Forst- und Jagdarchiv. 7ter Bd. (Ertrag.)
Verhandlungen des Harzer Forstvereins. 1846. S. 40, 149. 1849—52. S. 64. 132. 145.
Tharanter Jahrbuch. 4ter Jahrg. S. 1. 9ter Jahrg. S. 212.
Hartig Abhandl. über interessante Gegenstände. S. 181.
Forst- und Jagdzeit. 1833. Nr. 105.
Gwinner Waldbau.
Verhandl. des Schlesischen Forstvereins. Jahrg. 1841. 1842. 1844. 1845. 1852.
Krit. Blätter. 31ster Bd. 2tes Heft. S. 214. 234.

Absprünge der Fichte.

Stahl Forstmagazin. 5ter Bd.
Oelhafen von Schöllenbach Abbildung wilder Bäume rc. Nürnberg 1767—82. Campe.
Gleditsch nachgelassene 4 Abhandlungen. Berlin 1788.
Mosers Forstarchiv. 4ter Bd.
Borkhausen Forstbotanik. S. 387.

Sierstorpf Monographie der Fichte. S. 9.
Bechstein Forstbotanik.
Dessen Jagdzoologie.
Hartig Forst- und Jagdarchiv. 1818. 4tes Heft.
Laurop Jahrbücher. 1823. 3tes Heft.
Mém. de Berlin. 1775. p. 118.
Slevogt Sammlungen. S. 338.
Beckmann Erfahrungen von der Holzsaat. 2te Aufl. Chemnitz 1777. S. 287.
Pfeil kritische Blätter für Forstw. 3ten Bds. 1stes Heft. 5ten Bds. 1stes Heft.
Mayers Zeitschrift für Baiern. 2ter Bd. 1814. 7tes Heft. S. 3.
Liebig aufmerksamer Forstmann. 3ter Bd. 2tes Heft.
Forst- und Jagdzeitung. 1827. Nr. 106. 1828. Nr. 100.
Andrée Abhandlungen. 1821. S. 231.

Weißtanne. (Pinus picea. Linné.)

Behlen neue Zeitschrift für Baiern. 4ten Bds. 3tes Heft. 6ten Bds. 4tes Heft. 1829.
Laurop forstwissenschaftl. Hefte. Nürnberg 1828. 2tes Heft.
Forst- und Jagdzeitung. 1827. S. 2.
Wedekind neue Jahrbücher. 24stes Heft. S. 1.
Desselben neue Jahrb. Zweite Folge. 3ter Bd. S. 53.
Gwinner Waldbau.
Forst- und Jagdzeit. 1832. Nr. 14.
Krit. Blätter. 17ter Bd. 1stes Heft. 20ster Bd. 2tes Heft.
Gwinner forstl. Mittheil. 3ter Bd. 12tes Heft. S. 58.
Würtembergsche Monatsschr. 2ter Bd. 21. 135. 143.
Krit. Blätter. 31ster Bd. 2tes Heft. S. 251.
Forst- und Jagdzeit. 1838. Nr. 91. 1840. Nr. 28. 1841. 122.

Lerche. (P. Larix.)

Hannöversche nützliche Sammlungen. 1757. 4tes Stück.
Schrebers Sammlungen. 1ster Theil. S. 149. S. 166.
Zinkens Leipziger Sammlungen. 9ter Bd. S. 1069.
Zanthier im Leipziger Intelligenzblatt. 1775. 53stes Stück.
Hannöversches Magazin. 1767. 99stes Stück. 1776. S. 526.
Lichtenberg Magazin für das Neueste aus der Physik und Naturgeschichte. Gotha 1787. 3tes Stück. S. 107.

Hannov Seltenheiten der Natur und Oekonomie. Leipzig.
Gleditsch systemat. Einleitung. 2ter Theil. S. 44.
Erhard ökonomische Pflanzenhistorie. Ulm, Stettin, 7ter Bd. §. 47. S. 212.
Pallas Reisen durch einige Provinzen des Russischen Reichs. Petersburg 1771—76. 1ster Bd. S. 751. 2ter Bd. 128.
Mémoires d'Agriculture. 1787.
Neue ökonomische Nachrichten der patriot. Gesellschaft in Schlesien. 1780. 1ster Bd. S. 39. 43.
Krünitz Encyklopädie. 65ster, 77ster Bd. Art. Lerche.
Stahl Forstmagazin. Versch. Bände.
Moser Forstarchiv. 4ter Bd., 23ster Bd., 25ster Bd.
Lapuchin Tagebuch einer Reise. Altenburg 1775.
Medikus Forstjournal. 1ster Bd. S. 223.
Fragmente, Nachrichten und Abhandlungen zur Beförderung der Finanzen. Berlin 1791.
Höck über Erziehung des Lerchenbaums. Nürnberg 1797.
Moser Bemerkungen über den Anbau der Lerchen. Hoff 1799.
Drais Abhandlung vom Lerchenbaume. Ulm bei Stettin 1801.
Hennert Bemerkungen auf einer Reise nach Harbke. Berlin, Nicolai. 1792.
Mayers Zeitschrift für Baiern. 1813. 5tes, 6tes, 12tes Heft.
Lemke über den Lerchenbaum. Hannover 1828.
Hartig Journal. 1806. 1stes Heft.
Hartig Forst- und Jagdarchiv. 1816. 4.
Hundeshagen Beiträge. 2ter Bd. 2tes Heft.
Kasthofer Bemerkungen auf einer Alpenreise. S. 85. 111. 143.
Zschocke Alpenwälder. S. 159.
Kasthofer Bemerkungen über die Wälder der Berner Alpen. Aarau 1818. S. 13 ꝛc.
Wedekind Jahrbücher. 6tes Heft.
Der König und die Königin der Löhrbäume, von Höller. Brünn 1820.
Andrée Abhandlungen. 2ter Bd. 193.
Kritische Blätter. 5ten Bds. 1stes Heft.
Wedekind neue Jahrb. 27stes Heft. S. 119.
Ebendas. 29stes Heft. S. 131.
Ebendas. 6tes Heft. S. 115.

Zeitschrift für Baiern. Neue Folge. 2ten Bds. 1stes Heft. Erfurt, Hennings. 1842. S. 87.
Verhandl. des Harzer Forstvereins. 1849—52. S. 150. 1843—1845.
Blauel über den Lerchenbaum. Ilmenau 1830.
Lemke über den Lerchenbaum. Hannover 1829.
Ertrag der Lerche. Smoler Vereinsschr. 3tes Heft. S. 17.
Die Lerche. Smoler Vereinsschr. 9tes Heft. 57.
Forst- und Jagdzeit. 1841. S. 273.

Pinus cembra. **Zirbelkiefer.**

Mayers Zeitschrift für Baiern. 2ter Bd. 3tes, 10tes Heft. 1ster Bd. 1stes Heft.
Zschocke die Alpenwälder. Tübingen, Cotta. 1804. 145.
Kasthofer Bemerkungen über die Wälder und Alpen des Bernerischen Hochgebirges. Aarau 1818.
Kasthofer der Lehrer im Walde. Bern 1828.
Gatterer, Mosers neues Forstarchiv. 9ter Bd. S. 92.
Kasthofer Bemerkungen auf einer Alpenreise. Aarau 1822. S. 112. 140.
Mosers Forstarchiv. 26ster Bd. 92.

Pinus Mughus u. Montana. **Krummholzkiefer, Legfohre.**

Naturhistorische Briefe über Oesterreich, von J. Paula v. Schrank. Salzburg 1785. 2ter Bd.
Beckmann ökonom. Bibliothek. 14ter Bd. S. 191.
Kasthofer Bemerkungen über die Alpenwälder. S. 18.
Medikus Anleitung zur deutschen Forstwirthschaft. S. 67.
Kasthofer Bemerkungen auf einer Alpenreise. S. 157. 217.
Forst- und Jagdzeitung. 1829. Nr. 35.
Zschocke Alpenwälder. S. 180.
Stahl Forstmagazin. IX. 323.
Wesselys Alpenländer. S. 358.
Verhandl. des Schles. Forstvereins. 1843. 48.
Liebig Forstjournal. 1832. 1. 16.
Krit. Blätter. 31ster Bd. 1stes Heft. S. 240.

Pinus nigra Austriaca. **Oesterr. Schwarzkiefer.**

Andrée Abhandlungen aus dem Forst- und Jagdw. 2ter Bd. Nr. 1. 5. 10. 17.
Wedekind neue Jahrb. 20stes, 22stes Heft. S. 107.
Höß Monographie der Schwarzföhre. Wien 1831 bei Strauß Wittwe.
Grabener Anfangsgründe det Naturkunde für den Forstmann. Wien 1838. 2ter Bd. S. 267.
Wesselys österr. Alpenländer. 1ster Bd. S. 371.
Urkull-Gyllenband Beschreibung der österreichischen Schwarzkiefer. Frankfurt a. M, Sauerländer. 1845.
Krit. Blätter. 29ster Bd. 1stes Heft.

Sumpfkiefer. (?)

Mayers Zeitschrift für Baiern. 13ter Bd. 8tes Heft. S. 23.

Pinus cinera Prussica. **Graue preuß. Fichte.**

Schriften der Berliner naturforsch. Freunde. 9ter Bd.

Juniperus. **Wachholder.**

Wilhelm Diss. tradens Iuniperum. Argent. 1718. 4.
J. C. Klein Dissert. inaug. de Iunipero. Altorf. 1719. 4.

Nordamerikanische Hölzer und deren Anbau.

Der Glaube, daß die nordamerikanischen Holzgattungen die einheimischen deutschen an Schnelligkeit des Wuchses weit überträfen, und deshalb vorzüglich sich zur Steurung des befürchteten Holzmangels eigneten, hat sich zuerst in England verbreitet, wo man sie in den Parks und Gärten schon häufig zog, ehe sie noch in Deutschland bekannt waren. Von dort verbreitete sich die Mode ihres Anbaues nach Frankreich und selbst in das obere Italien. Erst als der nordamerikanische Freiheitskrieg, wo sie v. Wangenheim hatte kennen lernen, vorüber war, begann die Sucht, sie überall anzubauen, in Deutschland in großem Maße. Dü Roi, Medikus, Burgsdorf, Wangenheim empfahlen sie dringend, das Interesse, welches die Samenhändler hatten, den Gewinn bringenden Samenhandel in Schwung zu bringen, der rasche Wuchs in den Gartenanlagen zu Harbke, Schwetzingen, Wörlitz u. s. w. erfüllte die Welt mit ihrem Rufe. Umsonst sprachen erfahrene Forstwirthe, wie Hartig, Witzleben dagegen, die Schreier überschrieen sie und die Mode mußte, wie immer, erst austoben, bevor man zur Besinnung kam. Nicht bloß große Summen sind weggeworfen, um durch sie die Wälder schnell in Bestand mit üppig aufschießenden Beständen zu bringen, auch große Massen Papier sind mit den Empfehlungen und der Anleitung zu ihrer Erziehung bedruckt. Man könnte eine mäßige Bibliothek zusammenbringen, wenn man alles sammeln wollte, was sich darauf bezieht, denn keine Akademie der Wissenschaften hat ihre Memoiren rein davon erhalten können, keine ökonomische Zeitschrift existirt, die nicht voll davon wäre, ungerechnet der vielen Forstschriften und Abhandlungen in den forstlichen Zeitschriften. In Deutschland ist diese Sucht vorüber, und es lohnt sich nicht der Mühe, alle Spuren dieser Modethorheit zu sammeln; es wird genügen, nur das Wichtigste sie betreffend anzuführen. In Frankreich scheint sie noch einmal auftauchen zu wollen, so wie denn dieses überkluge Volk, welches mit so großer geistiger Ueberlegenheit stolz auf die nordischen Barbaren herabsicht, wenigstens im Forstwesen immer um ein halbes Jahrhundert zurück, ziemlich schwerfällig hinter den Deutschen herstolpert, wenn es gleich die phantasiereichen Phrasen dabei nicht fehlen läßt.

Als Hauptwerke, diesen Gegenstand betreffend, sind anzuführen:

† v. Burgsdorf Anleitung zur sicheren Erziehung der einheimischen uud fremden Holzarten. Berlin, 3te Aufl. 1805.

Marshall Beschreibung der wildwachsenden Bäume in Nordamerika, übersetzt von C. F. Hoffmann. Leipzig 1788.

† du Roi, die Harbkesche wilde Baumzucht. Braunschweig 1772.

Medikus der unächte Acacienbaum. 5 Bde. 1796—1803. Mannheim. (Wienbrack in Leipzig.)

v. Wangenheim zur deutschen Holzgerechten Forstwissenschaft. Göttingen, Dieterich. 1787.

Abhandlungen und Bemerkungen der kurpfalzbairischen physikalisch-ökonomischen Gesellschaft in Mannheim.

† Borchmeyer Deutschlands Baumzucht. Münster 1823.

Außerdem sind beachtungswerth als gegen den Anbau dieser Hölzer strebend:

Hartig Beweis, daß durch den Anbau der Acacie dem Holzmangel nicht abgeholfen werden kann. Marburg 1795.

v. Witzleben Beiträge zur Holzkultur. 1783.

v. Kropf System und Grundsätze. Berlin 1807.

Fintelmann die Wildbaumzucht. Berlin bei Herbig 1841.

† Lenz die Wildbaumzucht. Stuttgart, Cotta. 1843.

Zu dieser Literatur gehören ferner:

Mémoires d'Agriculture. 1786. Hiver. 1787. Automne. 1788. Aut.

Mémoires de Bruxelles. 1782.

Nouveaux Mém. de Dijon. 1784. Sém. 2.

Mém. de la Soc. Sav. et Litér. T. 1.

Rapports de la Soc. d'Agriculture du Doubs.

Mém. de la Soc. d'Agriculture de la Haut Marne et des Ardennes.

Atti della Soc. Patriot. di Milano. Vol. 3. LXII.

Abhandlungen der Schwedischen Akademie der Wissenschaften. 1740. 1767. 1778.

Abhandlungen der ökonomischen Gesellschaft in Bern. 1762. 3tes Stück. 1764. 1stes, 3tes Stück.

Verhandlungen der Hamburger Gesellschaft der Künste. Bd. 5. S. 240—260.

Neue Abhandlungen der böhmischen Gesellschaft der Wissenschaften. 1ster Bd.

Stahls Forstmagazin. 7ter, 9ter Bd.

Leipziger Intelligenzbl. 1766 Nr. 22. 23. 1767. S. 423. 1770. Nr. 28.

Giessener wöchentliche Nachrichten. 1766. 24stes—26stes Stück. 1767.

Stumpf de Robinia pseudo Acacia cultura. Gryphiswald. 1798.

Allgemeine Haushalts- und Landwissenschaft. Leipzig 1768. 5ter Band.

Mém. de Berlin, Class. Ph. Expér. 1796.

Staatswirthschaftl. Vorlesungen der pfälz. ökonom. Gesellschaft. 1791. 1792. Abtheil. 1.

Verhandlungen der Gesellschaft zur Beförderung vaterländischer Industrie zu Nürnberg. 1ster Bd.

Annalen der ökonomischen Gesellschaft in Potsdam. 2ter Band. 2tes Heft.

Neue Abhandlungen vom Baume Acacia, von Reinhard. Carlsruhe 1766.

Tauffer Bohadsch nutzbarer patriot. Vorschlag. Prag 1788.

J. Goetzens zwo Abhandlungen zum Baue der Acacie und des Hopfens. Altenburg 1788.

J. H. Borowski über die Anpflanzung ausländ. Holzarten zum Nutzen der Forsten in den K. Preuß. Staaten. Berlin 1786.

Mosers Forstarchiv und Gatteres neues Forstarchiv (in vielen Bänden).

Geschichte der amerikanischen Eiche von Kerner. Stuttgart 1803.

Auf Erfahrung gegründete Anleitung, nützliche Waldungen von allerlei Holzarten anzupflanzen, von Petri dem Vater. Frankfurt a. M. 1793.

Burgsdorf über den Vortheil des ungesäumten ausgedehnten Anbaues einiger ungewöhnlicher Holzarten. Berlin 1790.

Gräfin von Hohenheim systematisches Verzeichniß der nordamerikanischen Holzarten, die im Park von Hohenheim im Freien ausdauern. Stuttgart 1780.

Hennert Bemerk. auf einer Reise nach Harbke. Berlin 1792.

Medikus über nordamerik. Bäume und Sträucher. Mannheim 1792. (Leipzig, Wienbrack.)

Dessen Berichte über die 1800—1802 geführten Schläge in der Acacienanlage zu Mannheim. Leipzig 1802.

Dessen Forstjournal. Leipzig, Wienbrack. 1797. 1801. 2 Bde.

Anleitung zum Anbau des unächten Acacienbaums. Nürnberg, Stein. 1797.

Cuvier Mém. sur le Tulipier. Versailles 1803.

Gotthard Kultur des unächten Acacienbaums ꝛc. Mannheim 1798.

Heß Beitrag zur Kultur der unächten Acacie. Prag bei Barth. 1798.

Rückert Abhandlung über den Anbau und Nutzen der Acacie. Wien bei Beck. 1800.

Diana, Gesellschaftsschrift. 2ter Bd. 1801. S. 45.

Seyler vom Anbau der unächten Acacie. Ulm bei Stettin. 1798.

Andrée Abhandlungen. 2ter Bd. S. 81. (Scharlach-Eiche.)

Schuppach charakteristisches Verzeichniß der vorzüglichsten nordamerik. Hölzer. Dresden 1791.

Forst- und Jagdzeitung. 1825. Nr. 37. 95. 1829. Nr. 37.

Dippel Abhandlung über ausländ. Hölzer, die im Freien ausdauern. Heidelberg, Groos. 1821.

Wichtig in botanischer Hinsicht sind:

Hayne und Guimpel die fremden, bei uns im Freien ausdauernden Hölzer, mit Angabe ihrer Kultur. (Berlin, wird fortgesetzt.)

Michaux Histoires des arbres forestiers de l'Amérique. Paris 1810. (Es erscheint davon eine Uebersetzung mit gutem Steindruck, in Neuhaldensleben bei Eyraud. 1829.)

Brunhard Beiträge. I. 1. S. 41.

Verhandlungen des Berliner Gartenvereins. 8te Lief. S. 113. 9te Lief. S. 407.

Resch der Bohnenbaum. Erfurt 1800.

Verzeichniß der in Althaldensleben und Gundisburg im Freien ausdauernden fremden Holzarten. Alt-Haldensleben, Eyraud.

Krit. Blätter. 9ter Bd. 1stes Heft. S. 67.

Zeitschrift des landwirthschaftl. Vereins der Mark Brandenburg.

9ten Bds. 2tes Heft. Berlin bei Bethge. 1850. (Anbau der Akazie.)

Smolers Vereinsschrift. 5tes Heft. S. 46.

Verhandlungen des Schles. Forstvereins. 1846 u. 1852.

Forst- und Jagdzeitung. 1839. Nr. 19.

Einzelne Sträucher. Als Unkräuter.

Viscum Album. **Mistel.**

Laurop Annalen. 5ter Bd. 4tes Heft.

Stahl Forstmagazin.

Miscell. Acad. Nat. Curios. Dec. 3. Append. p. 49.

Mém. de l'Acad. des Sc. de Paris. 1740.

Schacht Beiträge zur Anatomie und Physiologie der Pflanzen. Berlin 1854. S. 172.

(Ledum Palustre, Erica vulgaris, Clematis vitalba. Rubus idaeus, Sambucus Ebulus etc. Siehe Moser a. a. O.)

Waldbehandlung und Bewirthschaftung.

Da dies vorzüglich Gegenstand der Forstlehrbücher ist, so können wir deshalb auf diese zurückweisen, und vermeiden es, um der sonst unausbleiblichen Wiederholungen willen, jedes einzeln davon bei den verschiedenen Gegenständen zu citiren. Doch können wir nicht unbemerkt lassen, daß diejenigen Lehrbücher, welche von norddeutschen Forstmännern geschrieben sind, gewöhnlich die Kiefer, Erle, Birke, als Norddeutschland vorzüglich eigen, vollständiger behandeln, wogegen wieder die süddeutschen Forstmänner Eiche, Buche und Weißtanne besonders berücksichtigen. — Die Schriften, welche von der Bewirthschaftung und Erziehung einer einzelnen Holzgattung handeln, sind dort zu suchen.

Von der passenden Wahl der Holzarten.

v. Burgsdorf Anleitung zur Erziehung der Holzarten.

Uebersetzung der deutschen Abhandlungen der Mainzer Akademie der Wissenschaften. Bd. 1. S. 295.
Hartig Forst- und Jagdarchiv. 6ter Bd.
Hundeshagen Beiträge. 2ten Bds. 1stes Heft.
Wedekind neue Jahrbücher. 28stes Heft. S. 15. (Umwandlung des Nadelholzes in Laubholz.)
v. Berg das Verdrängen der Laubwälder durch Fichte und Kiefer. Darmstadt, Leske. 1844.
Hartig Gutachten, welche Holzarten den Anbau am reichlichsten belohnen? Berlin 1833. Duncker u. Humblot.
Hundeshagen Forstliche Berichte und Miscellen. Tübingen 1830.

Von der Neigung der Holzarten zum Wechseln.

Davon handeln größtentheils die unter dem Artikel Feldbaumwirthschaft aufgeführten Schriften.

Außerdem:

Franz Versuch über die Rettungsmittel der Voigtländ. Waldungen. Leipzig, Supprian. 1798.
Hundeshagen Berichte. Tübingen, Laupp. 1829. 1stes Heft.
Forst- und Jagdzeitung. 1827. Nr. 5.
Jahrbücher der Naturwissenschaften. V. S. 555.
Stahl Forstmagazin. (Vom Wandern der Pflanzen.)
Wedekind Neue Jahrbücher. 19tes Heft. S. 1.
Hundeshagen Forstliche Berichte und Miscellen. Tübingen 1830.

Von den Vorzügen reiner oder gemischter Holzbestände und Behandlung gemischter Bestände.

Mosers Forstarchiv. 5ter Bd. 249.
Laurop Annalen. 6ten Bds. 3tes Heft.
Sponeck forstliche Ansichten und Bemerkungen. Mannheim, Schwan und Götz.
Liebig aufmerksamer Forstmann 2ter Bd.
Laurop Jahrbücher. 1824. 4tes Heft. (Sponeck über vermischte Wälder.) S. dessen Ansichten.
Thiersch über den Waldbau. Leipzig 1823.
Burgsdorf Aufmunterung zur sorgfältigen Miterforschung der

Verhältnisse, welche die Gewächsarten bei ihrer Vegetation gegen einander beobachten. Berlin, Pauli. 1805.
Wedekind neue Jahrbücher. 18tes Heft. S. 56.
Forst- und Jagdzeitung. 1836. 105. 1850. 201.
Krit. Blätter. 11ter Bd. 1stes Heft. 15ter Bd. 1stes Heft. 19ter Bd. 1stes Heft.

Von den verschiedenen Betriebsarten.

Von den Vorzügen oder Nachtheilen der einen oder der anderen Betriebsart.

Es ist dies ein Gegenstand, den alle forstlichen Lehrbücher theilweise auch die Schriften über Forsteinrichtung, Taxation und Forstdirection umfassen. Wir verweisen deshalb auf die angeführten und begnügen uns die Zeitschriften und einzelnen Abhandlungen aufzuführen, wo dieser Artikel behandelt ist. Dasselbe gilt auch von der nachfolgenden Behandlung &c. der einzelnen Betriebsarten.

Medikus unächter Acacienbaum. 1ster Bd. S. 561.
v. Ußlar ist es vortheilhaft, gemischte Buchenwaldungen als Baum oder als Schlagholz zu erziehen? Göttingen 1797.
Papius die verschiedenen Betriebsarten. Aschaffenburg 1821.
Al. v. König von dem nachhaltigen Ertrage der Waldungen. Heidelberg 1828.
Hoßfelds Taxation. 1ster Bd.
Laurop forstwissenschaftl. Hefte. 1stes Heft.
Hartigs Forst- und Jagdarchiv. 6ter Bd.
E. F. Hartig Forstbetriebs-Einrichtung nach staatswirthschaftl. Grundsätzen. Cassel 1825.
Hundeshagen Beiträge. 1ster, 2ter Bd.
Mayer Forstdirectionslehre. § 182. &c.
Diana, Gesellschaftsschrift. 1ster Bd. 4ter Bd. Marburg 1816. S. 128.
G. L. Hartigs Anweisung zur Taxation. (Tabelle G. H.)
Laurop Staatsforstwirthschaftslehre. S. 297.
Laurop Waldbau. Gotha 1822. S. 22.
Hartig Journal für das Forst- und Jagdw. 1806. 2tes Heft.

Krünitz Encyklopädie. 24ster Bd. S. 650.
Mosers Forstarchiv. 3ter Bd. S. 1.
Hartig Abhandlungen über interessante Gegenstände. Berlin 1830.
Zusammenstellung der Erträge der verschiedenen Betriebsarten. Krit. Blätter. 8ter Bd. 1stes, 2tes Heft.
(Siehe die Lehrbücher der Forstwirthschaft.)

Vom Hochwaldbetriebe.

Theils ist dieser Gegenstand in den verschiedenen Lehrbüchern behandelt, theils sind die dahin einschlagenden Schriften in dem Verzeichnisse der Literatur der einzelnen Baumholzgattungen aufgeführt.

Niederwaldbetrieb.

Die Bewirthschaftung des Niederwaldes selbst ist in den verschiedenen Lehrbüchern enthalten, vorzüglich ist aber in der frühern Zeit über die vortheilhafteste Zeit des Abtriebes verhandelt worden, nachdem Käppler den Safthieb empfahl. In der neuern Zeit hat man sich dagegen wieder mehr mit dem Einfluß dieser Betriebsart auf die Erhaltung und Vermehrung der Bodenkraft beschäftigt. Hierauf beziehen sich größtentheils die angeführten Schriften und Schriftsteller, die nur zum Theil die Behandlung des Niederwaldes im Allgemeinen zum Gegenstande haben.

Medikus unächter Acacienbaum. 4tes Heft. S. 566.
Käppler durch Erfahrung erprobte Holzkultur. Leipzig, Barth. 1805.
Hartig Journal für das Forst- und Jagdwesen. 1806. 3tes Heft.
Dessen Forst- und Jagdarchiv. 1820. 1stes Heft.
K. F. Hartig über die beste Hauzeit des Wurzelholzes. Leipzig 1807.
K. F. Hartig vermischte Forstschriften.

Fresenius Abhandlungen über forstwissenschaftliche Gegenstände. Frankfurt a. M. 1811.
Laurop Annalen. 4ten Bds. 1stes Heft.
Diana. 2ter Bd. S. 192.
Pfeil über den Mittelwald. Züllichau, Darnmann.
Forst- und Jagdzeitung. 1828. S. 17. 196.
Krit. Blätter für Forstwissenschaft. 4ten Bds. 2tes Heft.
C. Schmitt forstwissenschaftl. Bemerkungen über den Käpplerschen Safthieb. Gotha 1804. Ettinger.
Forst- und Jagdzeitung. 1834. 309.
Krit. Blätter. 30ster Bd. 1stes Heft. S. 255.
(Siehe auch die Schriften über Schälwald.)

Mittelwaldbetrieb.

In der ältern Zeit kannte man im Laubholze beinahe nur den aus dem Plenterwalde entstandenen Mittelwaldbetrieb; später wurde er zuerst von Burgsdorf, dann von mehreren berühmten Forstschriftstellern verworfen. Die ältern angeführten Stellen beziehen sich größtentheils auf seine Verwerfung oder Beibehaltung, die neuern Schriften auch auf seinen Ertrag, seine Bewirthschaftung.

Cramers Anleitung zum Forstwesen.
Burgsdorf Forsthandbuch. 1ster, 2ter Bd.
Leonhardi Forst- und Jagdkalender. 1800.
Diana. 1ster Bd.
v. Ußlar ist es vortheilhaft, gemischte Buchenwälder als Bäume oder als Schlagholz zu benutzen? Göttingen 1794.
Forst-, Fischerei- und Jagdlexikon. 2ter Bd. S. 950.
Zanthier Abhandlungen von Hennert. 2te Samml S. 56.
Reinhards vermischte Schriften. Karlsruhe, Macklott. 1761—1769. 8tes Stück.
Walther Forstwissenschaft. S. 318.
Krünitz Encyklopädie. 14ter Bd. S. 572. 24ster Bd. S. 634.
Laurop Jahrbücher. 1823. 3tes Heft.
Pfeil Behandlung und Schätzung des Mittelwaldes. Züllichau, Darnmann.

Dessen krit. Blätter. 1sten Bds. 1stes Heft.
Laurops Hiebs- und Kulturlehre.
Hoßfeld Forsttaration. 2ter Bd.
Hundeshagen Beiträge.
Schmitts Anleitung zur Erziehung der Waldungen.
Krause Anleitung zur Behandlung des Mittelwaldes. Erfurt, Keyserſche Buchhandlung. 1829.
Hundeshagen Beiträge. 3ten Bds. 1stes Heft. S. 35.
Krit. Blätter. 4ter Bd. 2tes Heft. S. 128. 20ster Bd. 1stes Heft. S. 68. 24ster Bd. 2tes Heft. S. 193. 25ster Bd. 2tes Heft. S. 94. 29ster Bd. 1stes, 2tes Heft. 33ster Bd. 1stes Heft. S. 250.
Tharanter Jahrbuch. 6ter Bd. S. 47.
Löffelholz von Colberg Gedenkbuch. Stuttgart, Metzler. 1843. S. 1.
Wedekind neue Jahrbücher. Zweite Folge. 3tes Heft.
Hartigs Abhandlungen über interessante Gegenstände. S. 131.
Verhandlungen des Harzer Forstvereins. 1849—52. S.200. 1846. S. 107.
Verhandlungen des Schles. Forstvereins. 1852. 183.

Hackwald oder Hauberge.

v. Cancrin vermischte Schriften. Riga 1786.
Hartig Journal für das Forst- und Jagdwesen. 1806. 1. 1808. 2.
Laurop Annalen. 1811. 2tes, 3tes Heft.
Mayer Zeitschrift für Baiern. 1ster Bd.
Neue Zeitschrift für Baiern, von Behlen. 1826. 1.
Hartig Forst- und Jagdarchiv. 1817. 1. (Siehe Hartig Journal.)
Hundeshagen über die Hackwaldwirthschaft. Tübingen 1821.
Wedekind neue Jahrbücher. 4tes Heft.
Schenks Forstrecht. Gotha 1825. S. 258.
† Jäger der Hack- und Niederwaldbetrieb. Darmstadt 1835, bei Dingeldey.
Krit. Blätter. 14ter Bd. 1stes Heft. 17ter Bd. 2tes Heft. 30ster Bd. 1stes Heft.
Wedekind neue Jahrbücher. 11tes Heft. S. 93. 105. 29stes Heft. S. 123.

Kopfholzbetrieb.

(Siehe auch Satzweiden.)

Verhandlungen der Hamburger Gesellschaft der Künste. Bd. 2. S. 193.
Finger praktische Abhandlung vom Köpfen der Bäume. Cassel 1794.
Hobbe Anweisung zur bessern Holzkultur. Münster 1791.
Forst-, Fischerei- und Jagdlexicon. 3ter Bd. S. 275. 4ter Bd. S. 500.
Anweisung zur Behandlung der Kopfweide. Rudolstadt 1804.
Walthers Forstwissenschaft.
Hartig Forst- und Jagdarchiv. 1816. 3tes Heft.
Schmitt Anleitung zur Erziehung der Waldungen.
Forst- und Jagdzeitung. 1829.
Kritische Blätter. V. 1.
Forst- und Jagdzeitung. 1844. S. 279.

Plenterwald.

Däzel Anleitung zur Forstwissenschaft. 1ster Bd. S. 67.
Krit. Blätter für Forst- und Jagdwesen. 2ten Bds. 2tes Heft.
Hoßfeld Forsttaxation. 2ter Bd.
Schmitt Anleitung zur Erziehung der Waldungen. S. 27. 126.
Dessen Forstgehaubestimmung. 2ter Bd.
Hundeshagen Encyklopädie.
Verhandlungen des Schlesischen Forstvereins. 1849. S. 47.
Forst- und Jagdzeitung. 1830. 93.

Baumfeld.

Schwabe Vorschläge zur Holzvermehrung. Schwerin 1769.
Cotta die Verbindung des Feldbaues mit dem Waldbau. 3 Fortsetzungen. Dresden, Arnold.
Hosemann die Pflanzung der weichen Holzarten. Mainz 1816.
Krebs Ansichten von der Behandlung der Erdrinde. Dresden 1812.
Hundeshagen Prüfung der Cottaschen Baumfeldwirthschaft. Tübingen 1821.
Hartig Forst- und Jagdarchiv für Preußen.
Liebich aufmerksamer Forstmann. 1ster, 2ter, 3ter Bd.

Klippstein (in Laurops Beiträgen zur Kenntniß des deutschen Forstwesens.)
Laurop Jahrbücher. 1824.
Kasthofer Bemerkungen auf einer Alpenreise. S. 75.
Dessen der Lehrer im Walde. Bern 1829. 2ter Theil. S. 77.
Hoßfeld Forsttaxation. 2ter Bd.
Laurop Annalen 6ten Bds. 2tes Heft.
Fintelmann die Verbindung der Landwirthschaft mit der Forstwirthschaft. Berlin 1834, bei Duncker und Humblot.
Beil die Feldholzzucht in Belgien, England und Frankreich. Frankfurt a. M. bei Boselli. 1842.
Liebich Organ der Reformation des Waldbaues. Ebendas. 1846.
Binder von Kriegelstein über die Verbindung des Feld- und Waldbaues (aus den Verhandlungen der Landwirthschafts-Gesellschaft in Wien.)
Klipstein der Waldfeldbau. Frankfurt bei Jäger. 1850.
Kritische Blätter. 5ter Bd. 2tes Heft. 21ster Bd. 2tes Heft. 27ster Bd. 1stes u. 2tes Heft.
Sprengel Lehre von den Urbarmachungen. S. 380.
Jäger der Hack- und Röderwald. Darmstadt, Dingeldei. 1835.
Koenig im neuen Taschenbuche für Forst- und Jagdfreunde. 1846. S. 184. 186.
Brumhard Beiträge S. 51.
Wedekind neue Jahrbücher. 13tes Heft. S. 148. 16tes Heft. S. 49. 35stes Heft. S. 19.
Cotta Album. S. 274.
Diebl die Feldbaumwirthschaft. Brünn, Gastl. 1834.
v. Reider das richtige Prinzip der Forstwirthschaft. Augsburg, Jenisch u. Stagesche Buchhandlung. 1840.
Borchardt die landwirthsch. Holzzucht. Berlin, Mittler. 1843.
Liebich der Waldbau nach neuen Grundsätzen. Prag, Calve. 1834.
Smoler Vereinsschrift. 2tes Heft.
Gwinner Mittheilungen. 2ter Bd. 6. Heft. 5.
Ebendaselbst. 3ter Bd 9tes u. 11tes Heft.
Forst- und Jagdzeitung. 1850. 41ster Bd. S. 121. 166.
v. Schultes Anleitung zur landwirthschaftlichen Holzzucht. Gotha 1841.

Uebergang aus einer Betriebsart in die andere.

(Dieser Gegenstand ist außer den Lehrbüchern des Waldbaues auch in den Schriften über Forsteinrichtung behandelt.)

Fresenius Abhandlung über staats- und forstwirthschaftl. Gegenstände. Frankfurt 1811.
Laurop Annalen. 2ten Bds. 4tes Heft.
Hoßfeld Taxation. 2ter Bd.
Schmitt Forstgehaubestimmung.
Hartig Journal für das Forst- und Jagdw. 1806. 2tes Heft
Zeitschrift für Baiern. Neue Folge. 9ten Bds. 2tes Heft. 1838.
Forst- und Jagdzeitung. 1830. 537. 545. 1845. S. 216.
Cotta Album. 307.
Mittheilung aus dem Baierischen Ministerial-Forstbureau. 2tes Heft. S. 97.
Gwinner forstliche Mittheilungen. 3ten Bds. 10tes Heft. S. 99.

Erziehung von Hecken.

Nova Acta Moguntinae. T. 3. Nr. 9.
Abhandlungen der naturforschenden Gesellschaft in Zürich. Bd. 2. S. 361.
Annalen der ökonom. Gesellschaft in Potsdam. Bd. 2. Heft 1.
Mylius neue Sammlung der Preuß. Brandenburg. Landesgesetze. Bd. II. S. 295. VI. S. 1773. 1775. VII. S. 3105. (Instructionen und Verordnungen zur Anlegung derselben.)
Abhandlung der Schwed. Akad. d. Wissenschaften. 1740. 1773.
Oekonom. Nachrichten der Gesellschaft in Schlesien. Bd. 1. 4. S. 207. 254.
Abhandlungen der Petersburger freien ökonomischen Gesellschaft. Th. 2. S. 156.
Burgsdorf Anleitung zur Erziehung der Holzarten. 3te Aufl. Berlin 1805.
Mémoires sur les haies destinées sur la cloture prés etc. par Amoureux. Paris 1787.
Auszug davon: Beckmann ökonom. Bibliothek. XV. 587.
Forst-, Fisch- und Jagdlexicon.. II. 638.
Nicols praktischer Pflanzer. Berlin 1800.
Krünitz Encyklopädie. XXII. 619.
Walther Forstwissenschaft. §. 383.

Klauprecht Sylvaneion. 1stes Heft.
Stahl Forstmagazin. V. 63.
Moser Forstarchiv. 10ter Bd. 192.
Unterricht zur Pflanzung der Wasserweiden nnd Errichtung der Weidenzäune ꝛc. Salzburg 1797.
v. Pannewitz Anleitung zur Anlage lebendiger Hecken. Breslau, Graß u. Barth.
v. Lengerke Anlage, Pflege und Nutzung der lebendigen Hecken. Berlin 1846. Veit u. Comp.
v. Schenk der lebende Spalier-Zaun. Lemberg, Millikowski. 1844.
Laudon Encyklopädie in der Landwirthschaft. I. 597.
Verhandl. des Berliner Gartenbau-Vereins. 6te Lieferung ꝛc.
Holsteinsche Knicke (Hecken) Forst- und Jagdzeitung. 1842. 450.
Dieselben. Binge kritisch-didactische Würdigung der Holsteinschen Feldbefriedigungen. Altona 1818.

Aufforstung der Kulturflächen am Gebirge.

Grabner Vierteljahrsschrift. 2ter Bd.
Behandlung der Bannwaldungen in den Alpen.
Wedekind neue Jahrbücher. 28stes Heft. S. 1.

Von der Festsetzung des Umtriebes und dem passenden Alter des Holzes.

In der Mitte des 18ten Jahrhunderts nahm man allgemein, vorzüglich für Nadelhölzer, einen kurzen Umtrieb gewöhnlich 60—90 Jahre an. Hennert und Zanthier bestimmten einen längern, und die spätern Forstwirthe drangen beinahe ohne Ausnahme auf ein größeres Alter, vorzüglich für die Baumhölzer, als man aus den angestellten Untersuchungen über den Zuwachs zu ersehen glaubte, daß die Holzerzeugung länger steige, als man das Alter des Holzes früher bestimmt hatte. In der neuesten Zeit ist der längere oder kürzere Umtrieb zur Streitfrage geworden, welche zugleich theilweis die Erörterung über die vortheilhafteste Betriebsweise in sich schließt. Jedes Lehrbuch des Waldbaues und der Betriebseinrichtung muß sie berücksichtigen, und wir verweisen auf diese, ohne sie besonders aufzuführen, bloß die an andern Orten sich befindenden beachtungswerthen Erörterungen nachweisend.

Hoßfeld Taxation. 1ster Bd. §. 53.
Liebig der höchst nachhaltige Forstertrag. Prag, Enders. 1827.
Hartig Forstarchiv. 1818.
E. F. Hartigs Forstbetriebs-Einrichtung. S. 116.
Al. v. König von dem nachhaltigen Betriebe der Waldungen. Heidelberg 1828.
Forst- und Jagdzeitung. 1828. S. 121.
Krit. Blätter. 5ter Bd. 1stes Heft. 6ter Bd. 2tes Heft. 8ter Bd. 2tes Heft. 22ter Bd. 2tes Heft. 27ter Bd. 2tes Heft.
Dühamel Fällung der Wälder. 1ster Bd. S. 118.
Hartig Abhandlungen über interessante Gegenstände. Berlin 1830.

Durchforstung.

Die Durchforstung wurde anfangs mit der Plenterwirthschaft verwechselt, oder doch als möglicherweise zu ihr hinleitend gefürchtet, und so von vielen Forstmännern verworfen. Käppler stellte zuerst in der 2ten Hälfte des 18ten Jahrhunderts feste Grundsätze dafür auf, und brachte den Durchforstungsertrag bei seinen noch unvollständigen Erfahrungstafeln in Ansatz. Bis zur Erscheinung von Cottas Feldbaumwirthschaft wurde sie zwar schon wegen der Benutzung des absterbenden Holzes als unerläßlich, auch den stärkern Wuchs des Holzes befördernd angesehen, jedoch nur nach der Ansicht gelehrt: daß die Bestände ein gewisses Alter sollten erreicht haben, (das in welchem sie sich selbst zu reinigen anfingen) und daß dabei der volle Schluß des Waldes erhalten würde. Durch das Cotta'sche Baumfeld wurde die Lichtstellung zur Beförderung des stärkern Wuchses zur Sprache gebracht, wegen Verminderung der Humuserzeugung aber auch wieder bestritten, und so ist dieser Gegenstand aus der Holzbenutzung mehr in die Holzerziehung übergegangen. Die Streitfragen, welche dabei statt finden, drehen sich vorzüglich um das Vortheilhafte oder Nachtheilige der lichten Stellung des Holzes in der Jugend, also über das früher oder später, mehr oder weniger, da die Durchforstung als nöthig und zweckmäßig sonst nicht mehr bestritten wird. Es gehören hierher die Schriften über das Baumfeld, da sie alle auf den Vortheil des lichten Standes der Hölzer dafür oder dagegen, Bezug nehmen. Außerdem zeigen die Nothwendigkeit der Durchforstungen überhaupt alle Lehrbücher, und wir begnügen uns daher, die Erörterungen nachzuweisen, die außer diesen über die Art und Weise statt gefunden haben: wie die Durchforstungen vorgenommen werden müssen?

Heldenberg der Förster. Nürnberg, Stein. 1802. 2ten Bds. 2tes Heft.

Abhandlung über periodische Durchforstung von Späth. Nürnberg 1802.

Wildungen Taschenbuch. Marburg 1801.

Mayer Forstdirectionslehre. §. 196.

Sylvan. 1815.

Laurop Annalen. 6ten Bds. 2tes, 4tes Heft.

Andrée Abhandlungen aus dem Forst- und Jagdwesen.

Andrée ökonomische Neuigkeiten. 1828. Nr. 4. 1829. 7.

Hartig Forst- und Jagdarchiv. 1820.

Emil Andrée: Mittel, den Forsten den höchsten Ertrag abzugewinnen.

Schmitt Anleitung zur Erziehung der Waldungen. Wien 1821.

Liebich aufmerksamer Forstmann. 1ster, 2ter, 3ter Bd.

† Hundeshagen Beiträge. 1ster, 2ter Bd. (Lichter Stand und dessen Einfluß auf den Wuchs.)

v. Wedekind neue Jahrbücher. 3tes, 6tes Heft.

Hoßfeld Forsttaxation. 1ster Bd. §. 26. 2ter Bd. §. 42.

Krit. Blätter. IV. Bd. 2tes Heft.

Tharanter Jahrbuch. 3ter Bd. 8ter Bd.
Kritische Blätter. 25ter Bd. 1stes Heft. 144.
Forst- und Jagdzeitung. 1845. 40.
Kritische Blätter. 6ter Bd. 1stes Heft. S. 99. 15ter Bd. 1stes Heft. 187.

Von der Anordnung der Hiebsfolge.

Die nachfolgenden Schriften und Abhandlungen behandeln diesen Gegenstand nicht bloß mit Rücksicht auf die passende Anordnung der Schläge im Allgemeinen, sondern auch in Hinsicht des Schadens durch Windbruch und Frost insbesondere. (Siehe auch Windbruch.)

Däzel Anleitung zur Forstwissenschaft. München 1802. 1ster Bd. S. 33.
Wiesenhafers Forstabschätzung. 3tes Kap.
Kropf System und Grundsätze. S. 113.
Sponeck Bemerkungen über die Nadelhölzer. Cassel 1816.
Laurop Hiebs- und Kulturlehre. Carlsruhe, Marx. 1816.
Eggerer die Forstwissenschaft. Frankf. a. M., Brönner. 1812.
Sponeck forstliche Ansichten und Bemerkungen. Mannheim, Schwan und Götz.
Schmitt Forstgehaubestimmung. 1ster Bd. 2te Abtheil.
Behlen neue Zeitschrift für Baiern. 1ster Bd. 2tes Heft.
Laurop Annalen. 4ten Bds. 1stes Heft.
Hoßfeld Forsttaxation.
Forst- und Jagdzeitung. 1825. Nr. 41.
Hartig Forst- und Jagdarchiv. 1820. 3.
Moser Forstarchiv. 15ter Bd. S. 29.
Cotta Waldbau.
Kritische Blätter. 32ster Bd. 1stes Heft. S. 148.

Saat und Pflanzung.

Saat und Pflanzung im Allgemeinen.

Schmitt Anleitung zur Erziehung der Wälder. Wien 1813.
Laurop Hiebs- und Kulturlehre. 2ter Th., die künstliche Holzkultur. Carlsruhe, Marx. 1816.

Krit. Blätter. 6ter Bd. 2tes Heft. 8ter Bd. 1stes Heft. 9ter Bd. 1stes Heft. 12ter Bd. 1stes Heft. 13ter Bd. 1stes Heft. 14ter Bd. 1stes Heft. 17ter Bd. 2tes Heft. 19ter Bd. 1stes Heft. 25ster Bd. 1stes Heft. 27ster Bd. 2tes Heft. 28ster Bd. 1stes, 2tes Heft.

Wedekind neue Jahrbücher. 7tes Heft. Allgemeine Jahrbücher 1833. 2tes Heft.

Gwinner forstliche Mittheil. 2ter Bd. 7tes Heft

Tharanter Jahrbuch. 6ter Bd. S. 111.

Anleitung zur wohlfeilen Kultur der Waldgründe von Ziegenhorn. Crefeld bei Gehrich u. Comp. 1846.

Kurze Anleitung zur zweckmäßigen Kultur der Wildgründe von Bauer in Lasphe. Münster 1850. Gedruckt mit Aschenbach-schen Schriften.

Pannewitz, Anleitung zum künstlichen Holzanbau. Breslau 1845.

Hartigs wohlfeile Kultur der Waldblößen. Berlin, Dunker und Humblot.

†Hundeshagen Beiträge, 1ster, 2ter Bd.

Friedels Lehrbuch der natürlichen und künstlichen Holzzucht. Erlangen, Palm.

Burgsdorf Anleitung zur Erziehung der Holzarten. Berlin, Pauli. 3te Aufl.

†Borchmeyer Deutschlands Baumzucht. Münster.

Dü Roi Harbkesche wilde Baumzucht.

Hartig Forst- und Jagdarchiv. 7ter Bd.

Forst- und Jagdzeitung. 1827.

Beiträge zur Holzkultur. Marburg 1827.

Stahl Forstmagazin. VI. 68.

Mosers Forstarchiv. 21ster Bd. 199.

Ob Saat oder Pflanzung besser sei?

Leonhardi Forst- und Jagdkalender. Leipzig 1796.

Burgsdorf Anleitung zur Erziehung der Holzarten.

Pfeil das forstliche Verhalten der deutschen Waldbäume. Berlin, Veit u. Comp. 3te Aufl. 1854.

Cotta Waldbau. 4te Aufl. Dresden, Arnold.

Kultur der Krüppelbestände in Baiern.

Die Forstverwaltung Baierns. 1844.

Mittheilung des bairischen Ministerialbüreaus. 1stes Heft.
Behlens Zeitschrift für Baiern. 6ter Bd. 2ter Thl. 1836. S. 13.

Ausbrennen der Schläge. (Brändeln.)

Andree ökonom. Neuigkeiten. 1816. Nr. 56. 1817. Nr. 20.
Dessen Abhandlungen. 1ster Bd. 1821. S. 19.
Krit. Blätter. 32ster Bd. 1stes Heft 234. 33ster Bd. 2tes Heft (das Sengen und Brennen bei dem Hochwaldbetriebe).
Wesselys Alpenländer. S. 332.
Sengen und Urbarlandbrennen bei dem Hochwaldbetriebe. Wedekind neue Jahrbücher. Zweite Folge. 3ter Bd. 3tes Heft. S. 267. 290.

Samengewinnung und Aufbewahrung.

Witzleben über Samenmagazine in: Wildungens Neujahrsgeschenk. 1795, und
†Beiträge zur Holzkultur. Marburg 1797.
Kropf System und Grundsätze. (Auch Anlegung einer Samendarre.)
Krünitz Encyklopädie. 37ster Bd. S. 341. 100ster Bd. S. 565.
Mosers Forstarchiv. 1ster, 6ter Bd.
Späth Abhandlung über Durchforstung. S. 20.
Mayer Zeitschrift für das Forstwesen in Baiern. 2ten Bds. 5tes Heft. (Auch Zahl der Samenkörner in 1 Pfunde.)
Laurop Annalen. 1ster, 3ter, 6ter Bd.
Hartig Forst- und Jagdjournal. 1806. 1. 4.
Forst- und Jagdzeitung. 1827. S 422. (der Fichte.)
Wedekind Jahrbücher. 1829. 5tes Heft.
Sierstorpf Monographie der Fichte. S. 11.
Sponeck Anleitung zum Einsammeln der Samen. Karlsruhe 1804.
Müller Einleitung zum Einsammeln, Aufbewahren rc. des Samens der deutschen Waldbäume. Karlsruhe, Müller. 1810.
Anlegung von Samendarren und Samengewinnung. Tharanter Jahrbuch, 1ster Bd. S. 74.
Gwinner forstliche Mittheil. 1ster Bd. 2tes Heft.
Krit. Blätter. 17ter Bd. 1stes Heft.

Aufbewahrung der Bucheln, Verhandl. des Harzer Forstvereins. 1844. S. 58.

Anmerk. Von der Saat der einzelnen Holzgattungen siehe Literatur derselben.

Pflanzung insbesondere.

Brüels gekrönte Preisschrift, Wälder anzupflanzen. Leipzig 1786.

Walter Nicol der praktische Pflanzer, übersetzt von Nöldechen. Berlin bei Nicolai. 1800.

Medicus unächter Acacienbaum.

Laurop Annalen. 5ten Bds. 2tes Heft.

Andree ökonom. Neuigkeiten. 1829. Nr. 7.

Hartig Journal für das Forst- und Jagdwesen. 1806. 1. 3. 1807. 3.

Käppler die Holzkultur durch Erfahrung erprobt. Leipzig, Barth. 1803.

Liebich aufmerksamer Forstmann. 2ter Bd 1stes Heft. 3ter Bd.

Hartig Forst- und Jagdarchiv. 1820. 3.

Forst- und Jagdzeitung. 1827. Nr. 94, 95. 1829. S. 141.

Krit. Blätter. V. 1.

Wedekind neue Jahrbücher. 5tes Heft. S. 1. ꝛc.

Sierstorpf Erziehung der inländischen Holzarten. 2 Bde.

von Loeffelholz praktische Anweisung zum Holzanbau durch Pflanzung. Nürnberg bei Riegel und Wiesener. 1833.

Große Stämme zu pflanzen.

Mém. de Paris. 1724. 1761.

Oekonom. Nachrichten der Gesellschaft in Schlesien. 2—4ter Bd.

Neue Schriften der Gesellschaft der naturforschenden Freunde in Westphalen. 2ter Bd.

Forst- und Jagdzeitung. 1829 S. 523.

Moser Forstarchiv. 4ter Bd. 275. 7ter Bd. 245.

Forst- und Jagdzeitung. 1847. S. 325. 1839. S. 50.

Anpflanzung von Alleen.

Annalen der ökon. Gesellschaft in Potsdam. 1ter Bd. 1tes St.

Abhandlungen des Berliner Gartenvereins. Berlin, Nicolai. 1ster Bd.

Hartig Forstarchiv. 7ter Bd.
Stahl Forstmagazin. VI. 207.
Mosers Forstarchiv. 27ter Bd. S. 39.

Beschreibung von Pflanzspaten und andern Instrumenten zur Holzkultur und ihrer Anwendung.

Walther Beschreibung und Abbildung der in der Forstwissenschaft vorkommenden nützlichen Geräthe und Werkzeuge. Hadamar, Gelehrten Buchh. 1796. 1803. 2 Hefte.
Andrée Abhandlung. 3ter Bd. S. 1.
Hartig Archiv. 7ter Bd.
Dessen wohlfeile Kultur der Waldblößen.
Wedekind Jahrbücher. 1tes Heft.
Forst- und Jagdzeitung. 1829. 36.
Hundeshagen Beiträge. II. 3.
Krit. Blätter. V. 1.
Hundeshagen Berichte und Miscellen. 1tes Heft.
Mayer Zeitschrift für Baiern. 1ster, 3ter Bd.
Beil forstwirthschaftl. Kulturwerkzeuge und Geräthe mit Abbildungen. Frankfurt, Sauerländer. 1846.
König Beschreibung und Abbildung der Geräthe und Werkzeuge für Land- und Forstwirthschaft aus der Hohenheimer Modellsammlung. Stuttgart, Metzler. 1847.
Wedekind neue Jahrb. 26stes Heft. 1842. S. 73.
Hartig Abhandlungen über interessante Gegenstände. Berlin. 1830.

Anlegung von Pflanzkämpen.

Siehe oben Schriften über Saat und Pflanzung.

Außerdem:

Unterricht von der wilden Baumzucht, welcher Gestalt durch Anlegung von Pflanzgärten allerlei Holzsorten nachgezogen werden können. Anspach 1754.
Stockhausen Beiträge zur Rechtsgelahrtheit und Oekonomie. Frankfurt a. M. 1770. 1sten Bds. 1stes Stück. S. 67.
Stahl Forstmagazin. 11ter, 12ter Bd.
Beckmann ökonom. Bibliothek. 7ter Bd. S. 525.
Zanthier Abhandlungen von Hennert. Berlin 1799. 2te Sammlung.

Sierstorpf Monographie der Eiche.
Mosers Forstarchiv. 15ter Bd.
Forst- und Jagdzeitung. 1845. 405.
Wedekind neue Jahrbücher. 2te Folge. 3ter Bd. 64.
Krit. Blätter. 15ter Bd. 1stes Heft. 17ter Bd. 1stes Heft.
Graf v. Urküll-Gyllenband über Anlegung von Forst- und Pflanzschulen. Tübingen, Fues. 1846.
Mittheilungen d bair. Ministerial-Forstbüreaus. 1stes Heft. S. 26.
Walther Forstwissenschaft. S. 233. 386.
Ueber Anlegung von Baumgärten. Leipzig, Sommer. 1813
Ueber das Bedürfniß einer vermehrten Holzproduktion durch Anlegung. von Nationalbaumschulen. Wien u. Triest 1810.
Anleitung zur Saat- und Baumschule von Seutter. Ulm, Becker. 1807.
Behlen Zeitschrift f. d. F. in Baiern. 1824. 1stes Heft.
Mosers Forstarchiv. 15ter Bd. 157.

Das Biermannsche Kulturverfahren.

v Nachtrab das Waldkultur-Verfahren des Oberförster Biermann. Wiesbaden 1846.
Mittheilung des bairischen Ministerial-Forstbüreaus. 1stes Heft.
Verhandlungen des Harzer Forstvereins 1849—1852.
Wedekind neue Jahrbücher. 33stes Heft. 130.
Verhandlungen des Schles. Forstvereins. Mehrere Jahrgänge.
Gwinner forstliche Mittheilungen. 3ter Bd. 12tes Heft.
Smoler Vereinsschrift. 8tes Heft.
Krit. Blätter. 23ster Bd. 1stes Hft. S. 36. 33ster Bd. 1stes Hft. S. 255.
Forst- und Jagdzeitung. 1845. S. 363.

Die v. Alemannsche Pflanzung.

v. Alemann über Forstkulturwesen. Magdeburg, Bänsch. 1851.
Verhandlungen des Schles Forstvereins. 1850. 71.
Krit Blätter. 31ster Bd. 1stes Heft. S. 18. 33ster Bd. 1stes Heft. S. 255.
Forst- und Jagdzeitung. 1852. 361.

Die v. Buttlarsche Pflanzung.

Forstkulturverfahren von v. Buttlar. Cassel, bei Luckhardt 1853
Verhandlungen des Schles. Forstvereins. 1850. 104.
Krit. Blätter. 34ster Bd. 2tes Hft. S. 1.

Die v. Manteuffelsche Hügelpflanzung.

Anweisung zur Hügelpflanzung der Nadelhölzer von v. Manteuffel Dresden, Arnold. 1846.
Tharanter Jahrbuch. 2ter Bd. 1845. S. 1.
Krit. Blätter. 33ster Bd. 1stes Hft. 207.

Senker und Ableger.

Niemann Waldberichte. 2ter Bd. 233.
Burgsdorf Anleitung zur Erziehung der Holzarten.
Hartig Journal für das Forst- u. Jagdwesen. 1808. 2tes Heft.
Hartig Forstarchiv. 1818. 2tes Heft (vorige Abhandlung).
Hobbe patriot. Gedanken. Ehrenbreitstein 1805. S. 70.
Slevogt Sammlungen. S. 417.
Borchmeyer deutsche Baumzucht. S. 25.
Forst- und Jagdzeitung. 1835. S. 245.
(Siehe auch die wilde Baumzucht von Lenz und Fintelman.)

Erziehung durch Stecklinge.

Die wilde Baumzucht von Lenz ꝛc.
Forst- und Jagdzeitung. 1834 255. 1840. Nr. 37.
Verhandlungen des Berliner Gartenbauvereins. 6te Lief. S. 190. 204.
Neumann Kunst der Pflanzenvermehrung durch Stecklinge, Steckreiser und Absenker. Weimar, Voigt. 1845.

Kulturkostensätze.

Kropf System und Grundsätze.
Hartig wohlfeile Kultur der Waldblößen.
E. F. Hartig Anweisung zur Aufstellung jährlicher Wirthschaftspläne.
Hartig Forstarchiv. 7ter Bd.
Sierstorpf Monographie der Fichte. §. 51.
Laurop Beiträge zur Kenntniß des deutschen Forstwesens.
Hundeshagen Beiträge.

Gräben und Bewährungen.

(Hecken zu ziehen, siehe diesen Gegenstand oben.)

Zäune von todtem Holze zu machen.

Cotta Waldbau.
Forst-, Fisch- und Jagdlexikon. 3ter Thl. S. 1044.

Benkendorf Oeconomia forensis. VI. 305. VII. 173. 257.
Krünitz Encyklopädie. 22ster Bd. S. 620. 16ter Bd. S. 336.
Laurop Annalen. 1ster, 12ter Bd. (Zäune um Thiergärten.)
Neue Abhandlungen der Schwed. Akademie der Wissenschaften. IX. Bd. S. 50.

Waldgräben.

Kropf System und Grundsätze.
Andrée Abhandlungen. 1ster und 2ter Bd.
Cotta Waldbau.

Heranbildung der Waldarbeiter.

Wedekind neue Jahrbücher. 2te Folge 3ter Bd.

Forstschutz.

Lehrbücher.

Bechstein die Forstbeschützungslehre. Gotha bei Hennings. 1813. 2 Thle. (der 2te Theil die Forstinsektologie, das Ganze der 4te Thl. der Bechstein-Lauropschen Encyklopädie).
Schilling der Waldschutz oder vollständige Forstpolizeilehre. Leipzig, Brockhaus. 1826.
Laurop Grundsätze des Forstschutzes. Heidelberg, Mohr. 1810.
Schultze die Forstpolizei. Lüneburg, Herold und Wahlstab. 1841. (3ter Thl. des Lehrbuches der Forstwissenschaft.)
König die Waldpflege. Gotha, Becker. 1849.
Pfeil Forstschutz und Forstpolizeilehre. Berlin, Veit und Comp. 3te Aufl.
Kauschinger die Lehre vom Waldschutze. Aschaffenburg, Pergay. 1848.
Laurop die Grundsätze des Forstschutzes in nöthiger Verbindung mit der Forstpolizeilehre. Heidelberg, Mohr. 1833.

Gegen Naturereignisse.

Windbruch. (S. Hiebsleitung.)

v. Wedel über Sturmschäden in Gebirgsforsten. Halle, Hemmerde u. S. 1802.

Betrachtungen über einige sich neuerlich in die Forstwissenschaft eingeschlichene irrige Lehrsätze von Maurer. Leipzig 1783.
Mosers Forstarchiv. VII S. 79.
Krünitz Encyklopädie. 24ster Bd. S. 656.
Mayers Zeitschrift für Baiern. 1813. 8—11tes Heft.
Thiersch Beiträge zum Waldbau.
Zschocke Alpenwälder. S 217.
Kritische Blätter. 9 Bd. 2tes Heft. 16ter Bd. 1stes Heft. 18ter Bd. 1stes Heft. 26ter Bd. 2tes Heft.

Feuer.

Der ökonomische Sammler von Weber. Leipzig 1802. 5tes St.
Beckmann physikal. ökonom. Bibliothek. 22ster Bd. S. 133.
Forstordnung für Pommern von 1777.
Forstordnung für Litthauen. 1775.
Krünitz Encyklopädie. 6ter Bd. 410.
Gleditsch systematische Einleitung in die Forstwissenschaft. 2ter Bd. S. 1515.
Breslauer Sammlungen. Septbr. 1726. S. 350.
Mosers Grundsätze der Forstökonomie. 2ter Bd. 559.
Instruktion (Edikt) zur Löschung der Waldfeuer vom 22. Juni 1800. Siehe Hoffmanns Repertorium der preuß. Landesgesetze. 3te Fortsetzung. S. 572. Züllichau, Darnmann.
Hartigs Journal für das Forst- und Jagdw. 1807. 3tes Heft.
† Hartigs Forst- und Jagdarchiv. 7ter Bd.
Pannewitz Forststatistik von Westpreußen. Berlin 1824.
Oeconomia forensis. VI. 515.
Kohlenordnuug vom 18. Januar 1779. (Mylius Gesetzsamml.)
Mylius Gesetzsammlung von 1775: Edikt zur Verhütung und Löschung der Waldbrände für Westpreußen vom 27. Juni 1775.
Mosers Forstarchiv. 25ter Bd. S 211. (Großer Brand im Schwarzwalde).

Wasser.

Versumpfungen und Entwässerungen.

Abhandlungen der Schwed. Akademie der Wissenschaften. 1761.
Abhandlungen der ökonom. Gesellschaft in Bern. 1762. Stück 1. 1764.

Sammlungen derselben. 2ter Bd. S. 739.
Mémoires d'Agriculture. 1787. Hiver.
Annalen der niedersächs. Landwirthschaft. Jahrg. 4. S. 271.
Johnstons Abhandlung von Austrocknung der Sümpfe, übersetzt vom Grafen Podewils. Berlin 1799.
Einleitung zur Kenntniß der Engl. Landwirthschaft. Hannover 1800.
v. Cancrin vermischte Schriften. Riga 1786. 8te Abhandl.
Von den Morästen und der Art, wie sie am vortheilhaftesten nutzbar zu machen. Abhandl. der Münchener Akademie der Wissenschaften. 2ter Th. 1ster Bd. S. 213.
Silberschlag Hydrotechnik. Leipzig, Fritsch. 1772—3. §. 414.
Forst- und Jagdzeitung. 1826. 97.
Laurop Annalen. 6ten Bds. 3tes Heft.
Neues Verfahren nasse rc. Grundstücke zu verbessern. Münster und Leipzig 1775.
Beffroys Anweisung, Moräste auszutrocknen. Prag, Calve. 1798.
Scheyer Wasserbaukunst. 3te Aufl. Leipzig. 1820. 1ster Bd.
Werner mathemat. Unterricht rc. Leipzig, Hinrichs. 1813.
† Bühler die Versumpfung der Wälder. Tübingen, Laupp. 1831.
Wedekind neue Jahrbücher. 25stes Heft. S. 140.
Loudon Encyklopädie der Landwirthschaft. II. 1—3. Buch.
Sinclair Grundsätze des Ackerbaues. Wien 1819. S. 218.
Verhandlungen des Harzer Forstvereins. 1846. S. 98.

Vorzüglich wichtig sind in dieser Hinsicht die Gesetze über Vorfluth und Grabenräumung, weil darauf theils die ganze Entwässerung begründet werden muß, theils auch die wichtigsten Grundsätze der Grabenziehung rc. festgestellt sind. Für Preußen sind beachtungswerth:

Aeltere Vorfluth-Gesetze, Mylius Gesetzsammlung V. b. 165. V. c. 371. X. p. 1857.

Neueres Gesetz über Vorfluth vom 15. Novbr. 1811. Gesetzsammlung von 1811.

Graben- und Schau-Ordnungen.

Graben- und Schauordnung für den Havelbruch, Mylius Gesetzsammlung. VI. p 6687.

Graben- und Schauordnung für den Niederbruch. Mylius IV. p. 5121.

Graben- und Schauordnung für den Netzbruch. Mylius VI. p. 1631.

Graben- und Schauordnung der Ruthe-Flüsse. Berlin 19. September 1781. M. C. S.

Graben- und Schauordnung für die Randau. 23ster Jahrg. 1738. M. C. S.

Strom- und Uferordnung für den Lippefluß vom 2. Mai 1817. Kampfz Annalen der innern Staatsverwaltung. I. Bd. 2tes Heft.

Hinsichts der Entwässerung und Urbarmachung der großen Bruchgegenden, welche jedoch außer dem Wirkungskreise des Forstmannes liegt, sind die großen Arbeiten in urbar gemachten Brüchen und ihre Beschreibung lehrreich. Wir rechnen dahin:

v. Aretin aktenmäßige Donaumoos-Kulturgeschichte. Mannheim, Schwan und Götz. 1795

Vier wichtige Aktenstücke zur Geschichte des Donaumooses in Baiern. Germanien 1795.

Einrichtung des Amtes Königshorst. Krünitz Encyklopädie. Art. Königshorst.

Geschichte der Urbarmachung des Oder- und Warthebruchs von Brenkenhof, unter dem Titel. Nachricht von der Verwaltung und Urbarmachung der Warthebrücher. Berlin 1787, mit 1 Karte von Sotzmann.

Fließendes Wasser. (Siehe Wasserbau.)

Schutz der Ufer an Strömen.

Außer den Schriften über Wasserbau handeln vorzüglich die Deich- und Uferordnungen, welche beinah für jeden beträchtlichen Strom in Deutschland erlassen worden, von diesem Gegenstande. Ihre Kenntniß ist für den Forstmann, welcher Forsten an diesen Strömen liegend verwaltet, um so unerläßlicher, als darin gewöhnlich die Bestimmungen über Behandlung des Vorlandes, der Leinpfade, der Alluvionen, der Abgabe von Wasserbauhölzern ꝛc. enthalten sind. Wir begnügen uns hier die wichtigsten Deich- und Uferordnungen für Preußen aufzuführen, welche in den verschiedenen preußischen Gesetzsammlungen enthalten sind.

Patent wegen Schonung der Buhnen vom 12. Febr. 1727.
Deklaration desselben vom 9ten August 1793.
Deich- und Uferordnung für die Altmark vom 20. Dec. 1695.
Deklaration derselben vom 1. Sept. 1776.
Deich- und Uferordnung für die Saaldeiche vom 27. April 1779.
Fluß- und Schauordnung für den Carthauen-Fluß vom 30 Juni 1794.
Deich- und Grabenordnung für den Netzbruch vom 14. December 1779.
Deich-, Schau-, Graben- und Schleusen-Reglement für das Herzogthum Cleve, vom 24. Febr. 1767.
Deich-, Ufer- und Grabenordnung für den Oderbruch vom 22. Januar 1769.
Revidirte Niers-Ordnung vom 6. März 1769.
Damm- und Uferordnung für Ostpreußen und Litthauen vom 12. April 1787.
Erneuerte Dammordnung zur Erhaltung der Weichseldämme vom 30. März 1770.
Wasser- und Uferordnung für den Rheinstrom vom 21. Dec. 1774.
Deich- und Uferordnung für Ostpreußen, vom 14. April 1806.
Deich- und Uferordnung für den Oderstrom

Wagner Anweisung zur Erhaltung der Dämme bei Stromergießungen und Eisgängen. Grimma, Bayer. 1827.
Bergius Kameralmagazin. 2ter Band. 128. 9ter Bd. S. 1.
Scheyer Wasserbaukunst.
Niemann praktische Anweisung zum Deichbau. Leipzig, Fleischer. 1798.

Verhütung des Schadens durch Abspülen von Erde, Bergrisse ꝛc.

Duile über Verstauung der Wildbäche in Gebirgsländern. Insbruck bei Wagner. 1826.
Heussinger die Verwandlung der Bergseiten in ebene Beete und der Gießbäche in Abzugsgräben ꝛc. Leipzig, 1826.

Mayer Zeitschrift für Baiern. 1818. 2tes Heft.
Bergius Kameralmagazin. 2ter Bd.
† Scheyer Wasserbaukunst. 1ster Bd.

Flugsand.

Die Literatur über diesen Gegenstand ist außerordentlich zahlreich. Man muß sie jedoch eigentlich in zwei Theile trennen: diejenige, welche den Dünenbau an den Seeküsten betrifft, und diejenige, welche den Sandbau im Binnenlande zum Gegenstande hat. Die Kunst des Dünenbaues entwickelte sich zuerst in Holland, bildete sich dann an den französischen Küsten aus, und wurde später in Dänemark zu großer Vollkommenheit gebracht. Gegenwärtig ist der preußische Dünenbau ausgezeichnet, und dürfte keinem in einem andern Lande etwas nachgeben. Oft ist der Forstmann damit beauftragt, und dann müssen auch doch zuletzt die Regeln für die Bindung großer Sandschollen im Binnenlande aus der weit wissenschaftlicher bearbeiteten Lehre vom Dünenbaue entwickelt werden. — Wir führen daher die Schriften, und Abhandlungen über diesen letztern hier zuerst auf, nehmen aber diesmal auch auf die holländischen Rücksicht.

Dünenbau.

Verhandel. van het Maatsch. te Harlem. Deel. 19. St. 2. 3.
Verhandl. van het Maatsch ter beordering van den Landbouw. Deel. V.
Mittel, welche in Flandern und Holland angewandt werden, um die Dünen zu erhalten 2c. Hannöversches Magazin. 1712. 97stes, 98stes Stück.
Mém. d'Agriculture. Paris. 1786. Automne. 1791. Hiver. 1787. Automne.
Capelle Journ. de la Soc. de Santé et d'Histoire Nat. de Bordeaux. T. II. p. 5. 214. T. III. 193. 210.
Mém. de la Soc. Sav. et Littér. de la Rep. Fr. T. II. 297.
Mém. de la Soc. d'Agricult. de Rouen. T. 1. p. 321.
Acta Litteraria Suaeciae. Vol. 3. 1731.

Abhandl. der Schwed. Akademie der Wissenschaften. 1759. 130. 30ster Bd. S. 276. 31ster Bd. S. 132.

Abhandlung der ökonom. Gesellschaft in Petersburg. T. 8. p. 68.

Anmerkungen von den Schonischen Flugsandstrichen von Liddeck, aus dem Schwedischen von Kästner. Abhandl. der Schwed. Akademie der Wissenschaften. 21ster Bd. 1762.

Viborg Beschreibung der Sandgewächse und ihrer Anwendung zur Hemmung des Flugsandes auf der Küste von Jütland. Kopenhagen, 1789.

Ueber die sicherste Befestigung der Dünen von Warnmünde, von Siemßen. Rostock in der Adlerschen Officin. 1803.

Ueber die Warnemünder Dünenbepflanzung von Karsten, in den neuen Annalen der Mecklenburger landwirthschaftlichen Gesellschaft. 7ter Jahrg. 2te Hälfte. Rostock, Stiller. 1820.

Erich Viborgs Abhandlungen aus dem Dänischen. 2tes Bdchen. Kopenhagen, 1797.

Beckmann ökonom. physikal. Bibliothek. XIX. 559.

Krünitz Encyklopädie. 9ter Bd. S. 680.

Linné Reise in Schweden. Stockholm, Gleditsch. 1756.

Sammlungen nützlicher Aufsätze und Nachrichten, die Baukunst betreffend, von mehreren Mitgliedern des Königl. Preuß. Oberbaudepartements. 2ter Bd. S. 87. Berlin.

v. Pannewitz Forststatistik von Westpreußen.

Niemann Waldberichte. Versch. Hefte.

Hartig Abhandlungen über interessante Gegenstände. Berlin 1830.

v. Pannewitz Anleitung zum Sandbau. Bromberg, Baumann. 1831.

Hertha Jahrg. 1828. (Blesson über Bildung der Dünen.)

† Krause der Dünenbau in Westpreußen. Berlin bei Reimarus. 1850.

Sandbau im Binnenlande.

Des Marquis von Turbilli praktischer Unterricht zum Aufreißen oder Brechen der unangebauten Felder, übersetzt von Schütz. Altona 1762.

Gleditsch system. Einleitung in die Forstwissenschaft.

Dessen physik. ökonom. Betrachtungen über den Heideboden der Mark Brandenburg ꝛc. Berlin und Leipzig. 1782.

Mém. de Lausanne. Tom. 2.

Annalen der ökonomischen Gesellschaft in Potsdam. 3ter Bd. 1stes Heft.

Monatsblatt der K. Pr. ökonom. Gesellschaft in Potsdam. 1823. 10tes Stück. 1824. 1stes Stück.

Schrebers alte Sammlungen versch. Schriften aus der Oekonomie ꝛc. Halle 1755—1764. XVI. 295.

Schrebers neue Sammlung ꝛc. V. 475.

Schrebers Anweisung wie der Flugsand stehend zu machen. Leipzig 1764.

Oekonomische Nachrichten. Leipzig, Hahn. 1749—63. VIII. 629.

Neue ökonom. Nachrichten. Daselbst 1763—73. I. 204.

Borowski Almanach für deutsche Landwirthe. Frankfurt a. d. O. 1783.

v. Pratje ökonom. Portefeuille. Lübeck, Aschenfeld. II. 103.

Burgsdorf Forsthandbuch. 1ster Bd. 5ter Abschnitt.

† v. Kropf System und Grundsätze. Berlin 1807.

Praktischer Vortrag auf dem Reichstage in Ofen 1807, zur Urbarmachung des Flugsandes in Ungarn, von Rudolph Wietsch. Ofen 1809.

Anleitung zur Bearbeitung und Behandlung der Sandwüsten von J. J. Weidenkeller. Nürnberg 1809.

Grundsätze der Bedeckung ꝛc. des Flugsandes von Huber Berlin 1824.

Liebich aufmerksamer Forstmann. 1ster Bd. 2tes Heft. 2ter Bd. 1stes Heft.

Krit. Blätter für Forst ꝛc Wissenschaft. III. 2.

Pannewitz Forststatistik von Westpreußen.

Niemann Waldberichte. 1sten Bds. 3tes Stück. S. 402. 530.

Verhandlungen des Berliner Gartenbauvereins. 8te Lieferung.

Pfeil Forstschutz- und Forstpolizeilehre. 3te Aufl.

Schnee, Duft und Rohreif. (Frost. s. Klimatik.)

Müllenkamp vermischte Forstpolizei- u. Kameralgegenstände. S. 204.

Burgsdorf Anleitung zur Erziehung der Holzarten ꝛc.

Sierstorpf Monographie der Fichte.

Sponeck forstliche Ansichten. Mannheim, Schwan u. Götz.

Abhandlungen der landwirthschaftlichen Gesellschaft zu Burghausen. 1771.

Verhandlungen des Harzer Forstvereins. 1846. 1849—52.
Tharanter Jahrbuch 4ter Bd. S. 173.

Forstunkräuter.

Im Allgemeinen.

(Moser Forstarchiv. 19ter Bd. S. 45. 67.)
Reums Forstbotanik. 3te Abtheil. der Forstkräuter.
Oekonom. Nachrichten der Gesellschaft in Schlesien. 6ter Bd.

Im Einzelnen.

Erica. **Heidekraut.**

Oekonomische Rathschläge, die Lüneburger Heide arthaft zu machen. Göttingen. 1754.
Krünitz Encyklopädie. 22ter Bd. 715.
Fleischhauer Vorschläge, die Lüneburger Heide urbar zu machen. Göttingen 1754.

Rubus.

Weihe und Nees von Esenbeck, die deutschen Brombeersträucher. Bonn 1822.
Riem neue Sammlung vermischter ökonom. Schriften. 14ter Bd. S. 90.
Beckmann ökonom. physikal. Bibliothek. XX. 262.

Digitalis purpurea.

Schlemann Diss. inaug. de Digit. purpurea. Goetting. 1786.
Lindley Digitalium Monographia. London 1821.
Forst- und Jagdzeitung. 1825. Nr. 88. 89.

Vicia.

Sturm die Wikenarten. Nürnberg 1806.

Valeriana officinalis.

Betke Dis. inaug. animadvers. botanicae in Valerianellas. Rostock 1826.

Arbutus Uva ursi.

Murray Commentatio Uva ursi. Goetting. 1765.

Asclepias.

Brown Asclepiadae. Aus dem Englischen übersetzt von Presl. Prag 1812.

Euphorbium Esula.

Linné Diss. de Euphorbia ejusque historia naturali. Upsala 1751.

Arnica montana.

Martini Diss. inaug. de Arnica. Vindob. 1779.

Carex.

Majer Diss. inaug. de Carica arenaria. Francof. 1772.

Forstschutz. Schaden durch Thiere.

Ueber Insektenschaden im Allgemeinen. (Siehe Forstinsekten.)

Brettschneider Beitrag zur Kenntniß der verderblichen Fichtenraupen. Weimar, Hoffmann. 1798.

Jäger Waldraupen- und Borkenkäfer-Geschichte. Jena, Mauke. 1798.

Fuß vollständiger Unterricht von dem nützlichen und schädlichen Federvieh und Insekten, besonders Waldraupen. Prag 1798.

Zuruf an die oberpfälzischen Herzogthümer wegen Vertilgung der schädlichen Waldraupen. Sulzbach bei Eberstein.. 1798.

Gleditsch hinterlassene vier Abhandlungen vom Forstwesen. Berlin 1788.

Hennert über Windbruch und Raupenfraß. Berlin 1797.

Hartig Anleitung zur Vertilgung der Kieferraupen. Berlin 1827.

Pfeil über Insektenschaden. Berlin, Boike. 1827.

Bechstein und Scharfenberg Naturgeschichte aller schädlichen Forstinsekten. Leipzig 1803—5. Gleditsch. (8⅔ thlr.)

Bauer Versuch eines Unterrichts für den Forstmann zur Verhütung der Waldverheerung durch Insekten. 3te Abtheil. Erlangen 1800.

Tabellarische Beschreibung aller schädl. Waldinsekten. Fol. 1898.

Franz über Rettungsmittel des vom Raupenfraß betroffenen Holzes. Leipzig 1798.

Der besorgte Forstmann über das Verderbniß der Wälder durch Thiere. 4 Stück. Weimar, Industrie-Compt. 1789—99.

Kob wahre Ursache der Baumtrockniß der Nadelwälder. Erlangen, Palm. 1793.
v. Schlumbach Abbildung der Nadelhölzer nebst den schädlichen Insekten auf ihnen. Nürnberg, Stein. 1810. 4. mit 18 Kupfern.

Mäuse.

Oekonom. Nachrichten der Gesellschaft in Schlesien. 1ster Bd. S. 279. 327. 364. 387. 2ter Band S. 219. 5ter Band S. 113.
Akten der Mohrungschen physik. ökonom. Gesellschaft. 3tes Heft.
Annalen der Niedersächs. landwirthschaftl. Gesellschaft. Jahrg. 1. Stück 2. Jahrg. 6. Stück 3.
Mém. d'Agriculture. 1789 Hiver. 1791. Hiver.
Mém. de Paris. 1770.
Hartigs Journal für das Forstwesen. 1806. 1808.
Krünitz Encyklopädie. 86ster Bd. S. 82--156.
Laurop Annalen. 1sten Bds. 1stes Heft.
Gr. Sponeck forstliche Ansichten. Mannheim, Schwan u. Götz.
Krit. Blätter. 6ter Bd. 1stes Heft. 13ter Bd. 1stes Heft. 14ter Bd. 1stes Heft. 15ter Bd. 1stes Heft. 18ter Bd. 1stes Heft.

Maulwürfe (in Pflanzkämpen).

Oekonom. Nachrichten der Gesellschaft in Schlesien. Bd. 1. S. 16. Bd. 6.
Abhandlungen der Schwed. Akademie der Wissenschaften. 1761. S. 33.
Mém. de Paris. 1769.
Mém. d'Agricult. 1788 Automne.
Rapport des travaux de la Soc. d'Agricult. du Doubs. An. IX.
Forst- und Jagdzeitung. 1826. Nr. 99.

Eichhorn.

Laurop Annalen. 5ten Bds. 2tes Heft.
Hartigs Forst- und Jagdarchiv. 6ter Bd.
Laurop Jahrbücher. 1823. 4tes Heft.
Liebich aufmerksamer Forstmann. II. 1.
Forst- und Jagdzeitung. 1828. Nr. 122.
Krit. Blätter. 30ster Bd. 1stes Heft. S. 235.

Wildpret.*)

Mellin Anweisung zur Anlegung von Thiergärten. Berlin 1779.
Sierstorpf Monographie der Fichte.
Laurop Annalen. 2ten Bds. 1stes Heft. u. f.
Forst- und Jagdzeitung. 1825. Nr. 33. 35.
Wedekind Jahrbücher. 5tes Heft.
Klauprecht der Spessart.
Stahl Forstmagazin. II. 41.
Krit. Blätter. 17ter Bd. 1stes Heft.

Hausthiere (Waldweide).

Schon längst ist anerkannt, daß es unmöglich ist den Wald zu erhalten, wenn er nicht gegen die Hausthiere geschützt wird, und die Waldweide nur unter den nothwendigen Beschränkungen ausgeübt werden darf. In ganz Deutschland sind deshalb auch Gesetze erlassen, welche den Wald gegen eine ungeregelte Weidebenutzung schützen sollen. Die Kenntniß derselben, die der Schonungsrechte, welches dem Walde zustehet, ist deshalb auch dasjenige, was der Forstwirth vor allem andern bedarf. Die Schonungsgesetze von ganz Deutschland zu geben, vermag der Verf. theils nicht, theils scheint es auch selbst überflüssig, da jeder deutsche Forstwirth wohl diejenigen kennen muß, die in dem Lande gelten, wo er verwaltet. (Siehe Kenntniß der Gesetzgebung.) Wir begnügen uns daher diejenigen Schriften und Abhandlungen anzuführen, welche vom Schaden der Waldweide, den Mitteln ihn zu verhüten und dem Ersatze des angerichteten Schadens handeln, da von der Ablösung der Waldweide besonders die Rede sein wird. Doch beziehen sich die angeführten Stellen auch theilweis auf die Zulässigkeit der Waldweide überhaupt, und auf die Frage: ob die Beibehaltung derselben als vortheilhaft oder nachtheilig anzusehen sei.

*) Die verschiedenen Forstdirectionslehren handeln davon, wie groß der Wildstand sein dürfte, ohne dem Walde sehr nachtheilig zu werden.

C. F. Mayer Abhandlung über die Waldhütung. Coburg 1801.
Krünitz Encyklopädie. 26ster Bd. S. 220. (daselbst die ältere Literatur.)
Oeconomia forensis. VII. §. 413.
Nachrichten der landwirthschaftl. Gesellschaft in Zelle. Band 3. Samml. 1.
Schriften einer Privatgesellschaft zur Uebung des Verstandes. 2te Samml.
Hobbe freimüthige Gedanken. S. 74.
Pfeil Anleitung zur Ablösung der Waldserv. Berl. Veit u. Comp.
Dessen Befreiung der Wälder von Servituten.
Laurop Annalen. 4ter Bd. 3tes Heft. 6ter Bd. 1stes Heft.
Hartig Forst- und Jagdarchiv f. Preußen.
Forst- und Jagdzeitung. 1825. Nr. 28. 36. 72. 1826. Nr. 8. 41. 86. 98. 1827. 1. 55. 1828. 23.
Hartig Forstjournal. 1807. 2tes Heft.
Sierstorpf Monographie der Fichte.. S. 56.
Thiersch über den Waldbau. Leipzig 1823.
Stahl Forstmagazin. VII. 1.
Hundeshagen die Waldweide und Waldstreu. Tübingen, Laupp. 1830.
Hundeshagen Beiträge. III. 1. 185.
Wedekind Anleitung zur Forstverwaltung. Darmstadt 1831.
Verhandlungen des Harzer Forstvereins, alle Jahrgänge.

Gräserei.

Oekonom. Nachrichten. 3ter Bd. S. 815.
Neue ökonom. Nachrichten. 1ster Bd. S. 607.
Oettelt Anmerkungen vom Holzanbau.
Krünitz Encyklopädie. 14ter Bd. 593. 19ter Bd. 728.
Bergius Kameralmagazin. 3ter Bd. 308.
Schilling Forstschutz. S. 66.

Holzentwendungen und Waldfrevel.

Die Beschützung des Waldes gegen Holzentwendungen und Beschädigungen des Holzes durch Menschen, kann nur durch die Gesetze erfolgen, und wir übergehen diese aus den oben angeführten Gründen um so mehr, als bereits die nöthigen Schriften zur Gesetzkenntniß angeführt sind. Es ist aber zwischen den Forst- und Polizei-Schriftstellern viel darüber verhandelt worden, in welche Kathegorie der Vergehen die Holzentwendungen und Waldfrevel gehören, welche Mittel anzuwenden seien, um ihnen vorzubeugen, und welche Art der Bestrafung die zweckmäßigste sei. Die darauf Bezug nehmenden wichtigsten Schriften und Abhandlungen, so weit sie dem Forstmanne leicht zugänglich sind, werden hier nachgewiesen.

Vischer über Holzdiebstahl. Stuttgart 1820.
Spitz über Bestrafung der Waldfrevel. Fürth 1819.
Sponeck über den Holzdiebstahl. Mannheim, Schwan. u. Götz.
v. Wedekind Versuch einer Forstverfassung im Geiste der Zeit. Leipzig 1821. Baumgärtner.
Organisation des Forstwesens. Helmstädt 1815. 4.
Krünitz Encyklopädie. 24ster Bd. S. 684.
Pfeil Grundsätze der Forstwirthschaft. 1ster Bd. 554.
Andrée ökonom. Abhandlungen. 1826. Nr. 48. (Abhandlungen 4ter Bd.)
Laurop Annalen. 2ter Bd. 4tes Heft. 3ter Bd. 3tes Heft. 5ter Bd. 1stes Heft.
v. Wedekind neue Jahrbücher der Forstwissenschaft.
Hartig Journal für das Forst- und Jagdw. 1806. 2tes Heft.
Forst- und Jagdzeitung. 1825. 67. 1826. 9. 89. 1827. 10. 100.
Niemann Waldberichte. 2ter Bd. S. 159.
Mosers Forstarchiv. 22ster Bd. 1.
v. Seckendorf patriot. Winke über das Holzstehlen. Leipzig 1799. v. Kleefeld.
Der Holzdiebstahl in seinen Ursachen und Folgen von Borchardt. Berlin bei Mittler. 1842.
Verwandlung der Strafen in Forst-Strafarbeit: für die östlichen Provinzen der Preuß. Monarchie. Hoffmanns Repertorium. 3te Fortsetzung (s oben).
Preuß. Rheinprovinzen: Amtsblatt der Reg. zu Trier, Juli 1822
Allgemeiner Preußischer Staats-Anzeiger Nr. 29. 1854. (Auch Justizministerialblatt von 1854.

Die Amtsblätter der Regierungen z. B. der Potsdamer Regierung von 1853. Stück 45.

Der Preußische Forst- und Jagdkalender von 1851—1854.

Streurechen.

Ehrlich Beantwortung der Frage: ob das in den Wäldern abfallende Laub den Wachsthum der Bäume fördere? Zweibrücken 1793.

Moser Forstarchiv. 15ter Bd. 3. 178.

Oeconomia forensis. VII. Bd.

Neue Schriften der kurfürstl. Sächs. ökonom. Leipziger Societät. 1ster Bd. Dresden 1801.

Riems Sammlung ökonomischer Schriften. VI. Bd. Dresden, Walther.

Annalen der Niedersächs. Landwirthschaftsgesellschaft. 4ter Jahrg. 1stes Heft.

Stahl Forstmagazin. V. 63.

Annalen der ökonom. Gesellschaft in Potsdam.

Bechstein Waldbeschützungslehre. S. 54.

Krünitz Encyklopädie. 65ster Bd. S. 617.

Forst-, Fisch- und Jagdlexicon. 2ter Bd.

Laurop Annalen. 4ten Bd. 1stes Heft.

Wildungen Taschenbuch. 1806.

Hartig Journal für das Forst- und Jagdwesen. 1806. 1stes 2tes, 3tes Heft.

Forst- und Jagdzeitung. 1826. S. 232. 1825. Nr. 46. 79. 1828. 1829.

Pfeil Befreiung der Wälder von Servituten.

Dessen Anleitung zur Ablösung der Waldservituten. 3te Auflage.

Hartig Beiträge zur Lehre von der Ablösung der Waldserv.

Pfeil krit. Blätter. III. 2.

Kasthofer Bemerkung über die Wälder des Berner Hochgebirges. Aarau, Sauerländer. 1818. S. 98.

Wedekind neue Jahrbücher. 1stes, 2tes Heft.

Mittheilungen aus dem Gebiete der Flora und Pomona. Dresden, Arnold. 1829. Nr. 21. 23.

v. Wedekind neue Jahrbücher. 15tes Heft. S. 15. 30stes Heft.

S. 163. Neue Folge. 15tes Heft. S. 15. Zweite Folge. 2ter Bd. 3tes Heft. 2tes Heft. S. 282.
Behlen Zeitschrift für Baiern. 9ter Bd. 4tes Heft. 1839.
Cotta Album. S. 110.
Tharanter Jahrbuch. 6ter Bd. S. 95.
Verhandlungen des Schlesischen Forstvereins. 1846. S. 100.
Gwinner Mittheilungen. 2ter Bd. 7tes Heft. 3ter Bd. 12tes Heft.
Hundeshagen über Waldweide und Waldstreu.
Oekonomische Neuigkeiten. 1831. Nr. 42—49.
Forst- und Jagdzeitung. 1831. 1834 und mehrere Jahrg.
Lange das Streu-, Laub- und Moosrechen in rechtlicher Beziehung. Breslau, Hirt. 1841.
v. Schultes der Streuwald. Coburg, Sinnersche Buchhandlung. 184.
Walz über die Waldstreu. Stuttgart, Cotta. 1850.
Krit. Blätter. 11ter Bd. 2tes Heft. S. 99. 19ter Bd. 1stes Heft.
Albert Entbehrlichkeit der Waldstreu. Leipzig 1845.
Anweisung zum zweckmäßigen Gebrauch der Schneidelstreu. Dresden, Hofbuchdruckerei. 1833.
v. Möllendorf die Bewirthschaftung des Ackers ohne Waldstreu und Waldweide. Görlitz, Heinze. 1850.

Laubstreifeln.

Schreber neue Kameralschriften. 5ter Bd. S. 469.
Hobbe patriot. Gedanken. Ehrenbreitstein 1805. S. 113.
Krünitz Encyklopädie. 65ster Bd. } Ernährungsfähigkeit der
Oeconomia forensis. VII. §. 152. } versch. Laubsorten.
Stissers Einleitung in die Landwirthschaft. S. 131.
Pfeiffer Grundriß der Forstwissenschaft. Mannheim 1781. S. 178.
Mosers Forstökonomie. S. 570.
Bechstein Waldbeschützungslehre. S. 106.
Hartig Journal für das Forst- und Jagdw. 1806. 3tes Heft.

Harzscharren (in Bezug auf Beschädigung der Fichte).

(Siehe Harzscharren, Pech- und Kienrußbereitung in der Forstbenutzung.)

Beschädigung des Waldes durch Waldbienennutzung. (Zeidelweide.)

Oeconomia forensis. VII. 430.
Pannewitz Forststatistik von Westpreußen.
Gemeinnützige Abhandlungen der Bienengesellschaft in der Oberlausitz. 1ster Bd.
v. Brinken Beschreibung des Bialowitzer Waldes in Wedekinds neuen Jahrbüchern.

Zeidelweide überhaupt.

Stissers Forstgeschichte.
Mayer Zeitschrift für Baiern. 1823. 1stes, 3tes Heft.
Forst- und Jagdzeitung. 1828. Nr. 31. 152.
Stahl Forstmagazin. I. 104.

Beaufsichtigung, Consolidation der Gemeindeforsten.

Die Beaufsichtigung der Gemeindeforsten, um sie gegen Verwüstung durch ihre Eigenthümer zu sichern, ist ein viel besprochener Gegenstand in der Forstpolizeilehre. Auch ist damit das Verlangen verbunden, alle einzelnen Holzstücke der Gemeinden und Privaten in bestimmte Wirthschaftsgänge zusammen zu legen, um sie besser beaufsichtigen, schützen und bewirthschaften zu können. Nachstehende Schriften ꝛc. sind die wichtigsten, welche diesen Gegenstand betreffen.

Hazzi ächte Ansichten der Wälder und Forsten.
Hartig Forstarchiv. 1816. 2tes Heft.
Andrée Abhandlungen. 3ter, 4ter Bd.
Pfeil Grundsätze der Forstwirthschaft. 1ster Bd.
v. Wedekind Forstverfassung im Geiste der Zeit.
Jäger Beurtheilung der Darstellung der Gemeindewälder durch Helfrich. Koblenz 1807.
Laurop Annalen. 5ten Bds. 2tes, 4tes Heft.
Hartig Forstjournal. 1806. 3tes Heft.
Forst- und Jagdzeitung. 1825. Nr. 77. 1828. Nr. 66. 94.
v. Wedekind Jahrbücher. 4tes Heft.
Diana. 2ter Bd. S. 145.

Schenk Forst- und Jagdrecht. §. 133. u. s. w.
Beaufsichtigung der Kommunal-Forsten in der Rheinprovinz. Praktischer Forst- und Jagdkalender. 3ter u. 4ter Jahrgang (1853. 1854).
Roth Theorie der Forstgesetzgebung und Forstverwaltung. München, Lindauer. 1841. S. 173.
Krit. Blätter. 15ter Bd. 2tes Heft 19ter Bd. 1stes Heft. 24ster Bd. 2tes Heft. 28ster Bd. 2tes Heft.

Gemeinheitstheilung und Ablösung der Waldservituten.

v. Alten Gedanken und Vorschläge zur Theilung der gemeinschaftlichen Weiden. Hannover, Hahn. 1797.
Oeconomia forensis. VII. Bd.
Hobbe patriotische Gedanken. S. 74.
Hazzi ächte Ansichten der Wälder. München, Buchner. 1805.
Kropf System und Grundsätze Berlin 1807.
† Ueber Gemeinheitstheilung von Mayer. Celle 1801. 4.
Klebe Grundsätze der Gemeinheitstheilung. Berlin 1821.
Jonas Sammlung aller auf Gemeinheitstheilung Bezug habenden Preuß. Gesetze unter dem Titel: Handbuch für Oekonomie-Commissarien. 2 Bde. Berlin 1828.
Krünitz Encyklopädie, Art. Gemeinheitstheilung.
Hoßfeld Werthbestimmung der Wälder. Hildburghausen 1823.
Pfeil Befreiung der Wälder von Servituten. Züllichau 1821.
† Dessen Anleitung zur Ablösung der Waldservituten. Berlin, Veit u. Comp. 1854. 3te Aufl.
Hartig Beiträge zur Lehre von der Ablösung der Waldservituten. Berlin 1829.
Mayer Zeitschrift für Baiern 1813. 1816.
Laurop Annalen. 4ten Bds. 1stes Heft.
Forst- und Jagdzeitung. 1825. Nr. 64.
Hartig Forst- und Jagdarchiv. 1816. 1stes Heft.
Moser Forstarchiv. 25ster Bd. 240.
Bergius Kameralmagazin. 4ter Bd. 378.
Krause über die Ablösung der Servituten und Gemeinheiten in den Forsten. Gotha 1831.
Klebe Grundsätze der Gemeinheitstheilung. Berlin bei Hayn. 1835. 2 Bde.

Karl Vorschläge zu Weide-Ablösungs-Gesetzen. Siegmaringen bei Fränkel. 1840.

Technische Instruktion für die Auseinandersetzungs-Angelegenheiten im Regierungs-Bezirk Frankfurt a. O. 1842.

Technische Instruktion für die von der General-Kommission für Pommern beauftragten Oekonomie-Kommissarien. Berlin 1842.

Technische Instruktion für die von der General-Kommission der Provinz Sachsen beschäftigten Spezial-Kommissarien. Stendal 1845.

Technische Instruktion der Auseinandersetzungs-Angelegenheiten für den Bezirk der General-Kommission zu Breslau. Breslau 1846. 2te Auflage.

Instruktion zur Bildung und Anwendung technischer Grundsätze. Posen 1841.

Eytelwein Anleitung zur Ermittelung der Dauer und Unterhaltungskosten der Gebäude und zur Bestimmung der Bau-Ablösungs-Kapitalien in jährlichen Raten. Berlin 1831.

Stuhr über die Abfindung der Hütungs-Berechtigten in den Forsten. Quedlinburg, Basse. 1834.

Rust Ablösung der Servituten. Magdeburg, Creutz'sche Buchhandlung. 1838.

Kretzschmer Concordanz der Königl. Preußischen Agrarischen Gesetze. Danzig, Gerhard. 1840. 2te Aufl.

Schrader Agraria der Preuß. Monarchie. Magdeburg 1824.

† Koch die Agrargesetze des Preußischen Staats. Breslau bei Aderholz. 1850. 4te Auflage.

Doenniges die Landeskultur-Gesetzgebung Preußens. Berlin, Schröder. 1843—1849. 5 Bde. in 4.

Lette und v. Rönne die Landes-Kultur-Gesetzgebung des Preuß. Staates. Berlin, Veit u. Comp. 1854.

Zeitschrift für die Landeskultur-Gesetzgebung des Preuß. Staates. Berlin, Jonas Verlagsbuchhandlung. 1847—1854.

Pfeil Welche Vortheile muß sich der Waldbesitzer anrechnen lassen, wenn der Berechtigte auf Ablösung anträgt. Leipzig, Baumgärtner. 1853.

Krit. Blätter. 2ter Bd. 1stes Heft. 6ter Bd. 1stes Heft. 5ter Bd. 1stes, 2tes Heft. 11ter Bd. 1stes u. 2tes Heft. 9ter Bd. 1stes Heft. 12ter Bd. 1stes u. 2tes Heft. 13ter Bd. 1stes Heft. 18ter Bd. 1stes Heft. 20ster Bd. 2tes Heft. 22ster Bd. 2tes

Heft. 23ster Bd. 2tes Heft. 25ster Bd. 1stes Heft. 26ster Bd. 1stes Heft. 28ster Bd. 1stes, 2tes Heft. 29ster Bd. 1stes Heft. 30ster Bd. 1stes u. 2tes Heft.

Brumhard die Grundsätze der forstlichen Taxationslehre in ihrer Anwendung auf Waldvertheil. Gotha, Hennings u. Hopf. 1835.

Arnsperger die Forsttaxation behufs der Servitutenablösung. Karlsruhe, Braunsche Hofbuchhandlung. 1841.

Herzoglich Braunschweigische Gemeinheitstheilungs-Ordnung vom 26. März 1823.

Grabners Vierteljahrsschrift, 1ster Bd. 4tes Heft. Die Forstservitutenablösung in Tirol.

Die Waldservituten und ihre Ablösung. Ebendaselbst 2ten Bds. 2tes u. 3tes Heft.

Arnsperger Zeitschrift für Baden. 2ten Bds. 1stes Heft.

Forst- und Jagdzeitung. 1834, Nr. 83. 1836, S. 349.

Behlens neue Zeitschrift für Baiern. 9ter Bd. 3tes Heft. 92.

Forstbenutzung und Technologie.

Lehrbücher.

† Dühamel von Fällung der Wälder, übersetzt von Oelhafen von Schöllenbach. Nürnberg, Winterschmitt. 1766.

Schauplatz der Künste und Handwerke, aus dem Französischen übersetzt. Königsberg, Unzer. 1762—77. Fortsetzung 16ter bis 20ster Bd. Berlin, Rücker.

Sprengel Handwerke und Künste, 17 Sammlungen. Berlin, Reimer.

Krünitz Encyklopädie. 151 Bde. mit Kupfern. Berlin, Pauli.

Poppe technologisches Lexicon. Tübingen, Cotta.

Franz praktisches Handbuch für Forst- und Bauleute. Dresden, Walthersche Hofbuchhandlung. 1814.

† Voelker Forsttechnologie. Leipzig, Baumgärtner. 1836. 2te Aufl.

Walther Forsttechnologie. Gießen 1802.

Hauchecorne Lehrbuch der Technologie. 1ster Bd. Holztechnologie. Berlin 1812.

Jester Anleitung zur Kenntniß und Zugutmachung des Nutzholzes. Königsberg, Unzer. 1815.

Laurop Grundsätze der Forstbenutzung und Forsttechnologie. Heidelberg, Mohr. 1810.

Mayers Forstdirektionslehre. Würzburg 1820. (Ist zum Theil als eine sehr gute Forsttechnologie zu betrachten.)

Pfeil Anleitung zur Behandlung der Forsten. 2ter Band. 4te Auflage. Berlin, Veit u. Comp.

Handbuch der Forstbenutzungslehre. Gießen 1809. Tasché.

Schultze die Forstbenutzung im Geiste der Zeit. Kassel, Hotop. 1852.

König die Forstbenutzung. Herausgegeben von Grebe. Eisenach, Bäreke 1851.

Egydy der Holzkenner. Freiburg bei Graz 1852 (werthlos).

Feistmantels Lehrbuch 3 Abthl.

Anmerk. Dinglers polytechnisches Journal und Prechtel Jahrbücher des K. K. polytechnischen Instituts in Wien, enthalten viel schätzbare Notizen über Forsttechnologie. Auch findet man in den mehrsten der Forstlehrbücher eine Abtheilung für Forstbenutzung oder Forsttechnologie.

Grundsätze der Forstbenutzung im Allgemeinen.

Pfeil krit. Blätter für Forstwissenschaft. 1sten Bds. 1stes Heft.

Dessen Grundsätze der Forstwissenschaft. 1ster Bd. (Dieselbe Abhandlung.)

Kritische Blätter. 7ter Bd. 2tes Heft. 10ter Bd. 1stes Heft.

Verhältniß des Ertrages zwischen Feld und Wald.

Mayer Zeitschrift für Baiern. 1815. 1823.

Sinclair Grundsätze des Ackerbaues. Wien.

Linz über Regulirung einer Holztaxe. Kreuznach 1816.

Stahl Forstmagazin. IV. 289.

Entwurf von Holztaxe. (Siehe Forstdirectionslehre unten.)

Linz Regulirung rc. (oben).

Behlen Beiträge zur Lehre von den Taxen der Forstprodukte. Aschaffenburg. 1828.

Hartig Archiv für d. F. in Preußen. 1817. 3tes Heft. 1818. 6ter Bd.

Königs Holztaxation. §. 54—65.

Hundeshagen Beiträge. 2ten Bds. 2tes Heft.

Pfeils Anleitung zur Behandlung der Forsten. 2ter Bd. Züllichau 1821.

Dessen Grundsätze der Forstwirthschaft. 2ter Bd.
Münscher über Erfahrung der Holzpreise in den Kurhessischen Waldungen. Cassel, Kriegersche Buchhandlung. 1839. (Siehe Krit. Blätter. 15ter Bd. 2tes Heft. S. 1.)

Eigenschaften der Hölzer.

Brenngüte, des Brennholzes.

Hartig Versuch über die Brennbarkeit der Hölzer. Herborn 1807.
v. Liebhaber über das Verhältniß der Brennbarkeit der Hölzer. Helmstädt. 1806.
v. Werneck physikalisch chemische Abhandlung über das specifische Gewicht und die Brennbarkeit der Hölzer. Marburg, Krieger.
Kauschinger über die Brennkraft der Hölzer. Andrée Abhandl. 4ter Band.
Schriften der naturforschenden Freunde in Berlin. 11ter Bd.
Archiv der Brennmaterial-Ersparniß. Leipzig und Liegnitz. 1805.
Forst- und Jagdzeitung. 1826.
Höß Naturlehre.
Gehlers physikal. Wörterbuch. (Ermittelung der Brenngüte, auch Artikel: Heizung.)
Mayer Forstdirectionslehre. §. 222.
Frenzel Forstchemie. (Mittel die Brenngüte zu erfahren.)
Diana. 4ter Bd. 213.
Raßmann Grundriß der Vorbereitungswissenschaft.
† Péclet über die Wärme. Uebersetzt von Hartmann. Braunschweig, Vieweg. 1830.
Brix Untersuchungen der Heizkraft der wichtigern Brennstoffe des Preußischen Staates. Berlin, Gropius'sche Buch- und Kunsthandlung. 1853.
Kritische Blätter. 10ter Bd. 1stes Heft. 13ter Bd. 1stes Heft. 14ter Bd. 2tes Heft. 26ster Bd. 2tes Heft. S. 231.
Chevandier: Recherches sur la composition élémentaire des differents bois. Paris. 1844.
Chevandier: Mémoires sur les propriétés mecaniques du bois. Paris 1848.
Quarizius die Brennstoffe. Dresden, Arnold. 1848.

Klöden Vergleich der Brenngüte der Holz- und der Steinkohlen. Mineralogische Beiträge. 2tes Stück. 1829. 78.

Anmerk. Die wenigsten dieser Schriften geben die Resultate selbständiger Untersuchungen an, theilen vielmehr nur die von Hartig, Werneck, Kauschinger, Langsdorf und Anderer mit.

Brenngüte, als Kohlholz.

Wernecks physikal. chem. Abhandl. (s. oben.)
Parkers chemischer Katechismus. S. 569.
Chaptal Agrikulturchemie, Anmerk. von Schübler. S. 355.
Hundeshagen Berichte und Miscellen. 1stes Heft.
Forst- und Jagdzeitung. 1829. Nr. 97.
Hermbstädt Grundsätze der experimentalen Kameralchemie.
Burgsdorf Forsthandbuch.
Fischer Forstrechnungsaufgaben. S. 222.

Anmerk. Viele metallurgische Schriften, über Hüttenbetrieb rc., behandeln diesen Gegenstand umständlich. Wir führen sie nicht an, da sie nichts wesentlich Abweichendes von obigen geben, und dem Forstmann weniger zugänglich sind.

Gehalt an Asche und Laugensalz.

Davy Agrikulturchemie. S. 124.
Fränzel Forstchemie. S. 213.
Hermbstädt Agrikulturchemie. 4te Abtheil.
Krünitz Encyklopädie. 116ter Bd. Art. Pottasche.
† Wildenhayen Abhandl. über Pottasch-Sieden. Dresden 1771.
Wiegleb chemische Versuche über die alkalischen Salze. Berlin und Stettin 1778.
Mayer Forstdirectionslehre. §. 331—333.
Laurop Annalen. 1811. 1stes, 2tes, 3tes Heft.
Forst- und Jagdzeitung. 1829. Nr. 127.
Jägerschmidt Murgthal. 137.

Gehalt an Holzsäure.

† Stolze Anleitung die rohe Holzsäure zur Bereitung von Essig zu benutzen. Halle, Waisenhausbuchhandl. 1820.
Gewinnung der Holzsäure bei der Verkohlung. Krit. Blätter. 5ter Bd. 1stes Heft. 93.
Vollständige Darstellung der Gewinnung des Holzessigs bei der Verkohlung. Von Dr. Leng. Ilmenau bei Voigt. 1829.

Chaptal Agrikulturchemie. Anmerk. von Schübler.
Forst- und Jagdzeitung. 1827. S. 14.
Krit. Blätter. V. 1.

Gewicht des Holzes.

Werneck physik. chem. Abhandl. (s. oben.)
Dühamel du Monceau Fällung der Wälder. 1ster Bd.
Stahls Forstmagazin. 8ter Bd.
Beckmann ökonom. Bibliothek. 23ster Bd. 480.
Abhandlungen über wichtige Gegenstände des Forstwesens. 1stes Heft. Marburg, Krieger.
Andrée Abhandlungen aus dem Forstwesen. 1ster Bd.
Frenzel Forstchemie. 134.
† Königs Holztaxation. Gotha, Becker. 1813.
Hartig Forstjournal. 1807. 2tes Heft.
Dingler polytechnisches Journal. 8ter Jahrg. 6tes Heft.
Laurop Annalen. 1811. 1stes Heft.
Behlen neue Zeitschrift für Baiern. 1824. 1828.
Hundeshagen Beiträge. 1sten Bd. 3tes Heft.
Wedekind neue Jahrbücher. 5tes Heft. S. 146. 6tes Heft. S. 30.
Raßmann Grundriß der Vorbereitungswissenschaft.
Jägerschmidt Floßwesen und Holztransport.
Stahl Forstmagazin. VIII. 282.
Krelle Annalen. 1798. 1ster Bd. 6tes Stück.
Klauprecht Statistik des Spessart.
Hundeshagen Beiträge I. 3.
Schweiggers Journal für Chemie. 8ter Bd. 2tes Heft.
† Smalian Beitrag zur Holzmeßkunst. Stralsund, Löfflersche Buchhandlung. 1837.

Gewicht der Holzkohlen.

Höß Naturlehre. S. 286.
Hermbstädt Archiv der Agrikulturchemie. Berlin 1808. 4ter Bd. S. 167.
v. Berg über Verkohlung der Hölzer. S. 57.
Peclet über die Wärme.

Dauer des Holzes.

Hartig über die Dauer der Hölzer. Berlin 1822. 1836.
Dieselbe Abhandlung in dessen Forstarchiv. 6ter Bd.

Prechtel polytechnische Jahrbücher. Wien 1822. 3ter Bd.
Stahl Forstmagazin. 2ter Bd.
Dühamel von Fällung der Wälder.
Die beste Fällungszeit des Holzes.
Grabner Vierteljahrsschrift. 1ster Jahrg. 2tes, 3tes Heft.
Morgenblatt. 1833. Nr. 226.
Allgemeine Augsburger Zeitung. 1838. Nr. 122.
Crell, chemische Entdeckungen. Leipzig, Wigand. III. 192.
Abhandl. der Schwed. Akademie der Wissenschaften. 28ster Bd. S. 174.

Dauer hölzerner Gebäude.

Benckendorf Oeconomia forensis. VII. Bd. Art. Waldtare.
Hartig Beiträge zur Lehre von der Ablösung der Waldservituten.
Eytelwein Dauer der Gebäude (s. oben Servitutablösung).

Mittel gegen den Hausschwamm.

Krünitz Encyklopädie. Art. Haus.
Oekonom. Nachrichten der patriotischen Gesellschaft in Schlesien. 1774.
Siemsen Naturgeschichte des Hausschwammes. Leipzig, Rostock. 1809.
Cuny historische Abhandlung über die Entstehung des Schwammes in den Gebäuden. Berlin 1799.
Bourvieg über den Hausschwamm. Stettin 1830.
Kamptz Annalen. 10ter Jahrg. 1stes Heft. 1827.

Mittel der Vermehrung der Dauer. (Siehe Fällungszeit des Bauholzes.)

Durch Entrindung stehender Bäume.

Journal für das Forst- und Jagdwesen von Reitter. Leipzig 1790. 2ter Bd. S. 55.
Mém. de Paris. 1737. p. 396.
Laurop Annalen. 1ster Bd. 1stes Heft. 4ter Bd. 1stes Heft.
Mayer Zeitschrift f. d. Forstw. in Baiern. 1823. 3tes Heft.
Miscell. Berolinens. T. 3.
Mém. de l'Acad. des Sc. de Paris. 1704. 1710.
Oekonom. Nachrichten der Gesellschaft in Schlesien. 5ter Bd.

Slevogt Sammlung neuer Entdeckungen. S. 64.
Laurop Jahrbücher 1824. 2ter Bd. 1stes Heft.

Anmerk. Es sind eine Menge Mittel vorgeschlagen, um das Holz durch Auslaugen, Tränken mit Oel und Säuren, Anstrich ꝛc. dauerhaft und feuerfest zu machen, die aber alle den Forstmann nichts angehen, sondern nur den Hausbesitzer und Baumeister interessiren, weshalb wir sie übergehen.

Festigkeit. (Cohaesion.)

Dühamel du Monceau Fällung der Wälder.
† Traité de la force des bois par Mr. le Camus Meziéres. Paris. 1789.
Hassenfratz l'art du Charpentier. Paris 1804.
Gehler physikal. Wörterbuch.
Dingler polytechnisches Journal. 8ter Jahrg. 6tes Heft.
Mayer Zeitschrift f. d. Forstwesen in Baiern. 2ten Bds. 5tes, 9tes Heft. 5ten Bds. 3tes Heft.
Forst- und Jagdzeitung. 1825.
Oekonomische Hefte. Leipzig 1792—98. 7ter Bd. S. 404.
Beckmann ökonom. Bibliothek. XX. 383.
Jahrbücher des polytechnischen Instituts in Wien. 5ter Bd. S. 240. 17ter Bd. (1832).
Daraus: Hundeshagen, Beiträge. III. 1. 156.

Vorrichtungen die Festigkeit zu prüfen.

Mém. d'Agricult. p. la Soc. Royale. Paris. 1787.
Beckmann ökonom. Bibliothek. 16ter Bd. S. 71.
Raßmann Grundriß der Vorbereitungswissenschaft.

Mittel die Festigkeit zu vermehren.

Stahl Forstmagazin. II. 52. (Von Büffon.)
Dühamel Fällung der Wälder. 1ter Bd. 299.

Elasticität und Biegsamkeit.

Gehlers physik. Wörterbuch. Art. Elasticität.
Forst- und Jagdzeitung. 1825. 57stes Stück.

Verschiedene Dichtigkeit der Holzlagen, Austrocknen, und daher Werfen, Springen, Reißen.

Dühamel du Monceau Fällung der Wälder. 2ter Bd.

Frenzel Forstchemie. 147.
Jester Anleitung zur zweckmäßigen Zugutmachung des Nutzholzes.
Laurop Annalen. 1sten Bd. 1stes Heft.
Werneck gemeinnützige Entdeckungen. Karlsruhe, Macklott. 1. Bd.
Königs Holztaxation.
Krit. Blätter. 10ter Bd. 1stes Heft. S. 176.

Spaltigkeit.

Mayer Zeitschrift für Baiern. 1813. 1ster Bd.
Dühamel du Monceau.
Völker Forsttechnologie.
Slevogt Sammlung neuer Entdeckungen. Leipzig 1801.
Sierstorpf Monographie der Eiche.
Mém. de l'Acad. des Sc. de Paris. 1737. 1751. 1787. 1790.

Friction des Holzes.

Krit. Blätter. 28ster Bd. 2tes Heft. S. 264.

Wassergehalt des Holzes.

Forst- und Jagdzeitung. 1830. S. 287.

Künstliche Maserbildung.

Laurop Annalen. 4ten Bd. 2tes Heft.

Von der verschiedenen Beschaffenheit des Holzes nach seinem verschiedenen Standorte.

Dühamel von Fällung der Wälder. Uebersetzt von Schöllenbach. Nürnberg 1766. 1ster Bd. S. 30. u. f.

Einschlag und Gewinnung des Bau- und Brennholzes.

Des Bauholzes und Stammholzes.

Stahl Forstmagazin. 2ter Bd.
Abhandlungen der Schwed. Akademie der Wissenschaften. 1776. S. 174.
Mém de Paris. 1705.
Neue ökonom Nachrichten der Gesellschaft in Schlesien. 3ter, 4ter, 6ter Bd.
Krünitz Encyklopädie. 24ster Bd. S. 574.

Nachrichten der Braunschweig-Lüneburger landwirthschaftl. Gesellschaft. 2te Samml. 156. 169.
Mayer Zeitschrift für Baiern. 1814. 3ter Bd.
Diana. 2ter, 4ter Bd. S. 135.
Laurop Jahrbücher. 1824. 1stes Heft.
Andrée Abhandlungen. 4ter Bd. Nr. 3.
Burgsdorf Abhandlung vom Umwerfen und Roden der Bäume. Ulm 1801.
Mosers Forstarchiv. 7ter Bd. 106.
Duhamel Fällung der Wälder. 1ster Bd. 224.
Jägerschmidt Holztransport und Floßwesen. 1ster Bd. S. 8.

Einschlag des Klafterholzes.

Stahl Forstmagazin. 3ter Bd. S. 25. 8ter Bd. S. 120.
Krünitz Encyklopädie. 24ster Bd.
Griesheim Handbuch der grundsätzlichen Forstwirthschaft. Altenburg, Hofbuchdruckerei.
Oeconomia forensis. 6ter Bd. S. 104.
Burgsdorf Forsthandb. 1ster Bd. S. 499.
Zeitschr. f. Baiern. 4ter Bd. 2tes, 3tes Heft.
Forst- und Jagdzeitung. 1828. S. 55.
} Verlust an Zeit und Holz bei dem alleinigen Gebrauche der Axt.
Jägerschmidt Holztransport und Floßwesen. 1ster Bd. S. 193.

Regulirung des Holzhauerlohns.

Wedekind neue Jahrbücher. Neue Folge. 2ter Jahrg. 2tes, 3tes Heft. Frankfurt a. M. 1852.

Holzhauereibetrieb im Gebirge.

Zeitschr. für Baiern. Neue Folge. 2ter Bd. 2tes Heft.

Unterstützungs-Kassen der Holzhauer.

Wedekind neue Jahrbücher. 2te Folge. 4ter Bd. 2tes Heft. S. 143.
Ebendarüber, Verhandl. des Schlesischen Forstvereins. Mehrere Jahrgänge.

Einschlag des Stockholzes.

Mém. de Paris. 1707. 1765.
Oekonom. Nachrichten der Gesellschaft in Schlesien.

Abhandlungen der ökonomischen Gesellschaft in Petersburg. 9ter Theil. 77.
Sammlungen der landwirthschaftl. Gesellschaft in Bern. 1ster Theil. Stück 1.
Abhandlungen der Schwed. Akad. der Wissenschaften. 1756.
Annalen der südpreuß. ökonom. Societät. 1stes Heft.
Deutsche Abhandlungen der Akademie der Wissenschaften in Berlin. 1788. 1789.
Krünitz Encyklopädie. 24ster Bd. 628.
Moser Forstarchiv. 13ter Bd. 153.
Neues Forstarchiv von Gatterer. 8ter Bd. S. 187.
Schilling vom Roden der Stöcke. Leipzig 1811.
† Heyer Vortheile des Verfahrens bei dem Baumroden. Giessen 1826.
E. F. Hartig prakt. Anleitung zum Baumroden. Marburg 1827.
Hartig Forst- und Jagdarchiv. 7ter Bd.
Annalen der ökonom. Gesellschaft in Potsdam.
Forst- und Jagdzeitung. 1825. Nr. 97. 1827. 24. 58. 1831. Nr. 89. 1832. Nr. 22. 1833. Nr. 47.

Maschinen zum Stockroden.

Silberschlag Nachrichten von einigen zu Schöneiche angestellten Versuchen. Berlin 1773.
Krünitz Encyklopädie. 3ter Bd.
Böse Hebemaschine Bäume zu roden. Göttingen, Vandenhöck.
Andrée ökonom. Neuigkeiten. 1828. 8.
Dessen Abhandlungen. 3ter Bd. S. 97. 4ter Bd. S. 168.
Mém. de Paris.. 1765.
Abhandlungen der ökonom. Gesellschaft in Petersburg.

Reglement und Instruktion für den Holzeinschlag.

Königl. Preuß. Reglement für Holzhauer u. s. w. Mylius Ediktensammlung. 1765. Nr. 11. (Auch Stahl Forstmagazin. 1ster Bd.)
Neue Preuß. Instruktion: Hartig Forstarchiv. 1817. 2tes Heft.
Großherzogl. Hessische: Wedekind Jahrbücher. 5tes Heft.
Grießheim Handbuch der grundsätzlichen Forstwirthschaft.
Hauordnung für die Holzhauer des Hannöverschen Harzes. Verhandl. des Harzer Forstvereins. 1949—52.

Wirkliche Holzmasse in Klaftern und Wellen.

Beckmann ökonom. Bibliothek. XXIII. 480.
Hennert Forsttaxation. 2ter Bd.
Wedekind neue Jahrbücher. 5tes Heft. S. 130.
Abhandlung über wichtige Gegenstände des Forstwesens. Marburg 1806. 1stes Heft.
Mayer Zeitschrift für Baiern. 1ster Bd. 3ter Bd. 2tes Heft.
Diana. 3ter Bd. S. 333.
Königs Holztaxation. Gotha 1813.
Bechstein-Laurop: die Forstwissenschaft in allen ihren Theilen. V. Bd.
Walther Forsttechnologie.
v. Wickede Versuch einer Waldtaxation. S. 10.
Hoßfeld prakt. Stereometrie. Leipzig, Weidmann. 1812. §. 19.
Rietsch Forst- und Jagdneuigkeiten. 1825. Nr. 43.
Instruktion für Preuß. Forsttaxatoren. S. 31.
Werneck gemeinnützige Entdeckungen.
Hohenadel Taschenbuch für Forstmänner. Augsburg und Leipzig. 1823.
v. Wedekind Jahrbücher. 5tes Heft.
Mosers Forstarchiv. 7ter Bd. 101.
Fischers Forstrechnungsaufgaben. S. 223.

Verhältniß des Klafter- zum Knüppel-, Reißig- und Stockholze. (Siehe Lehrbücher der Taxation.)

Hartig Forst- und Jagdarchiv. 7ter Bd.
Forst- und Jagdzeitung. 1826. Nr. 13. 45.
Liebig aufmerksamer Forstmann. 3ter Bd. 1stes Heft.
v. Wickede Versuch einer Waldtaxation. Hamburg, Hoffmann. 1815. S. 22.
Hoßfeld Taxation der Waldungen. 1ster Bd.
Klauprecht der Spessart. S. 89. 104. 112.

Verkohlung des Holzes.

Scopuli Abhandlung vom Kohlenbrennen. Bern, Haller. 1773.
Dessen Kunst des Kohlenbrennens. Bern, typographische Societät. 1800.

Abhandlungen der ökonom. Gesellschaft in Bern. 1771—1772.

Oekonom. Nachrichten der patriotischen Gesellschaft in Schlesien. Breslau 1774. S. 223.

Abhandlungen der Schwed. Akad. der Wissenschaften. 20ster Bd.

Neue Abhandlungen derselben. 1ster Bd. S. 25. (Verlust an Volumen.)

† Cramer Anleitung zum Forstwesen. Braunschweig, Schulbuchhandl. 1766. 1798.

Bornemann Versuch einer systematischen Anleitung zum Kohlen. Göttingen 1776.

Stahl Forstmagazin. 4ter Bd.

Forst-, Fisch- und Jagdlexicon. 2ter Bd. 596.

Krünitz Encyklopädie, 43ter Bd. Art. Kohle.

Mosers Forstarchiv. 2ter, 7ter Bd. (siehe folgende Schrift.)

Gatterer technologisches Magazin. Heidelberg 1794. (Zanthier über Verkohlung.)

Schultes Ausflüge nach den Schneebergen in Unterösterreich. Wien 1802.

Werneck gemeinnützige Entdeckungen. Karlsruhe, Macklott. 1ster Band.

Ußlar forstwirthschaftl. Bemerkung. Braunschweig 1792.

Späth praktische Abhandlung vom Kohlen des Holzes. Nürnberg, Raspe. 1800.

† Beschreibung der Italienischen Kohlungsmethode. Wien, Degen. 1813.

† Af Uhr Verkohlung des Holzes (in liegenden Meilern) übersetzt von Blumhof. Gießen 1820.

Handbuch für Förster vom Grafen v. M. Berlin 1805. Späthen.

Forstwissenschaftliche Abhandlung. Marburg, Krieger. 1806. 1stes Heft.

Krünitz Encyklopädie. 78ster Bd. S. 370. (Gruben und Reiserverkohlung.)

Hartig Forst- und Jagdarchiv. 1818. 1stes Heft.

Höß Naturlehre.

v. Berg Anleitung zur Verkohlung des Holzes. Darmstadt, Leske. 1830.

Freitag Verkohlung des Holzes in Meilern. Quedlinburg, Basse. 1831.

Klein über Verkohlung des Holzes; in der Zeitschrift für Baiern.

Karsten Handbuch der Eisenhüttenkunde. Halle, Curt.
Karsten Archiv für Bergbau und Hüttenwerk.
Schwarz Forstwissenschaft. Wien. 1852.

Vorzüglich auf Verkohlung im verschlossenen Raume beziehen sich:

Prechtel Jahrbücher des polytechnischen Instituts in Wien, verschiedene Jahrgänge. Verkohlungsofen des Hrn. v. Schwarz VIII. Bd.
Forst- und Jagdzeitung. 1825—1829.
Rietsch Forst- und Jagdneuigkeiten. 1826. Nr. 13. 46.
Behlen neue Zeitschrift f. Baiern. 6ten Bd. 2tes. 3tes Heft. 1828.
Mayer Zeitschrift für Baiern. 1813.
† Pfeil krit. Blätter. V. 1. 15ter Bd. 1stes Heft.
Frenzel Forstchemie.

Bestandtheile der Kohle und ihre Eigenschaften.

Parkers chem. Katechismus. 302. 630.
Chaptal Agrikulturchemie. II. 41.
Davy Elemente der Agrikulturchemie. 116. (Giebt auch über die Menge der Kohle Auskunft.)
Hermbstädt Agrikulturchemie. 4te Abtheilung.

Torf-Verkohlung.

Zanthier Abhandlung über das theoret. u. prakt. Forstwesen von Hennert. Berlin 1799. Sander; und Unterricht vom Torfwesen. Ulm 1797 bei Stettin.
Frenzel Forstchemie.
Eiselen Kenntniß des Torfwesens. Berlin 1802.
Neue Abhandlung der Schwedischen Akademie der Wissenschaften. 2ter Bd. S. 279.
Siede etwas über Verkohlung des Torfes. Berlin, Schöne. 1793.
v. Bose das Ganze der Torfwissenschaft. Leipzig 1802.
Forst- und Jagdzeitung. 1828. S. 605.
Mosers Forstarchiv. 21ster Bd. S. 234.
† Moser Torfbetrieb und Torfbenutzung. Nürnberg, Riegel und Wiesner. 1840.
Verhandl. des Harzer Forstvereins. 1849—52. 111.
Forst- und Jagdzeitung. 1850. 20. 241.

Karsten Eisenhüttenkunde. §. 543.
Waechter im hercynischen Archive. S. 611.
Annales des Mines. IV. 177.
Blavier Journal des Mines. Nr. 2. p. 197. Nr. 197. p. 373.
Gwinner der Schwarzwald.
Schwarz Forstwissenschaft. Wien 1852.

Sägeblöcke, Sägemühlen (Bau, Administration, Verpachtung so wie Brettschneiden überhaupt.)

Benkendorf Oekonomia forensis. VII. Bd.
Beckmann physik. ökonom. Bibliothek. XIII. 148.
Traité de l'Art. du Charpentier par Hassenfratz. Paris 1804.
Bayers Theatrum machinarum molinarium. Dresden 1788.
Stahls Forstmagazin. 9ter Bd.
Krünitz Encyklopädie. 6ter, 130ster Bd.
Gleditsch Einleitung in die Forstwissenschaft. 2ter Bd. S. 1249.
Mosers Grundsätze der Forstökonomie.
Sturms vollständige Mühlenbaukunst. Fol. Augsburg.
Halberstädter und Magdeburger Forstordnung von 1743.
Siemsen Magazin für Naturkunde und Oekonomie. Mecklenburg Schwerin. 1791. S. 178.
Mayer Forstdirectionslehre. §. 269.
Pfeil Anleitung zur Behandlung der Forsten. Züllichau, Darnmann.
Triest Grundsätze rc.
Dessen Handbuch zur Berechnung rc. Siehe oben Landbau.
Hensoldt die Kunst Blöcke zu Bohlen und Dielen zu schneiden. Hildburghausen, Kesselring.
Stahl Forstmagazin. IX. 1.
Verhandl. des Harzer Forstvereins. 1846. S. 140.

Landbauholz.

v. Kettner Beiträge zur Nutzholzwirthschaft. Frankfurt a. M., Sauerländer. 1846.
Triest Handbuch der Berechnung der Baukosten. 2te Abtheil. Arbeiten des Zimmermanns. Berlin 1825.
Behlen Forstliche Baukunde. Leipzig, Baumgärtner. 1845.

Schiffbauholz. (Arbeiten und Verkauf.)

Holländer Holz, oder Schiffbauholz in den Rheingegenden.

Mayers Zeitschrift f. Baiern. 1813. 5tes, 6tes, 8tes, 9tes Heft.
Jägerschmidt Holztransport und Floßwesen.
Moser Forstarchiv. Versch. Bde.
König die Floßwirthschaft.
Sponeck forstliche Ansichten.
Jägerschmidt Murgthal.
Forst- und Jagdzeitung. 1826. Nr. 5. 80.
Jägerschmidt Holztransport. 1ster, 2ter Bd.

Schiffbauholz überhaupt.

(Literatur siehe Krünitz Encyklopädie. 142ster 143ster Bd.)
† Dühamel du Monceau von Fällung der Wälder.
Dessen Anfangsgründe der Schiffbaukunst, aus dem Französischen übersetzt von Müller. Berlin 1791.
† Jester Anleitung zur Kenntniß des Nutzholzes.
Burgsdorf Forsthandbuch.
Krause Kompendium der niedern Forstwissenschaft. S. 245.
Kubiktabelle für den Holzhandel. Danzig, Anhuth. 1825. (Mastenmaaße ꝛc.)
Taschenbuch für angehende Forstmänner. Potsdam, Horvath. 1821.
Sierstorpf Monographie der Eiche.
Becker über Kultur, künstliche Bildung und Fällung des Schiffbauholzes. Gekrönte Preisschrift. Leipzig, Fleischer. 1804.
Hartig Forst- und Jagdarchiv. 1818. 2tes Heft.
Krünitz Encyklopädie. 142ster, 143ster Bd. (Diese Theile enthalten eine vollständige Anleitung zur Schiffbaukunst und alles dessen, was hinsichts der Beschaffenheit des Holzes zu wissen nöthig ist.)
Pfeil Anleitung zur Behandlung der Forsten. 2ter Bd. Züllichau, Darnmann. (Verkauf von Schiffbauholz.)

Stabholz. (Verkauf und Einschlag.)

Völker Forsttechnologie. Weimar 1803.
Jester Anleitung zur Kenntniß des Nutzholzes.

Burgsdorf Naturgeschichte der Holzarten. (Eiche und Buche.)
Sierstorpf Monographie der Eiche.
Pfeils Anleitung zur Behandlung der Forsten. 2ter Bd.
Hartig Forst- und Jagdarchiv 1816. 2.
Walther Forsttechnologie. 183.
Niemann Waldberichte. 1ster Bd. 436. 506.

Eichen Rinde: Schälen und Ersatz derselben.

Vom Baumholze.

Annalen der Märk. ökonom. Gesellschaft. 1796. 2ter Bd. S. 177. (Schälung der im Winter gefällten Eiche.)
Krünitz Encyklopädie. 10ter Bd. Art. Eiche.
Sierstorpf forstmäß. Erziehung der Holzarten. 1ster Th. §. 428.
Oeconomia forensis. VII. 123.

Schälwaldungen. (Eichen Niederwald.)

Mayer Zeitschrift für Baiern. 1813. 1stes, 3tes 9tes Heft.
v. Ußlar forstwirthschaftliche Bemerkungen. Braunschw. 1791.
Laurop forstwissenschaftliche Hefte.
Kleins Forsthandbuch.
Krit. Blätter. 3ten Bds. 1stes Heft.
v. Wedekind neue Jahrbücher. 6tes Heft.
Forst- und Jagdzeitung. 1826. 1828. 1829.
Krit. Blätter. 3ter Bd. 2tes Heft. 23ster Bd. 1stes Heft. 30ster Bd. 1stes Heft.
Der norddeutsche Gartenverein. Hamburg, Meißner u. Schirges. 1849.
Hannöversches Magazin. 1836. Nr. 72.

Gehalt der Rinde an Gerbstoff.

Davy Elemente der Agrikulturchemie.
Forst- und Jagdzeitung. Nr. 26., Nr. 71.
Laurop Annalen. 6ten Bds. 2tes Heft.

Verhältniß zwischen Holz und Rinde. (S. Schälwaldung.)

Laurop forstwissenschaftl. Hefte. 2tes Heft.
Cotta Album. S. 100.

Ersatz der Eichenrinde durch andere Rinden.

Memoiren der Akademie der Wissenschaften in Berlin. 1754.
Schriften der naturforschenden Freunde. Bd. 3.

Annalen der ökonom. Gesellschaft in Potsdam. 2ter Bd. 2tes Heft.
Mosers Forstarchiv. 13ter Bd. 153.
Tharanter Jahrbuch. 7ter Bd. 172. (Gewinnung der Fichtenrinde.)

Gewinnung der Rinde zu Bast und Bastmatten.

Abhandlungen der freien ökonom. Gesellschaft in Petersburg. Leipzig 1775. 5ter Bd. S. 71. 6ter Bd.
Pallas nordische Beiträge. 4ter Bd. S. 340.
Neues Forstmagazin von Franzmahdes. 1ten Bds. 1ste Abth.
Krünitz Encyklopädie. 85ster Bd. S. 481.
Andrée Abhandlungen von 1821. S. 209.
Journal für Fabriken. Jahrg. 1810. S. 38.
Krit. Blätter. 27ster Bd. 2tes Heft. 208.

Baumschwammnutzung.

Moser Forstarchiv. II. 346.
Hartig Forst- und Jagdarchiv für Preußen.

Gruben-Bauholz (für den Bergbau).

Böse Principia von Berg-, Hütten-, Salz- und Forstwesen. Copenhagen, Brummer.
Dühamel Fällung der Wälder. 3ter Bd. S 117. 118.
Wedekind Beschreibung des Harzes in Laurops Beiträgen zur Kenntniß des deutschen Forstwesens. 1stes, 2tes Heft.
Sierstorpf Naturgeschichte der Fichte.
Leinboeck Lehrbuch. (Siehe Forstlehrbücher.)

Röhren.

Scheyer's Wasserbaukunst.
Rommerts Wasserbaukunst. S. 50.
Forst- und Jagdzeitung. 1830. 132.

Bienenbeuten.

Gemeinnützige Arbeiten der ökonom. Bienengesellschaft in der Oberlausitz. 1ster Bd.
Abhandl. der fränk. ökonom. Bienengesellschaft. 1772. 1773.
Busch Bienenrecht. Arnstadt. 1830.

Verschiedene Spalthölzer.

Schindeln.

Pfeil Anleitung zur Behandlung der Forsten rc. 2ter Bd.

Schindelmaschine (zu Datschitz).

Andrée ökonom. Neuigkeiten. 1823. Nr. 13.
Forst- und Jagdzeitung. 1825. Nr. 58. 1826. 1827. 19. 28.
Liebigs aufmerksamer Forstmann.
Verhandlungen des Harzer Forstvereins.

Weinpfähle.

Hartig Forstarchiv. 1816. 3tes Heft. 1817. 1stes Heft.
Walther Forsttechnologie. S. 127.
Pfeil Behandlung der Forsten. 2ter Bd.

Reifstäbe.

Riemann Waldberichte. 1ster Bd. 436. rc.
Laurop Annalen. 3ten Bds. 2tes Heft.
Dühamel Fällung der Wälder. 1ster Bd. 133.

Floßwieden.

Jägerschmidt Murgthal.
Dessen Holztransport und Floßwesen.

Faschinen.

Scheyers Wasserbaukunst.
Rommerts Wasserbaukunst (S. 150.) und die übrigen Lehrbücher der Wasserbaukunst.
Wagner Erhaltung der Dämme.
Jeitter Wasserbaukunde.
Krünitz Encyklopädie. 12ter Bd.

Anmerk. Ueber die Bearbeitung der vielen verschiedenen einzelnen Nutzhölzer, müssen wir die oben angeführten einzelnen Lehrbücher zum Nachschlagen empfehlen, von denen vorzüglich Völkers Forsttechnologie und Dühamel von Fällung der Wälder Beachtung verdienen. Es würde einen großen Raum erfordern, alle einzelnen Nutzhölzer, und die Stelle, wo von ihnen in jenen Schriften gehandelt wird, nachzuweisen, und da wenigstens die vorzüglichsten derselben sehr verbreitet sind, so wäre dadurch nur die geringe Mühe des Nachsehens im Register erspart. Dies streitet aber gegen den Zweck der Schrift, die sich mit ihren Nachweisungen durchaus nicht auf die gewöhnlichen Lehrbücher beziehen will, weshalb auch im Waldbaue die wichtigsten Stellen oft nicht nachgewiesen sind, da sie in den Schriften von Cotta, Hartig, Hundeshagen ꝛc. stehen. Die gegebenen Nachweisungen beziehen sich auf Gegenstände, die in jenen technologischen Lehrbüchern gar nicht oder unvollständiger behandelt sind.

Abgaben von freiem Bauholze an Berechtigte.

Mosers Forstarchiv. 11ter Bd. S. 157.
Mylius Gesetzsammlung. VI. 1093. VI. 1208.
Pfeil Anleitung zur Ablösung der Waldservituten. Berl. 1828.
Hermanns Versuch über die Holzgerechtigkeiten. Leipzig, Göthe. 1797.
(Siehe Servitutablösung.)

Ueber Nutz- und Brennholzmagazine.

Hartig Journal. 1806. 2tes Heft. 1808. 3tes Heft.
Mayers Zeitschrift für Baiern. 3ter Bd. 4tes Heft.
Dessen Forstdirectionslehre. §. 478.
Laurop Jahrbücher. 1824. 1stes Heft.
Gr. Sponeck über Holzmagazine. Heidelberg 1816.
Sylvan. 1815.
Seutter über die Verwaltung der Staatsdomainen. Ulm 1825. §. 25.
Wedekind neue Jahrbücher. 4tes Heft.
Jägerschmidt Holztransport und Floßwesen. 2ter Bd.
Pfeil Grundsätze der Forstwirthschaft. 2ter Bd.

Harzscharren, s. Pech- und Kienrußbereitung.

Krünitz Encyklopädie. 108ter Bd. Art. Pech.
Sierstorpf die Fichte.
Hartigs Journal. 1807. 2tes Heft.
Mayer Zeitschrift für Baiern. 2ter Bd. 3tes, 9tes Heft.
Mosers Forstarchiv. 26ster, 27ster. 28ster Bd.
† Mayer Forstdirectionslehre. §. 303.
Jägerschmidt Murgthal. S. 37.
Thiersch über den Waldbau.
Reitter Journal für das Forst- und Jagdwesen. 2ter Bd. 1stes Stück.
Handbuch der grundsätzl. Forstwirthschaft. 2ter Bd. §. 52. 195.
Völker Forsttechnologie.

Theerschwelen.

† Wiesenhafer über das Theerschwelen oder Pechbrennen. Breslau 1793. 4. mit 6 Kupfern.

Oeconomia forensis VII. 30.

v. Ußlar forstwirthsch. Bemerkungen. Braunschweig 1792.

Abhandlungen der Schwed. Akad. der Wissenschaften. XVI. Bd.

Dühamel du Monceau Naturgeschichte der Bäume.

v. Feilisch ökonom. praktische Bemerkungen. 3ter Bd. Hoff. 1803.

Schrebers neue Sammlung versch. Schriften aus den ökonom. Wissenschaften. Weimar 1762—1765.

Journal für das Forst= und Jagdwesen von Reitter. 2ten Bd. 1stes Stück.

Hermbstädt Agrikulturchemie. 4te Abtheil.

Moser Forstarchiv. 5ter Bd. S. 51.

Bergius Kameralmagazin. 3ter Bd. S. 304.

Reglement für die Verpachtung der Theeröfen. Moser Forstarchiv. 5ter Bd. S. 238.

Verfügung der Regierung zu Frankfurt a. O. vom 9ten Januar 1840. Amts=Blatt.

Jungs Lehrbuch der Fabrikwissenschaft.

Jägerschmidt das Murgthal. S. 260.

Beckmann Einleitung in die Technologie. Göttingen, Vandenhoeck. S. 452.

Birkentheer zu gewinnen.

Lapuchin Reise durch Rußland. Altenburg 1774. S. 329.

Beckmann ökonom. Bibliothek. V. 553.

Mastertrag und Mastbenutzung.

Oeconomia forensis. VII. 124. 170.

Sierstorpf Monographie der Eiche.

Burgsdorf Forsthandbuch. 1ster Bd. S. 531.

Bergius Kameralmagazin. 2ter, 9ter Bd.

Abhandlungen der Cellischen Gesellschaft. Celle 1787. S. 187.

Walther die Forstwissenschaft. S. 216.

Journal f. d. Forst= und Jagdw. 1ster Bd. 1stes Heft. S. 109.

Mosers Forstarchiv. 29ster Bd.

Hennert Taxation. 2ter Bd. §. 115.
Krünitz Encyklopädie. 85ster Bd. S. 368. 430.
Hartig Journal für das Forst- und Jagdwesen. 1807. 3tes Heft.
E. F. Hartig Anweisung zur Aufstellung jährlicher Wirthschafts-plane. Gießen 1826. S. 35.
Mayer Zeitschrift für Baiern. 2ter Bd. 6tes Heft.
Dessen Forstdirectionslehre. §. 326. ꝛc.
Beiträge zur Forst- und Kameralwissenschaft. S. 372.
Hobbe freimüthige Gedanken. S. 177.
Mosers Forstarchiv. 15ter Bd. S. 51. 29ster Bd. S. 3.

Vom Buchöle.

Kling vermischte Schriften. physik. ökonom. Inhalt. Mannheim 1799.
Beckmann ökonom. Bibliothek. XVI. 191.
Mayer Zeitschrift für Baiern. 1813. 12tes Heft.
Stumpf Landwirthschaft Böhmens. I. S. 45.
v. Witzleben die rechte Behandlung des Buchenhochwaldes. S. 121.
Mönch vermischte Aufsätze. Marburg 1794.
Krünitz Encyklopädie. 7ter Bd. 301.
Andrée Abhandlungen. 4ter Bd. S. 160.
Schübler Untersuchung über die fetten Oele Deutschlands. Dissertation, gedruckt bei Ernst Eisert. Tübingen 1828.
Mém. de Berlin. 1766.
Mém. de Paris. 1726.
Oekonom. Nachrichten der Gesellschaft in Schlesien. 2ter Bd. S. 240.
Abhandlungen der Schwed. Akademie der Wissenschaften. 1769.
Wochenblatt des landwirthschaftlichen Vereins in Baiern. 1825. Nr. 44.
Die allgemeine ökonom. Sammlung von Hellenthal. Pesth, Hartleben. 1813. 2ter Bd. S. 98.
Pfeil Forstbenutzung, Berlin bei Veit. 2te Aufl. S. 299.

Benutzung der Ebereschen zu Viehfutter.

Verhandlung des Berliner Gartenbau-Vereins. 1ste Lieferung.

Holztransport und Floßwesen.

Jägerschmidt das Murgthal.
† Dessen Holztransport und Floßwesen. Carlsruhe 1827.
Du Transport, de la Conservation et de la force des bois par du Hamel etc. Paris 1767. 4.
Mosers Grundsätze der Forstökonomie. S. 321. 347.
Stahls Forstmagazin. 1ster, 7ter, 8ter, 11ter Bd.
Bergius Kameralmagazin. 3ter Theil.
Mosers Forstarchiv. 2ter, 7ter, 12ter, 13ter Bd.
Forst= Fisch= und Jagdlexicon. 4ter Bd. 823. (Hier allein ist angegeben, wie viel das Holz während des Flößens schwerer wird.)
Laurop Annalen. 1ster, 2ter, 6ter Bd. (Uebersetzung des franz. Werks: Mémoires sur les traveaux, qui ont rapport a l'Exploitation de la Matûre dans les Pyrenées, par M. Leroy. Londres et Paris. 1776, durch Eggerer.)
Krünitz Encyklopädie. 14ter Bd. 288. (Siehe Art. Holz und Forst.)
Medikus Forsthandbuch. Tübingen 1802.
Leonhardi Forst= und Jagdkalender. 1795.
Schlözers Staatsanzeigen. 1ster Bd. 1stes Heft.
F. W. v. König Bruchstücke des Floßhandels. 1785.
Dessen Beiträge zur praktischen Floßhandelswissenschaft. Ulm 1790.
Rietsch Forst= und Jagdneuigkeiten. 1827. Nr. 13.
Heldenberg praktische Forstkunde. München 1828. 3ter Bd.
Forst= und Jagdzeitung. 1829. Nr. 30.
v. Sponeck Handbuch des Floßwesens. Krit. Blätter. 2tes Heft.
Wessely Alpenländer. S. 406.

Floßrecht.

Kurzer Begriff vom Floßrecht, von Estor. (Stahls Forstmagazin VIII.)
Friese dissertatio de jure grutiae. Jena 1701. 4.

Anmerk. Mehrere Schriften, wie Sponeck Handbuch des Floßwesens Stuttgart 1815, sind als wenig Werth habend, nicht beachtet.

Ahornzucker.

Bohringer die Zuckererzeugung aus dem Safte des Ahorns. Wien 1813.
Ueber Kultur und Benutzung des Ahorn zur Gewinnung von Rohzucker. Wien bei Degen. 1810.
Anleitung zur Zuckererzeugung aus dem Safte des inländischen Ahorns. Wien 1813.
Laurop Annalen. 3ten Bds, 3tes, 4tes Heft.
Mayer Zeitschrift für Baiern. 1ster Bd. 1813.
Andrée Abhandlungen. 2ter Bd. S. 16.
Mém. de Paris. 1730.
Abhandlungen der Schwed. Akademie der Wissenschaften. 1751. 1754. 1773.
Mém. d'Agricult. 1791. Automne, Printems 1781.
Moser Forstarchiv. 20ster Bd. S. 91.
Paschwitz der Zuckerahorn. Erlangen, Bläsing. 1837.

Birkensaft=Bereitung.

Riems Sammlung vermischter Schriften.
Beckmann physik. ökonom. Bibliothek. XX. 261.
Krünitz Encyklopädie. 5ter Bd. 371.
Abhandlungen der ökonom. Gesellschaft in Petersburg. Theil 3. S. 90.

Zucker aus Birkensaft zu bereiten.

Neue Schriften der Gesellschaft naturf. Freunde in Berlin. 2ter Bd. S. 324.

Benutzung der Wolle des Schwarzpappel=Samens.

Abhandlung der Baierischen Akademie der Wissenschaften. 2ter Theil. 2ter Bd.
Verhandlungen der Gesellschaft zur Beförderung der vaterländ. Industrie in Nürnberg. B. 1.

Benutzung des grünen Laubes und der Fichtenzweige zum Viehfutter.

Abhandlungen der Schwed. Akademie der Wissenschaften. 1747. 1772.

Sinclair Grundsätze des Ackerbaues.
Stahl Forstmagazin. VII. 134.

Torfwirthschaft.

Theorie der Torferzeugung und Bestandtheile des Torfs.

Voigt Geschichte der Steinkohle, Braunkohle und des Torfes. Weimar bei Hoffmann. 1802—5.

Gerhard Beiträge zur Chemie. 2ter Bd. Berlin 1776.

Beckmann ökonom. Beiträge. 7ter Bd. 593.

v. Cancrin kleine technologische Werke. Gießen 1788. 2ter Bd. S. 55.

Münchhausens Hausvater. II. 6. S. 551.

Frenzel Forstchemie. S. 192.

Forst- und Jagdzeitung. 1826. Nr. 89.

Hermbstädt Agrikulturchemie. 4te Abth.

† Dau neues Handbuch über den Torf. Leipzig 1823.

† Keferstein Teutschland geognostisch dargestellt. Weimar 1826. 4ter Bd. 1—3tes Heft.

Däzel über Entstehung und Gewinnung des Torfes. München 1795.

Monatsblatt der märk. ökonom. Gesellschaft. 1827. 84.

Lesquereux Untersuchung der Torfmoore, übersetzt von Lengerke. Berlin, Veit u. Comp. 1847.

Wiegmann über Entstehung des Torfes und Raseneisenstein. Braunschweig, Vieweg. 1837.

Der Düngerwerth des Torfes, von Stöckhart. Tharanter Jahrbuch. 9ter Bd.

Gewinnung des Torfes.

C. Freesen die Vehne oder die Torfgräberei. Aurich u. Leipzig 1789.

J. Beckmann Beiträge zur Oekonomie. 4ter Bd. Göttingen 1781.

Anleitung zu einer bessern Benutzung des Torfes. Altenburg 1781.

Moser Forstarchiv. 2ter, 17ter Bd.

Riems Abhandlung vom gesammten Torfwesen. Dresden 1792.

Reuß Sammlung von Beobachtungen über Gewinnung und Benutzung des Torfes. Leipzig 1793.

† Eiselen Kenntniß des Torfwesens. Berlin 1802. 2 Bde.

Resch über Benutzung des Torfes. Erfurt 1800.

Oekonom. Nachrichten der patr. Gesellschaft in Schlesien. I.

Schriften der Leipziger ökonom. Societät. 6ter Th.

Moser die Torfwirthschaft im Fichtelgebirge. Nürnberg, Riegel und Wießner.

Moser Torfbetrieb und Torfbenutzung. Nürnberg, Riegel und Wießner. 1840.

Bode Anleitung zum Torfbetrieb (aus den Liefländischen Jahrbüchern für Landwirthschaft besonders abgedruckt).

Anmerk. Verkohlung des Torfes s. oben Verkohlung.

Forsttaxation.

Lehrbücher und Systeme.

Beckmann pflegliche Anweisung zur Forstwirthschaft. Chemnitz 1759. (als 2ter Theil der gegründeten Versuche der Holzsaat, 2te Auf. Chemnitz 1758.)

Oettelt Beweis, daß die Mathesis bei dem Forstwesen unentbehrliche Dienste thue. Leipzig. Hinrichs. 1803.

Däzel Anleitung zur Taxirung der Wälder. München 1786.

Wiesenhafer Anleitung zur Forstabschätzung. Breslau, Korn. 1794.

Hennert Anleitung zur Taxation der Forsten. Berlin, Nicolai. 1803.

F. S. Schilcher die beste Methode den Ertrag der Waldungen zu bestimmen. Stuttgart, Löfflund. 1796.

Späth Forsthandbuch. Nürnberg, Raspe. 1802—5.

Führer Anleitung zur regelmäßigen Behandlung der Forsten und Bemerkung eines regelmäßig hohen Ertrags. Lemgo, Meyer. 1804.

† G. L. Hartig Anweisung zur Taxation. Gießen bei Heyer. 4te Aufl. 1819.

Cotta systematische Anleitung zur Taxation der Waldungen in 2 Abtheil. Berlin, Sander. 1803.

† Dessen Anweisung zur Forsteinrichtung und Forstertragsbestimmung. Dresden, Arnold.

Handbuch zur grundsätzlichen Forstwirthschaft. Altenburg, Hofbuchdruckerei.

Hoßfeld Forsttaxation und Waldwerthberechnung. Hildburghausen, Kesselring. 1823.

v. Wickede Versuch einer Waldtaxation und Eintheilung nach mathemat. Grundsätzen. Hamburg, Bohn.

Schmitt Anleitung zur Forstgehaubestimmung. Wien 1819.

Klippstein Anweisung zur Forstbetriebsregulirung. Gießen 1823.

Deutschmanns Entwurf zur Erhebung eines gleichmäßigen Ertrags der Forsten. Wien 1813. Leipzig in Kommission bei Liebeskind.

E. F. Hartig die Forstbetriebseinrichtung. Cassel 1825.

Dessen Anweisung zur Ausführung jährlicher Wirthschaftsplane. Cassel 1826.

Reber Grundsätze der Waldtaxation und Waldwerthberechnung. Bamberg 1827.

† Hundeshagen Forstabschätzung. Tübingen, Laupp. 1826.

Darüber: Kritische Blätter. IV. 1.

Wiedenmann forstl. Blätter. 2tes Heft.

Andree die vorzüglichsten Mittel, dem Wald einen höhern Ertrag abzugewinnen. Prag 1826. Borrosch.

Darstellung einer einfachen Forstabschätzung. Brünn, Traßler. 1825.

Huber Taxation der Forsten, in Behlen Zeitschrift für Baiern. 1824. 1825. 1826.

Die Forsttaxirung. München bei Lindauer.

Liebich der höchste nachhaltige Forstertrag. Prag, Enders. 1827.

Wedekind Anleitung zur Betriebsregulirung und Holzertragsschätzung. Darmstadt, Dingeldey. 1834.

Wedekind die Fachwerksmethoden. Frankfurt a. M., Sauerländer. 1843.

Liebich Handbuch für Forsttaxatoren. Prag, Enders. 1830.

Martin der Wälder Zustand, Holzertrag, wie er zu beurtheilen ist. München, Weber. 1836.

Karl Grundzüge einer wissenschaftlich begründeten Forstbetriebsregulirung. Siegmaringen bei Beck. 1838.

Karl die Forstbetriebs-Regulirung und Fachwerksmethode. Stuttgart, Metzler. 1851.

Karl über die richtige Ermittelung des Holzbestandsalters. Frankfurt, Sauerländer. 1847.

Krauß die Ermittelung der nachhaltigen Erträge. Cassel, Hotop. 1848.

Hlawa Darstellung einer einfachen Abschätzung und Eintheilung der Hoch- und Niederwälder. Wien, Heubner. 1837.

Liebich die Forstbetriebs-Regulirung. Prag, Spurny. 1836.

Wedekind Instruction für Betriebs-Regulirung und Holzertragsschätzung der Forsten. Darmstadt, Dingeldey. 1839.

(Die sämmtlichen Wedekind'schen Schriften über Taxation können nur als werthloses Makulatur angesehen werden, was sie auch geworden sind.)

Pernitzsch Untersuchungen über den Zuwachs, Ertrag rc. der Wälder. Frankfurt a. M., Sauerländer. 1842.

Pernitzsch Anweisung zur Anstellung von Versuchen für forstwissenschaftliche Zwecke. Frankfurt a. M., Sauerländer. 1842.

Smalian Anleitung zur Untersuchung des Waldzustandes und Forsteinrichtung. Berlin, Stange und Brandis. 1840.

Smalian Buchenhochwaldbetrieb und Schätzung des Forstreviers Werder (ausgeführtes Beispiel einer Schätzung). Stralsund, Löffler. 1846.

Smalian Beiträge zur Forstwissenschaft. 1tes und 2tes Heft. Stralsund, Löffler. 1842.

Wedekind die Fachwerksmethoden. Frankfurt a. M., Sauerländer. 1843.

Andrée Versuch einer zeitgemäßen Forstorganisation. Prag, Calve. 1823.

Heyer (Carl) die Waldertrags-Regelung. Gießen bei Ferber. 1841.

Dessen Beiträge zur Forstwissenschaft. 2 Hefte. Gießen, Ricker'sche Buchh. 1847.

Dessen die Hauptmethoden zur Waldertrags-Regelung. Gießen, Ricker'sche Buchh. 1847.

Heyer (Gustav) über die Ermittelung der Masse, des Alters und des Zuwachses der Holzbestände. Dessau, Katz. 1852.

Th. Hartig Controversen der Forstwirthschaft. Braunschweig, Vieweg. 1853.

Cotta Grundriß der Forstwissenschaft. 2te Abtheilung Dresden, Arnold.

Heyer (Eduard) Würdigung des Flächenfachwerks. Gießen, Ricker'sche Buchhandl. 1852.

Heyer (Eduard) die Waldertrags-Regelungsverfahren von Dr. C. Heyer und Karl. Gießen, Ricker'sche Buchhandl. 1846.

Burckhardt forstliche Hülfstafeln. Hannover 1852.

Massentafeln zur Bestimmung des Inhalts der deutschen Waldbäume von dem Königl. Bairischen Forst-Einrichtungsbüreau. München, Palms Hofbuchhandl. 1846.

Stahl Massentafeln zur Bestimmung des Inhalts stehender Bäume. Berlin, 1852.

Sintzel Taschenbuch für Forstwirthe und Taxatoren. Nürnberg, Riegel und Wiesener. 1828.

Erfahrungen über die Holzhaltigkeit geschlossener Waldbestände in Baden. Karlsruhe, Braun'sche Buchhandl. 1838.

Die kritischen Blätter für Forstwissenschaft enthalten in jedem Bande Abhandlungen über Gegenstände der Taxation. Im 8ten Bande ist eine Zusammenstellung der normalen und realen Erträge der deutschen Staatsforsten gegeben.

Schneider Erfahrungstafeln für Hoch- und Niederwald. Berlin, Veit und Comp. 1843.

Brumhard Stand des Taxationswesens. (Beiträge. 1ster Bd. 2tes Heft.)

Pfeil die Forsttaxation. Berlin, Veit u. Comp. 4te Aufl.

Jäger Holzbestands-Regelung und Ertragsermittelung. 1854. Im Selbstverlage des Verfassers.

Beinahe alle Zeitschriften enthalten Abhandlungen über Taxation, besonders die Forst- und Jagdzeitung, Wedekinds neue Jahrbücher u. s. w., welche jedoch wegen Mangel an Raum hier nicht speziell nachgewiesen werden können.

Vorschriften zur Taxation der Staatsforsten in Preußen.

Neue Instruktionen für die K. Pr. Forst-Geometer und Forst-Taxatoren, von G. L. Hartig. Berlin 1819.

Anweisung zur Erhaltung, Berichtigung und Ergänzung der Abschätzungsarbeiten von 1836 (ist nicht in den Buchhandel gekommen).

Anleitung zur Ausführung der Taxations-Revisionen. 20. November 1852.

Oesterreichische Kammeraltaxe.

Ueber dieselbe: Forst- und Jagdzeitung. 1846. S. 128.
Andrée Versuch einer zeitgemäßen Forst-Organisation. Prag 1823.
Andrée ökonom. Neuigkeiten. 1811. Nr. 2. 19. 22. 23. 1816. Nr. 61. 62. 65. 1820. Nr. 21. 26. 1821. Nr. 6.
Andrée Abhandlungen. 1819. S. 42. 1. 4ter Bd. 17.
Der höchste nachhaltige Forstertrag von Liebich. Prag 1827.
Forst- und Jagdzeitung. 1826. Nr. 3.
Hundeshagen Forstabschätzung.

Würtembergische Taxation.

Wiedenmann forstl. Blätter. 2tes Heft.
Vorschriften für die Abschätzung und Einrichtung der Staatsforsten in Würtemberg. Stuttgart 1850, bei P. Neff. (Aus der Würtembergischen Monatsschrift besonders abgedruckt.)

Baiersche Taxation.

Normativ für die Betriebsregulirung der Domainen-Waldungen in Baiern. München 1819.
Königl. Baiersche Verordnung in Betreff der Betriebsregulirung der Wälder vom 31. Mai 1827. (Forst- und Jagdzeitung. 1827. Nr. 128. Klauprecht Sylvaneion. 2tes Heft.)
Instruction für die Forstwirthschafts-Einrichtung rc. im Königreich Baiern und Reassumirung der Vorschriften darüber.
Wedekind allgemeine Jahrbücher. 4tes Heft. 1831.
Instruction für die Forstwirthschafts-Einrichtung rc. im Königreich Baiern. Freiburg bei Wagner. 1840.
Vorschriften zur Wirthschafts-Einrichtung in den baierschen Staatsforsten. Mittheilungen aus dem Ministerial-Forstbüreau. München, Palm. 4tes Heft.
Die Forstverwaltung Baierns. München.
Zeitschrift für Baiern. Neue Folge. 2 Bde. 1844. 1tes Heft. 1842.

Hannoversche Taxation.

Klauprecht Sylvaneion. I.

Großherzogthum Hessen.

Bonitirung der Großherz. Hessischen Waldungen behufs der Besteuerung derselben. Forst- und Jagdzeitg. 1826. Nr. 269.

Entwurf der Vorschriften für die forstwirthschaftliche Einrichtung und die Holzertragsermittelung der Großherzoglichen Domanial-Waldungen. Zu Nr. O. F. D. D. 2540. 1851. (Nicht im Buchhandel.)

Großherzogthum Baden.

Instruction zur Abschätzung und Einrichtung der Waldungen im Großherzogthum Baden. Karlsruhe bei Groos. 1836.

Nachtrag zu dieser Instruction. Ebendas. 1838.

Instruction zur Taxation der Großherzogl. Badischen Domainen-Waldungen. Karlsruhe, Müllersche Hofbuchh. 1843.

Weimar.

Waldtaxationsprinzipien bei der Abschätzung der Weimarschen Forsten. Laurop Annalen. 2ten Bds. 1—4tes Heft.

Königreich Sachsen.

Laurop Jahrbücher. 1824. 3tes Heft.

Wedekind neue Jahrbücher. 27stes Heft. S. 123.

Bestimmungen und Erläuterungen über das bei den Forsttaxationsnachträgen zu beobachtende Verfahren. Dresden 1850. Teubnersche Officin.

Smolers Vereinsschrift. 7tes Heft. (Darstellung des Sächs. Taxationsverfahrens vom Oberforstmeister Cotta.)

Kritische Blätter. 33ster Bd. 1stes Heft. S. 164. 35ster Bd. 2tes Hft.

Taxation aus Veranlassung einer Walddevastation.

Burgsdorf Forsthandbuch.

Pfeil kritische Blätter. 3ten Bds. 1stes Heft.

Moser Forstarchiv. 21ster Bd. S. 49.

Waldwerthberechnungen.

G. Fischer kurze praktische Anweisung zum Forstwesen über die Ausmittelung des Werths vom Forstgrunde. Hannover, Gebr. Hahn. 1795.

Burgsdorf Forsthandbuch. 2ter Bd. S. 238.
Diana, von Bechstein. 2ter Bd. S. 127. 3ter Bd. S. 363.
Anleitung zur Abschätzung des Geldwerths eines Forstes, von Krause. Berlin 1812.
Hartig Journal für das Forst- und Jagdwesen. 1807. 1stes, 3tes, 4tes Heft.
Mayer Zeitschrift für Baiern. 1815. 1816.
Andrée Abhandlungen aus dem Forst- und Jagdwesen. 1821. Bd. 1. S. 1.
Seutter Grundsätze der Waldwerthbestimmung. Ulm 1814.
Laurop Annalen. 5ten Bds. 1stes Heft.
Hartig Forstarchiv für Preußen. (Preuß. Instruktion.)
†Cotta Entwurf einer Waldwerthberechnung. Dresden, Arnold.
Kleins Formeln dazu. Landshut, Weber. 1823.
†Hundeshagen Forstabschätzung. II. Abth.
Hoßfeld Taxation der Forsten. III. Abth.
†Kritische Blätter für Forstwissenschaft. 1sten Bds. 2tes Heft.
Forst- und Jagdzeitung. 1826. Nr. 38.
Pernitsch Waldwerthberechnung. Leipzig, Hartmann. 1820.
Grundsätze der Waldtaxation und Waldwerthberechnung von Reber. Bamberg 1827.
Winkler Waldwerthschätzung. Wien, Strauß Wittwe. 1835.
Pfeil Forsttaxation. 3ter Abschnitt. Berlin, Veit und Comp. 2te Aufl.
Pfeil Werthberechnung des Forstgrundes behufs der Expropriation. Kritische Blätter. 16ter Bd. 2tes Heft. S. 55.
Pfeil Werthberechnung der mit Landgütern verbundenen Forsten. Ebendas. 28ster Bd. 1stes Heft. S. 154.
Pfeil Waldwerthberechnung zu verpfändender Forsten. 28ster Bd. 1stes Heft. S. 154.
v. Gehren Anleitung zur Waldwerth-Berechnung. Kassel, Luckhardt. 1835.
Anleitung zur Werths-Berechnung bei Waldankäufen für das Königlich Baiersche Aerar. Freiburg, C. Wagnersche Buchhandlung. 1844.
Arnsperger die Forsttaxation behufs der Waldtheilung, Waldwerthberechnung und Servitutablösung. Karlsruhe 1841.
Ueber die Zinsrechnung. Forst- und Jagdzeitung 1847. S. 57.

Geschichte der Waldtaxation.

Hennert Taxation der Forsten.
Cotta systematische Anleitung.
Hundeshagen Forstabschätzung.
† Pfeil krit. Blätter. Mehrere Bände.

Anleitung zur Abschätzung von haubarem Holze.

(Siehe Lehrbücher.)

† König Holztaxation. Gotha, Becker. 1813.
Forstmaterialabschätzung von Huber. (Zeitschrift für Baiern. 1825. 1stes Heft. 1826. 1827. 2tes, 3tes Heft.)
Sinzels Taschenbuch. Nürnberg 1828.
Mayer Zeitschrift für Baiern. 1815. 3ter Bd.
Laurop Annalen. 2ten Bds. 4tes Heft.
Dessen Jahrbücher. 1ster Jahrg. 2tes Heft.
Gensoldt Tafeln über den Kubik-Inhalt stehender Bäume. Koburg, Riemannsche Buchhandlung.
Cotta Hülfstafeln für Forstwirthe und Taxatoren. Dresden, Arnold. 1821.
Beiträge zur Forst- und Landwirthschafts-Mathematik vom Professor Preßler. Tharanter Jahrbuch 9ter Bd.
Krit. Blätter. 22ster Bd. 1stes Heft S. 168. 23ster Bd. 1stes Heft. 34ster Bd. 1stes, 2tes Heft.
(Siehe Lehrbücher der Taxations-Massentafeln und Hülfstafeln 2c.)

Taxation nach Massen.

Forst- und Jagdzeitung. 1825.

Ob auf der schrägen Fläche mehr Holz wächst als auf der Grundfläche?

Stahls Forstmagazin.
Pfeil das forstliche Verhalten der deutschen Waldbäume S. 202.

Erfahrungstafeln und Abschätzung ganzer Bestände.

Erfahrungstafeln.

Hartig Erfahrungstafeln in Pfeils Anleitung zur Ablösung der Waldservitute.

† Cotta Hülfstafeln für Forsttaxatoren. Dresden, Arnold.

Klauprecht der Spessart.

† Schneiders Erfahrungstafeln nach Angaben von Pfeil. Berlin, Veit u. Comp. 1843.

Krit. Blätter. 27ster Bd. 2tes Heft. 197. 32ster Bd. 1stes Heft.

Erfahrungen über den Holzgehalt geschlossener Bestände. Karlsruhe. 1838.

Verhandlungen des Schles. Forstvereins. 1846.

Forst- und Jadzeitung. 1834. Nr. 75.

Kleins Forsthandbuch. Frankfurt, Hermannsche Buchhandlung. 1826.

Liebichs aufmerksamer Forstmann. IV. 2tes Heft.

Smalian allgemeine Holzertragstafeln. Stralsund, Löffler. 1837.

Ertragstafel für Buchenhochwald. Forst u. Jagdz. 1839. Nr. 40.

Th. Hartig vergleichende Untersuchungen über den Ertrag der Rothbuche im Hoch- und Pflanz-Wald-, im Mittel- und Niederwaldbetriebe. Berlin 1847.

Vergleich des Hoch- und Mittelwaldertrags. Forst- und Jagdz. 1843. S. 244.

Ertrag der Weißtanne. Ebendas. S. 241.

Allgemeine Holzbestandstafeln von L. Feistmantel. Wien, Braumüller. 1854.

Abschätzung einzelner Bestände und deren Ertrag.

Hochwald.

Sierstorpf Monographie der Fichte.

Hartig Journal f. d. Forst- und Jagdw. 1806. 1807. 1808.

Dessen Forst- und Jagdarchiv. 1817. 7ter Bd. 1stes Heft.

Forst- und Jagdzeitung. 1826. 13. 42. 61. 1828. 88. 1829. 44.

Hennerts Taxation der Forsten. 2ter Bd.

Liebich aufmerksamer Forstmann. 2ter 3ter Bd.

Hundeshagen Beiträge zur Forstwissenschaft. Versch. Hefte.

Klauprecht Sylvaneion.

Niederwald.

Forst- und Jagdzeitung. 1826. 67. 1828. Nr. 7. 1829.
Behlen Zeitschrift für das Forstwesen in Baiern. 1824. 1stes, 2tes Heft.
† Hundeshagen Beiträge. 1ster, 2ter Bd.
Wedekind neue Jahrbücher. (Weiden.) 5tes Heft.

Kopfholz.

Laurop Beiträge zur Kenntniß des d. Forstwesens. S. 490.
Forst- und Jagdzeitung. 1829.

Urwald.

Forst- und Jagdzeitung. 1827. Nr. 140.

Holzmasse einzelner Bäume.

Pfeil Anleitung 2ter Bd. S. 78.
Klauprecht Sylvaneion. Versch. Hefte.
Dessen Spessart.
Hennert Taxation.
Hartig Taxation.
Hundeshagen Beiträge.

Anleitung zur Taxation einzelner Bäume. (S. Lehrbücher und Schätzung des haubaren Holzes.)

Laurop Annalen. 1812. 1stes, 4tes Heft.
Krünitz Encyklopädie. 24ster Bd. 706.
Hohenadel Taschenbuch. Leipzig und Augsburg, 1823.
Diana. 3ter Bd.

Zuwachsberechnungen. (S. Lehrbücher u. s. w.)

Klauprecht Sylvaneion. 3tes, 4tes Heft.
Hundeshagen Beiträge. 2ten Bds. 2tes Heft.
Laurop Jahrbücher. 1824. 4tes Heft.
Liebich aufmerksamer Forstmann. II. 1.
Forst- und Jagdzeitung. 1826. 39. 1829. 18. 47.
Späth über die örtliche und progressive Wachsthumszunahme der Waldbäume ꝛc. Nürnberg, Stein. 1798.

Dessen Abhandlung über den forstlichen Zuwachs. Ulm, Stettin. 1798.

Progressionsmäßige Verminderung des Zuwachses.

(S. Lehrbücher.)

Vierenklee Anfangsgründe der theoret. prakt. Arithmetik. Neue Ausg. Leipzig, Weidmann. 1823.
Cotta Forsteinrichtung. (Berichtigt diese Berechnung der Hartig, Däzel und Andere folgten.)
Fischer Forstrechnungsaufgaben. S. 109.

Wachsthums-Scala.

Späth Handbuch der Forstwissenschaft. 2ter Bd. §. 133.
Liebich der höchste nachhaltige Forstertrag.
Schmid Forstgehaubestimmung. I. §. 18.
Zeitschrift für Baiern. 1824. 3tes Heft.
Hoßfeld Taxation. 1ster Bd. §. 25.
Cotta Waldbau. 2te Aufl. Dresden, Arnold. 1817.

Durchschnitts-Ertrag der Forsten im Großen.

Seutter Abriß der Forstverfassung Würtembergs. Stuttgart 1820.
Wedekinds Jahrbücher. (Großherzogth. Hessen.)
Seutter über Wachsthum und Bewirthschaftung der Buchenwaldungen. Ulm 1794.
Klauprecht der Spessart.
Linz Mém. descrip. de la forêt imp. du Mont. Tonnérre. Mayance. 1806.
Dessen Grenze der Feld- und Waldkultur.
Laurop Beiträge zur Kenntniß des d. Forstw. S. 451. ꝛc.
Hundeshagen Beiträge. 1ster, 2ter Bd.
Klein Forsthandbuch.
Klauprecht Sylvaneion. 1stes, 2tes Heft.
Niemann Waldberichte. (Siehe Forststatistik von Lauenburg.)
Krit. Blätter. 8ter Bd. 1stes, 2tes Heft.

Dendrometer. (Baummesser.)

Krünitz Encyklopädie. 1ster Bd. 171.
Braun Beschreibung eines bequemen Dendrometers. Celle 1805. bei Schulze.
Laurop Annalen. 1ster Bd. 3ten Bd. 1stes Heft.
Burgsdorf Beiträge zur Erweiterung der Forstwissenschaft. Berlin 1780. Rottmann.
Krechting matemath. Beiträge zur Forstwissenschaft. Marburg, Krieger. 1788.
Oppen Beschreibung eines Dendrometers. Copenhagen, Schubothe. 1788.
Späth Beschreibung eines Baummessers. Nürnberg 1802.
Winkler Beschreibung eines Dendrometers. Wien, Schaumburg. 1812.
Böckmann Beschreibung eines wohlfeilen Höhenmessers. Giessen, Heyer. 1815.
König Holztaxation. §. 11.
Wickede Versuch einer Waldtaxation. S. 15.
Diana. 3ter Bd. 156.
Heldenberg der Förster. 1802.
Beschreibung eines Baummeßstockes. Forst- und Jagdzeitung. 1843. S. 121, 127.

Abtheilung der Taxations- und Wirthschaftsfiguren.
(S. Lehrbücher der Taxation.)

Pfeil Behandlung und Schätzung des Mittelwaldes. Züllichau, Darnmann.
Kropf System und Grundsätze.

Kosten der Taxation.

Burgsdorf Forsthandbuch. 2ter Bd. S. 209.
Instruktionen für die Preuß. Forsttaxatoren. p. IX. X.
C. F. Hartig Forstbetriebs-Einrichtung. Cassel 1825. S. 92.

Forstdirektions=Lehrbücher.

Die ältern Schriften über Forstdirection müssen unter dem Artikel Forst=Kameralwesen gesucht werden, z. B. in Bergius Kameralmagazin und ähnlichen Schriften. Es könnte nur einen historischen Werth haben sie anzuführen, da sich jetzt niemand mehr bei einer Organisation der Forstverwaltung ihrer bedienen würde, und dann müßte man bis auf von Seckendorfs deutschen Fürstenstaat und ähnliche Schriften zurückgehen. Dies würde nur den eigentlichen Kameralisten anziehen können, und das gewöhnliche Studium der Forstwissenschaft, selbst derer, die sich für höhere Stellen bestimmen, wenig berühren, weshalb wir die zahlreiche hierher gehörende Literatur übergehen, um die Schrift nicht unnöthigerweise anzuschwellen und zu vertheuern. Wir sehen daher Burgsdorf als den ersten eigentlichen Forstdirectionsschriftsteller an.

Schon seit der Erscheinung seiner Schriften, also seit kaum 40 Jahren, haben sich die Ansichten, über eine zweckmäßige Forstdirectionslehre sehr geändert. Die frühern Schriftsteller dieser Art glaubten (siehe z. B. Mayers Forstdirectionslehre), daß eine solche die Anleitung enthalten müsse, den Forsthaushalt und die technische Forstverwaltung bis in die kleinste Einzelheit zu leiten. Sie hatten wohl auch nicht Unrecht, wenn sie deshalb das gewöhnliche Försterwissen mit hineingezogen, denn dem Personale, mit welchem sie zu thun hatten, fehlt auch dieses. Später sahe man jedoch ein, daß, vorzüglich in den größern Staaten, es nur die Sorge der leitenden Forstbehörde sein könne, daß sie für das Detail gut ausführende Beamten erhält, nicht aber die Ausführung selbst zu ordnen. Das Zeitalter der Instruktionen von der Landesbehörde auf Spezialbefehl des Fürsten erlassen, wie man Birken und Kiefern säen müsse, wird auch hoffentlich nicht mehr wiederkehren.

Dagegen verharrte man länger dabei die Forstverwaltung bloß nach einseitigen rein forstlichen Ansichten zu ordnen, ohne sich darum zu kümmern, in welchem Zusammenhange die Forstwirthschaft mit der Nationalökonomie überhaupt stehe, oder wenn man eine staatswirthschaftliche Maßregel vorschlug, so war sie sehr häufig gegen alle Grundsätze der Staatswirthschaft, weil man diese nicht kannte. — Doch auch die Beziehung der Forsten zur Nationalwirthschaft, die Basirung ihrer Benutzung auf allgemeine staatswirthschaftliche Grundsätze ist angeregt, und die Forstdirectionslehrbücher werden nicht bloß den Namen ablegen, sondern auch ihren Inhalt ändern.

Burgsdorf Forsthandbuch. 2ter Bd. Berlin.

Handbuch der grundsätzlichen Forstwirthschaft. Altenburg, Hofbuchdruckerei.

G. L. Hartig Grundsätze der Forstdirection. Hadamar 1814.

Laurop die Staatsforstwirthschaftslehre. Gießen 1818.

Mayer Forstdirectionslehre. Würzburg, Stahel. 1819.

Ueber Organisation des Forstwesens. Helmstädt 1815.

v. Kettner die organischen Formen einer zweckmäßigen Forstverfassung. Würzburg, Stahel. 1807.

Neebauer das Forstwesen in Beziehung auf den Staat. München, Lindauer. 1805.

Pfeil Grundsätze der Forstwissenschaft. 2 Bde. Züllichau, Darnman. (Berlin, Reimer.)

Hartig die Forstwissenschaft in ihrem ganzen Umfange. Berlin 1831.

Malchus der Organismus der Behörden für die Staatsverwaltung. Heidelberg, Groos. 1821.

v. Wedekind neue Jahrbücher. 8tes Heft.

Aesthetik im Walde.

Sylvan. 1824. S. 77.
Malerische Schönheiten der Waldbäume. Forst- und Jagdzeitung. 1831.
Desgleichen Verhandlungen des Berliner Garten-Vereins. 4te Lief. S. 270.
Die Poesie im Walde. Krit. Blätter. 16ter Bd. 2tes. Heft. S. 163.

Gedruckt bei Julius Sittenfeld in Berlin.

Kolibri 360 GmbH
Ferdinand-Jühlke-Straße 7
99095 Erfurt, Deutschland
produktsicherheit@kolibri360.de